企業危機管理

第五版

Business Crisis Management

朱延智 博士 著

五南圖書出版公司 印行

推薦序一

閱讀《企業危機管理》一書後，深覺獲益良多，不禁憶起延智君在本人所授之「國際企業管理」和「國際企業經營環境」課堂上的上課情景，他總是準備充分，且樂於分享。本書實是延智君求知一貫風格的寫照——吸收各家理論之長、輔以個案分析，將理論賦予新的詮釋。

延智君在《企業危機管理》一書中，顯示了關切焦點的改變；由總體轉向個體。延智君在《危機處理的理論與實務》（曾獲選銓敘部公務人員指定專書選讀的優良圖書）一書中，係以國家的角度來談危機處理，而本書則以企業角度來談危機的處理，二者的觀點截然不同，這一方面反映了延智君的學習能力，另一方面也反映了延智君目前擔任國際企業教職的新焦點。

《企業危機管理》一書內容極為豐富，有企業危機管理理論、企業危機管理、企業危機溝通等六大主題。本人認為本書有下列四項特色：

第一、批評國外學者對危機定義之失，提出偏重「危機本源論」的定義。

第二、以自創的「企業痛苦指數」協助企業偵測危機和預防危機。

第三、強調危機溝通的重要性和溝通戰略。

第四、針對企業經營戰略危機、人力資源危機、財務危機、資訊安全等危機，揭櫫預防及解決之道。

《企業危機管理》一書彌補了國內學術界的一個缺口，因爲這樣的內容，對於企業具極高參考價值。在市面上出售的相關書籍，以譯作的原文書居多，因此，具有本土特色復具國際觀的危機管理書籍，確有其必要性。

本人欣見延智君大膽嘗試——《企業危機管理》的出版，樂於寫序推薦，並期望我國的企業，都能有危機管理的精神、避免危機災難的發生，同時也祝福延智君在學術生涯能百尺竿頭、更進一步！

國立政治大學 EMBA 執行長

于卓民 教授

推薦序二

南亞大海嘯事件，又再度讓國人對危機預防的關切。常言道：「危機就是轉機」，這句話看似有理，其實內藏諸多陷阱。因為既然危機爆發，必然有其結構性的條件，如果結構未變，如何奢談轉機。換言之，危機處理既要治標，更要治本，這也就是作者在其「企業危機生命週期」理論，與「企業痛苦指數」總體分析模型中，所一再強調的「標本兼治」。根據筆者在中鋼數十年來的服務，遭遇到許多內外的危機（如民國六十六年突然侵襲的賽洛馬颱風），以及對於東隆五金的重整過程中，深深體會將危機變為轉機，這個過程絕不是自然完成，而是需要投入高度智慧與心血努力。甚至有的企業家，在遭遇危機衝擊後，即使全力投入，也不見得就能化危機為轉機。可見如何扭轉危機，是極為重要的學問。

儘管危機管理的思維理念，自古有之，但是將其系統化成為一門學問，則始自冷戰時期東西軍事對峙的情況下，為避免核戰爆發，美蘇兩國總合各種危機處理所積累的經驗。延智君能將此危機處理的原理原則，應用在企業領域，無論是對於純學術的邏輯推理，抑或是預防企業危機，都是其實際的貢獻，這種質的研究，應該值得鼓勵，尤其是在全球化的時代，企業隨時可能被外來的危機所波及。例如：最近中共對我國鋼鐵的反傾銷政策，幾乎使我國的鋼鐵業，陷入危機當中，就是非常顯著的例子。

在本書當中，常可看見延智君對於我國《孫子兵法》的深入，尤其在第七章，將企業競爭戰略結合《孫子兵法》的思想精華，呈現出企業競爭戰略新的面貌。另外，值得一提的是，他將危機溝通納入企業危機管理的領域，整合成「避危爭機」、「化危爭機」的新工具。可見我國學者的研究能力，絕不亞於國外學者。最後，再次恭賀延智君，完成《企業危機管理》一書。

東隆五金工業公司董事長

王鍾渝 立委

推薦序三

中國的文字經常充滿巧思與哲理，「危機」一詞就是典型的例子。「危險」和「機會」彼此緊密相連，有危險才有機會，機會出現時，亦常帶來更大的風險。機會與風險是一體兩面，取決於當事者的主觀意圖與處事能力。危機一詞，充分顯現了中國人依循中道與樂觀的人生哲學。

最近這幾年，企業所面對的環境不確定性大幅提高，市場需求瞬息萬變、天災、人禍頻傳，再加上科學技術的躍進發展，讓市場的變動起伏加大，危機管理的重要性更受重視。

危機的哲理固然有精神上的鼓勵效果，但在現實面，要將危險轉成機會，並不能只靠主觀的意願，更不能僅憑藉一點點的小聰明，而需要用理性的方式去處理，才有可能成功。具體而言，至少需有兩個配合條件。

首先，要有前瞻的眼光，很多事情從表面上來看，似乎是偶然發生的，但若深究，都有脈絡可循。能夠辨識事件的蛛絲馬跡、掌握社會上的主流價值，就有可能走在環境的前端。事情若有充裕的時間作周延的思考，自然會有巧思出現。

其次，是危機的管理能力，也就是用理性與系統的方式去處理危機。一般而言，企業在面對危機時應有四階段的作為：1.早期預測危機的出現；2.事先準備及預防；3.抑制損害的擴張；4.儘速從傷害中復原，並從事件中學習經驗與教訓。這些都是危機管理的重要議題。

許多公司均已將「危機管理」視為一項重要的管理工作，平時即加以模擬演練，面對危機時，則能迅速組成團隊、緊急控制情境，將危害降至最低，甚或能運用危機圖謀發展。

危機管理在實務的重要性不待贅言，但能從學理深入探討此一課題之專論並不多見，尤其在中文書籍中，更待有心人的努力。本書作者朱延智博士從事企業危機管理教學研究工作多年，現將其心得整理成書和大家分享他的觀點和看法。從作者引用著述之多且廣，即可探知其用功之深，實令人欽佩。個人相信因為此書的出版，將能鼓勵更多的朋友投入此一領域之教學研究，如此，則不僅是學子之福，亦能真正幫助企業界朋友們面對危機、處理危機，減少社會成本，提升企業與社會的財富。

國立政治大學校長

吳思華 教授

五版序

從雷曼兄弟的破產、全球金融海嘯、豐田汽車設計危機、鴻海集團的跳樓危機、台塑南亞的大火危機、日本大震後的連環危機、泰國大水危機，義美、大統長基食品、統一、頂新、味全的缺德危機等，及日月光污染河川遭致停工，到二〇一四年的遠東集團 etag 危機都在在給我國企業一個提醒！在這變幻莫測的經營環境，任何疏忽危機管理的企業，或缺德的企業，過去偉大的成就，瞬間可能就灰飛湮滅。如今重視危機、培養管理危機的能力，已成為現代企業競爭力的新指標。誰能承受危機、正確應變，並在最短的時間內回復營運，將損失減到最小，誰就能從危機中打敗對手，成為最後的贏家。

危機管理既然有如此之重要性，但可惜的是，目前我國百分之九十九以上的企業，並無危機管理的機制，各技術學院與大學也沒有開「企業危機管理」的課程。而市面上所有的相關書籍，不是日文翻譯就是英文的原文書，這對於部分企業及學生來說，負擔未免太過沉重。原因是翻譯書並沒有切合我國企業的特殊需求。例如：日文翻譯書將危機直接等同於各類型的天災地震，範疇未免過於窄化，而原文書復又使得英文較弱的同學，無法直接吸收。正因為這個緣故，所以延智不顧自己的才疏學淺，斗膽率先撰寫《企業危機管理》一書，期望在學界扮演拋磚引玉的角色，共同來為企業建構安全的體系。

在此要對恩師于卓民教授、政大商學院院長吳思華教授，以及使東隆五金起死回生的王鍾渝立委表達最高的敬意與謝意，由於他們在百忙之中，仍抽空的支持與指導，此恩更讓延智刻骨銘心。另外，非常感謝政大學務長周齡台教授及總教官李振杰將軍不斷的鼓勵，五南圖書公司副總編張毓芬小姐，個人在此表達深深的謝意。同時對於美國 Winston 大學在台開設的 EMBA，採用本書作為教材，亦在此一併致謝。最後，延智要謝謝太太對我無怨無悔的支持，同時更要對高抬我，使我與人不同的主（上帝），敬致最高的感恩！

至於書中有任何錯誤，這都是延智學有不精，個人當更加惕勵，故懇請學界先進及業界不吝指教，延智當感激不盡。聯絡的電子郵件地址：

yjju @ mail. njtc. edu. tw

中華民國一〇三年一月二十八日

朱延智

筆於彰化埤頭

目　錄

第一章

企業危機管理導論

人沒有不生病的，企業沒有不遭遇危機的，人生病可以看醫生、拿藥，企業遭遇危機怎麼辦？

很多企業搭上了景氣循環的順風車，大膽擴張，很快地就開疆闢土，上市上櫃，風光一時，甚至被推崇爲績效優良的企業。但是常因忽略市場關鍵性的變化，或在經營實務上出現漏洞，因而被市場淘汰。從以下美、日和我國企業的統計數據，更教人不敢輕忽，企業危機管理有何等的重要！

美國道瓊工業指數（Dow Jones Industrial Index）自一八九六年創始至今，當初的上市公司，經過一個世紀的考驗，如今碩果僅存的只有奇異（公司）一家，其餘都從世上消失。全球前 500

大企業平均壽命爲四十年，[1]而日經商業雜誌在對日本頂尖企業過去百年變遷進行調查後，提出「企業壽命三十年」之論。依據民國九十三年中小企業處的統計，新設中小企業的生命週期，超過十年的有 42%，十至二十年的約有 24%，存活超過二十年的只剩 18%。到民國九十六年所公布的「二〇〇七中小企業白皮書」的統計，結果和民國九十三年的統計差不多，能夠經營超過二十年以上的爲 18.73%。[2]由此可見，無論企業曾經有過多少輝煌燦爛史，只要不懂危機管理，就有可能在危機的大浪中，消失得無影無蹤。

近年來受到全球經濟景氣低迷的影響，絕大多數的企業，都面臨相當嚴峻的考驗。尤其產業競爭已進入全球化，產業變化的速度非常快，在如此競爭激烈的時代，稍有不慎，危機隨時都有可能爆發。根據管理學大師彼得・杜拉克（Peter F. Drucker）所著的《二十一世紀的管理挑戰》（*Management Challenges for the*

---

1 楊永妙，「超越巔峰，企業 50 的系列報導—光泉」，《管理雜誌》第 385 期，二〇〇六年七月。

2 陳風英，「存活雖不易　中小企業創業掀熱潮」，聯合新聞網，民國九十三年十月二十一日，版 B2。經濟部，「二〇〇七中小企業白皮書」，二〇〇七年九月，頁 39-44。

21st Century）一書指出，美國統計有 85% 的企業，在危機發生一年後就倒閉或從市場消失。爲什麼有這麼多企業無法度過危機的考驗呢？這與許多公司的高層，對危機管理抱持敬而遠之的態度，有密切的關係。從這一類失敗的案例中，大都可以看到決策團隊成員，因害怕別人看穿自己的不足或缺失，因此一味地掩飾或否認危機，最後甚至採取推諉責任的態度，既沒有面對危機的勇氣，也沒有解決危機的智慧，而坐任危機一再地擴大，終致整個企業遭到危機的吞噬。所以企業無論大小，「危機管理」都是必學的課題。

其實危機並不可怕，可怕的是不知危機在哪、跌倒爬不起來、或者爬起來卻沒有記取教訓，又在同樣的地方跌倒。再次跌倒，並不保證再次能爬起來，萬一不能怎麼辦？所以近年來，美國及歐洲等知名大學的商學院，已將這門可以挽救企業於危亡的學問——企業危機管理——列爲一門重要的課程，並且相關書籍與研究著作都紛紛出籠，由此更可看出這門學問的重要性。[3] 基本上，企業危機管理是一門以科學爲體、藝術爲用的跨

[3] Simon A. Booth, *Crisis Management Strategy: Competition and Change in Modern Enterprises*（London：T. J. Press Ltd）, 1993, p.2.

領域科際整合（Multidisciplinary）之系統學問，它整合了企業管理、危機管理、公共關係、行銷學、財務及金融理論、政治學、心理學、傳播理論、社會心理學、法律（民法、刑法、智慧財產權……）等學科。由此可見，危機管理是一門客觀規律的科學，並非只可「意會」，不可「言傳」，它是既可在課堂裡教授，又可以學習的一門學科。不過在我國，它仍處於萌芽階段，需要學界持續的耕耘。

庫恩（Thomas Kuhn）曾在《科學革命的架構》書中，指出學術社群容易跟隨主流學說，而迷失在既定的典範窠臼中，如此既不能解決自身問題，也無法有突出的創意。爲避免這樣的陷阱，本書不但參考西方學說理論，更從大量的個案研究中，汲取產業及個別企業危機管理的知識，以及我國固有的戰略思想，相互辯證，期望能歸納出危機管理的原理原則，以及爲企業找出反敗爲勝、扭轉頹勢的有效方法。因此深切期望本書，能協助企業避免危機發生，以及萬一危機風暴眞的出現時，能及時提出解決之道。同時，對於研習企業管理相關領域的學生，也有助於從過往的「五管」規劃，進而擴大視野與總體性的危機管理思考。

第一節　企業危機管理的發展過程與意義

危機管理是二次大戰後，在美蘇雙方都擁有核子彈的情況下，爲避免衝突升高，進而失控，最後爆發核戰的情況下，根據經驗逐漸匯積而形成的一門科學。自一九四七年美國在杜魯門總統任內，特別在國家安全會議之下，成立了危機小組，希望在急迫又影響國家存亡的重大事件上，能採取立即而又適當的行動方案，例如：柏林危機、古巴飛彈危機、韓戰、越戰，以及伊朗人質事件等。在處理過程中，美國匯集了相當大的智慧，也歸納出許多原理。一九八二年美國爆發著名的「泰利諾膠囊」中毒事件後，危機管理就正式被引入到，企業管理的學術領域，與實際的運用當中。

企業管理是透過人力資源管理、生產管理、財務管理、物料管理（後勤管理）、行銷管理，以動員企業可用之人物力，在變遷的環境中，將競爭資源做最適當分配，使投資收益極大化，以確保競爭優越性，以提高市場佔有率及獲利率。[4]相對地，在企業危機管理方面的投注，就格外顯得薄弱。其實從產業史的發

[4] John Naylor, *Management* (Financial Times, London), 1999, p.6.

展而論，企業受到內外環境急遽變遷的衝擊，而產生「適者生存、不適者淘汰」是很殘酷的事。即使歷史悠久、經營卓著、市場佔有率高、獲利率高的企業，不代表就不會發生危機，也不保證遇到危機時，能有成功的處理危機。更可能因爲前述的市場優勢，而產生否認或輕蔑危機存在的心理趨勢，結果卻使得危機更易產生。所以連一些績優的企業都遭到危機的威脅，例如：二〇〇八年美國雷曼兄弟破產，二〇〇九～二〇一〇年鴻海在大陸富士康集團的跳樓危機，二〇一〇年台塑和南亞的大火危機，二〇一一年日本大震和泰國大水，造成所在地企業危機，及相關供應鏈的危機，還有我國塑化劑重創食品業的危機，二〇一二年日本半導體公司爾必達破產，二〇一三年統一、頂新、味全、義美、日月光等品牌公司的缺德危機。

在二十一世紀的數位時代，「**營運管理**」與「**危機管理**」，已成爲企業經營的兩大重點，這猶如鳥之兩翼、車之雙軌，缺一不可。如果只有「營運管理」，而無「危機管理」，則容易使企業陷於險境，而無法達到永續經營的目標；反之，如果只有企業危機管理，而無企業管理，則無法達到企業預定的戰略目標。因此兩者不但不會相互排斥、相互割裂，反而是企業長治久安的兩大支柱。企業危機管理雖然屬於防禦面，而非攻擊面，但是若企業沒有良好的防禦，在遭逢危機之際，最終結果都難免功虧一簣，遭到覆亡的命運。

企業危機管理是決定公司優勝劣敗的關鍵，對於企業主及經營者來說，是一種生存不可或缺的戰略指針。然而實際上，企業危機管理的重要性與必須性，並沒有得到應有的重視。正因企業危機管理沒有受到應有的重視，所以各種企業危機事件屢見不鮮。目前一般較具規模的外商公司，幾乎都把企業危機管理，視爲高階主管必備的職能。爲避免危機的發生，相信未來企業「危機管理」，將會成爲企業界與學術界關心的議題。[5]

以商場如戰場的角度，研究企業危機管理，對個體企業及國家社會，都有其極爲重要的意義。尤其台灣是國際貿易依存度甚高的國家，與全球經濟貿易體系息息相關，尤其是二〇〇八年底的全球金融風暴，以及二〇一二年的歐債危機，台灣企業實面臨經營結構的劇變的轉折點。二〇一三年台灣企業危機則充分顯示，企業的缺德，是危機重大的根源。

[5] 鍾榮峰，「日月光事件　企業正視危機管理」（台北：中央社），民國一〇二年十二月二十一日。

一、對「個體企業」而言

科技日新月異、內外環境變遷極為迅速，因此當企業危機發生時，常因未曾考慮或完全出乎預料，而導致危機發生。事前若是沒有正確的企業危機管理，當企業危機發生時，通常是一片混亂、資訊缺乏與模糊、謠言四處傳播。因此企業決策者在此情境中，通常第一個出現的反應是驚恐與茫然，緊接著就是痛苦、不知如何處理。[6]因此企業危機管理的研究，可以實際協助企業主，解決經營領域的危機。

二、對「國家社會的總體」而言

企業是國家經濟安全、家庭安全及個人安全的總樞紐，一旦此樞紐瓦解，必然威脅國家政權及社會安定。過多的企業關廠歇業，對國家政治經濟等上層建構的穩定性，產生直接的衝擊，如稅收的減少，就會連帶影響到國防建設的投資（國家軍事安全受到影響）及整體社會福利的支出（社會弱勢團體的福利受到削弱）。

---

6 Philip Henslowe, *Public Relations*: *A Practical Guide to The Basics* (The Institute of Public Relations: Kogan Page), 1999 , p.76.

在總體大環境不安的情形下，企業危機管理的研究，則有助於扭轉企業不利的趨勢、化解內外威脅，抓住外在有利機會，使企業得以長治久安、永續發展。而企業的堅實壯大，則有助於國家經濟安全、社會的安定及家庭的幸福。否則，待企業發生危機或即將關廠之際再行處理，對個人、對企業、對社會的成本代價都太高，非智者所應爲。

第二節　企業危機管理的名詞釋義

一、危機的界定

一般涵蓋每天的新聞用語中，「危機」這個詞已被濫用，所使用的精確度也越來越低，結果這個詞幾乎變成與意外或災難的等同語。在古希臘時代，危機較著重在解決的面向（「Crisis」即爲「Crimein」），當時的意義被視爲「決定」（to decide）。但這項「決定」是在危機爆發後，已面對極險峻狀況，才正式開始處理。一般中國人對危機的定義，是從字面上的「**危險**」加上「**機會**」來表達。這裡所指的「機會」，不是指可獲得額外更多的利益，而是指隱含存在脫險的機會，或降低危機爆發時的可能不利效應。[7]其中的關鍵點就在於，如何運用智慧，化險為夷。

在企業危機管理領域，對危機名詞的界定，較被公認的有下列幾位：

1. Otto Lerbinger

其對於危機的界定是：「對於公司未來的獲利率、成長、甚至生存，發生潛在威脅的事件。它具有三種特質：

(1) 管理者必須認知到威脅，而且相信這種威脅會阻礙公司發展的優先目標。
(2) 必須認知到如果沒有採取行動，情境會惡化且無法挽回。
(3) 突然間所遭遇。」[8]

---

7 Jean Wiley Huyler, *Crisis Communication + Communication about Negotiation* (Nati , Press Bldg), 1981, p.1.

8 Otto Lerbinger, *The Crisis Manager: Facing Risk and Responsibility* (Lawrence Erlbaum Associates:New Jersey), 1997, pp.4-7.

2. Barton

對於危機的界定是：「將危機刻劃爲一種具有三項特性的情境：

(1) 突然性。

(2) 必須在時間壓力之下做決定。

(3) 高度威脅到主要價值。」[9]

3. Karl W. Deutsch

認爲：「危機應有四種特性：

(1) 危機包括一個重要的轉捩點在內，以致事件發展可能有不同結果。

(2) 必須做某種決定。

(3) 至少有一方面的主要價值受到威脅。

(4) 必須在時間壓力之下做決定者爲限。」[10]

---

[9] Donald A. Fishman, *Valujet Flight 592: Crisis Communication Theory Blended and Extended*, Communication Quarterly, Vol.47, No.4, Fall 1999, p.347.

[10] Karl W. Deutsch, *Crisis Decision-Making—The Information Approach, Managing International Crisis* (Beverly Hills:Sage Publications, Inc.), 1982, pp.15-16.

4. Dieudonn'e ten Berge

對於危機的界定是：「

(1) 必須立刻決策。

(2) 不行動可能產生更爲嚴重的後果。

(3) 有限的選項。

(4) 不當決策可能有廣泛的影響。

(5) 具目標衝突的群體必須要處理。

(6) 主要行政幕僚直接涉入。」[11]

5. Kathleen Fearn-Banks

對於危機的界定是：「一個主要事件可能對企業帶來阻礙企業正常交易及潛在威脅企業生存的負面結果。」[12]

6. Simon A. Booth

認爲：「危機是個人、群體或組織無法用正常程序處

---

[11] Dieudonn'ee ten Berge, *The First 24 Fours* (Basil Blackwell), 1988, p.8.

[12] Kathleen Fearn-Banks, *Crisis Communication: A Casebook Approac*h (Lawrence Erlbaum Associates:New Jersey), 1996, p.1.

理，而且突然變遷所產生壓力的一種情境。」[13]

7. Donald A. Fishman

對於危機的界定是：「

(1) 發生不可預測事件。

(2) 企業重要價值受到威脅。

(3) 由於危機並非是公司企圖，所以組織扮演較輕微的角色。

(4) 時間壓力：企業對外回應時間極短。

(5) 危機溝通情境涉及多方關係的劇烈變遷。」[14]

8. Ian I. Mitroff

對於危機的界定是：「危機是一個事件實際威脅或潛在威脅到組織的整體。」[15]

---

13 Simon A. Booth, *Crisis Management Strategy* (London: Routledge), 1993, p.86.

14 同註 9, pp.347-348.

15 Ian I. Mitroff, *Managing Crises Before They Happen* (New York: American Management Association), 2001, p.34.

9. Michael Bland

對於危機的界定是：「嚴重意外事件造成公司人員的安全、環境，或公司、產品信譽被不利宣傳，而使公司陷入危險邊緣。」[16]

10. 日本學者瀧澤正雄

認爲危機有五種內涵：「

(1) 危機即事故。

(2) 危機即事故發生的不確定性。

(3) 危機即事故發生的可能性。

(4) 危機即危險性的結合。

(5) 危機即預料和結果的變動。」

其中以「危機即事故發生的可能性」來描述危機最爲恰當。[17]

---

16 Michael Bland, *Communicating Out Of A Crisis* (London: Macmillan Press Ltd), 1998, p.5.

17 瀧澤正雄，《企業危機管理》，高寶國際有限公司，一九九九年五月，頁48。

11. 日本學者增永久二郎

主持日本危機經營處理研究所的增永久二郎，對於危機的界定是：「妨礙到公司的存亡、高級幹部和員工的生命。」[18]

總結以上這十一位中外危機處理大師，對危機歸納的七種特質，而這些特質構成不可分割的整體。特質如下：

1. 突發事件（以及由突發而帶來驚異性）。
2. 威脅到企業的基本價值或高度優先目標。
3. 對企業主及員工心理震撼大。
4. 危機資訊相對缺乏。
5. 危機事件變化極爲迅速。
6. 必須在時間壓力下，明快、智慧地處理。
7. 處理結果絕對影響企業的生存與發展。

以上對危機的界定，絕大部分是從危機的「結果論」，很少是從危機的「來源論」，對危機深入的剖析。總結研究企業危機

[18] 日刊工業新聞特別取材班，《危機處理實戰對策》（台北：三思堂文化事業有限公司），二〇〇〇年三月，頁6。

個案的結果來說，危機的發生，不會僅僅是單純的某一部分出現問題，某一危機的發生，通常是其他危機的連鎖反應。所以危機的發生，就研究危機處理的個案經驗來說，絕大部分是整個企業運作流程發生邏輯錯誤，甚至整體系統出現問題。因此，吾人認爲**危機爆發的根源是，「兩個（含兩個以上）的危機因子結合所致」**。此處的危機因子，就是指「具有威脅企業生存或發展的因子」，也是產生前述七種危機特質的背後因子。

此外，筆者並不同意美、日等國學者對危機的界定，有四項原因，茲予以評述如下：

1. 突發性（以及由突發而帶來的驚異性）

企業危機爆發，表面似爲突發事件，實則「事件背後有趨勢，趨勢背後有結構」。結構性壓力的動態變化，是經過漸變、量變，最後才形成質變，而質變就是危機爆發的階段。因此**潛藏危機因子的發展與擴散**，才是企業危機處理成功率最高的階段。中國人所謂月暈而風、礎潤而雨；履霜冰至（易經）；冰凍三尺非一日之寒。西洋的彼得・聖吉（Peter M. Senge）在其《第五項修練》（*The Fifth Discipline*）一書中，所強調的「系統性思考」（觀察一連串的變化過程，而非片段的、一幕幕的個別事件；觀察因果環環相扣的互動關係），也都是同樣的道理。

這些皆是在說明，企業危機變化的動態過程中，有許多可見微知著的量變過程。所以危機不是突發的，既然不是突發的，又何來驚異性之說？以鴻海在大陸富士康集團的跳樓危機爲例，二〇〇九年發生第一個員工跳樓事件時，就應該注意並採取有效措施，但一直到第六跳，媒體大幅報導、企業形象受損後，似乎才有較積極的因應。又如二〇一〇年台塑和南亞的大火危機，也是一而再、再而三，形象重創。其實這些危機的產生，都是疏忽危機因子動態的變化，所以才會以爲危機是突發的，以及由其所帶來的驚異性。

實際上，企業所犯的錯誤中，最嚴重的不是一次性的失敗，而是內部每天例行性的錯誤，經年累月所造成的積弊，形成企業之「癌」。這種發生於周遭不易察覺的錯誤，往往才是造成企業潰敗的主因。[19]

---

[19] Robert Heller 著，王建仁譯，《企業家制勝寶典：以小搏大成功策略》（台北：小知堂文化公司），一九九九年二月，頁165。

2. 威脅到企業的基本價值或高度優先目標

危機之所以會威脅到企業的基本價值，或高度優先目標，這是誤將危機爆發與危機因子，同視爲危機，而無程度的區別。其實危機剛開始發展的時候，如同「星星之火」，並不會直接威脅到企業的基本價值，或高度優先目標。而是當企業危機演變到「燎原之火」的時候，才會威脅到企業的生存發展。這些學者會將危機當作企業未來前程的「分水嶺」、「轉捩點」，就是不了解危機有程度差異。不同程度危機，其結果所造成的威脅程度，自然也不盡相同。

3. 危機具時間的壓力

這與前述第二點道理相同，危機是有程度區別的，那麼危機程度低的時候，又何來「時間壓力」？唯有危機接近爆發階段，或是已爆發，才會有必須急速處理的時間壓力。

「九一一」事件會發生，主要原因也是忽略美國本土會遭到攻擊的可能性，雖然事前有許多訊息指出，美國有遭到恐怖分子攻擊的可能，但是官方卻忽視這項訊息。

4. 企業決策者被迫做出決策

此點也是忘了危機程度的區分，才會認為危機會迫使企業家必須做出決策。有此錯誤的看法，就會延緩危機處理的時間點，因為只有到千鈞一髮之際才是危機，那麼危機處理的時間點，當是放到危機爆發之後，而不是在危機爆發之前的「星星之火」。故此，企業危機的界定，絕不能等於前述學者所指的危機爆發。因為屆時處理的成本高、難度高、後遺症也大。

二、企業危機管理的界定

企業危機管理這六個字，是由「企業」、「危機」、「管理」等三個各有本意的名詞所組合而成。「企業」原係指一法人組織，其為一群擁有共同理想的自然人之集合，彼此之間依據共同信念組合而成，並依循組合的制度與架構，盡己之長，合作發揮出整體的力量。另外，「危機」之定義，如本節前文所述。至於「管理」則是指一連串有系統、有組織的活動，以完成或達到既定之目標。其主要步驟為：規劃、組織、領導、控制等。這三個名詞組合之後，則有其特殊意涵。

對於危機管理領域，做出較為明確定義的中外學者，有如下六位：

1. 國內學者邱毅

認爲「危機管理」是：「組織體爲降低危機情境所帶來的威脅，所進行長期規劃與不斷學習、反饋之動態調整過程。爲使此一過程能高效率的進行，危機管理的小組編制，是絕對必要的。」[20]

2. 美國學者 Steven Fink

認爲「危機管理」是：「對於企業前途轉捩點上的危機，有計畫的挪去風險與不確定性，使企業更能掌握自己前途的藝術。」[21]

3. 美國學者 Philip Henslowe

對「危機管理」的界定是：「任何可能發生危害組織的緊急情境處理能力。」[22]

---

20 邱毅，《危機管理》（台北：中華徵信所企業有限公司），民國八十八年，頁 16。

21 Steven Fink, *Crisis Management:Planning for the Invisible* (New York: American Management Association), 1986, p.15.

22 Philip Henslowe, *Public Relations : A Practical Guide to the Basics*

4. 美國南加大商學院教授 Ian I. Mitroff & Christine M. Pearson

針對 1,000 家以上的企業及 500 位經營管理者進行訪問後，對於「危機管理」有其特殊的界定：「協助企業克服難以預料事件的心理障礙，好讓經營管理者在面對最壞狀況時，能做最好的準備。」[23]

5. 日本學者瀧澤正雄

將危機發現與危機確認，作爲危機管理的出發點，他 認爲「危機管理」是以發現、確認、分析、評估、處理危機，視爲危機管理的流程，同時在這一過程中，始終必須保持「如何以最少費用取得最大效果」爲目標。[24]

6. 華盛頓大學教授 Kathleen Fearn-Banks

對於危機或負面轉捩點，運用戰略性計畫除去風險和不

(London: The Institute of Public Relations), 1999, p.76.

[23] Ian I. Mitroff & Christine M. Pearson, *Crisis Management: A Diagnostic Guide for Improving Your Organization's Crisis-Preparedness* (San Francisco : Jossey-Bass Publishers), 1993, p.XIV.

[24] 瀧澤正雄，同註 17，頁 46。

確定性，以及允許組織對於前途有更大控制力的過程。[25]

總結以上這六位學者對於企業危機管理的觀點，吾人可以將**「危機管理」**界定爲：**「有計畫、有組織、有系統的在企業危機爆發前，解決危機因子，並於危機爆發後，以最迅速、有效的方法，使企業轉危為安的動態過程。」**

第三節　企業危機的特質

無法掌握企業危機的特質，對於危機的辨識，就可能會出現盲點。盲點若出現，就可能使危機管理出現漏洞，而導致企業難以彌補的災難。所以認識並掌握企業危機的特質，乃危機管理重要的核心部分。這些主要的特質，包括七大方面：

一、企業危機的「程度性」

不知企業危機輕重程度，在處理時就不易掌握資源投入的多

25 *Crisis Communication: A Casebook Approach* (New Jersey. Lawrence Erlbaum Associates), 1996. p.2.

寡。實際上，企業危機是有程度的區別，並非所有的危機，都是致命的，有的僅只會造成企業輕微的傷害。危機的程度不同，就涉及處理的方式與資源的配置。故此，嚴重者可稱爲**企業核心危機**（Core Crisis），輕微者可稱爲**企業邊陲危機**（Pherferial Crisis）。[26]至於程度如何測量，不同學派有不同指標，例如：從溝通學派或傳播學派，就會從媒體採訪的家數及驅力，以及社會關注程度作爲危機的指標，不過本書特別提出「**企業痛苦指數**」，作爲測量企業危機程度的機制（請見第二章）。

二、企業危機的「破壞性」

危機中雖含有轉機，但是這項轉機是有條件的，絕不代表轉機會必然降臨。一般企業危機若未能妥善處理，輕者可能會傷害公司形象，以及降低大衆對該企業的信賴；重者可能使企業破產或立即倒閉。危機對企業破壞的嚴重性，由此可見一斑。

---

26 邊陲危機：即使發生也不會導致企業無法生存，因此該類危機發生後，不會是全軍覆沒。若能適當處理，則可更上一層樓。
核心危機：有瓦解企業的可能。

三、企業危機的「複雜性」

從企業危機的個案分析中發現，危機很少是獨一因素造成的。它常是由內在經營或行銷結構，及外在市場條件的變化等錯綜複雜的因素互動，而有以致之。例如：台商普遍存有難以開拓海外市場的發展危機，推究其主要原因，就在於無暇了解具消費潛力的市場，再加上公司內部行銷人員不足、缺乏專人在海外市場擔任聯絡窗口，以及拓銷成本過高等因素。有鑑於危機的多面向，因此要有全盤性的系統了解，才能有效解決危機。例如：企業財務危機，絕對不是只有人事成本高，或每月需支付的利息高，其中可能牽涉投資計畫、經營戰略等層面的問題，當然也可能牽涉大環境的經濟不景氣，致周轉不靈，超過企業可忍受的臨界點，最後走向倒閉或關廠的不歸路。

四、企業危機的「動態性」

星星之火在適當的環境下，就會變成燎原的野火。企業如果因外在大環境，或內在結構而產生危機，此種危機絕不會客觀靜止，如同無生命地僵化在原範圍或原議題上，而會隨著企業處理，是否具有正確性與即時性，而使企業危機降低或升高。企業危機變化的每一階段，幾乎都具有因果連鎖，所以不能疏忽企業危機的動態性。也正因這種企業危機的動態性，「星星之火」的小危機，就可能變成「燎原之火」的巨型危機。

五、企業危機的「速度性」

由於危機事件的本身，牽動到多方的損失與利益，因此危機事件爆發後，各造（如：媒體、政府、受害者……）皆會有不同的行動，因而更凸顯危機爆發後的發展速度。如果危機處理的速度，低於危機發展的速度，成功解決危機的機率就會降低，所付出的成本就會升高。

六、企業危機的「擴散性」

日本 311 大地震的危機，引爆大海嘯危機，大海嘯又釀成大核災的危機，就是危機擴散的說明。又例如歐債危機，造成需求大幅萎縮，連帶衝擊到以歐洲為出口的國家經濟表現。更嚴重者，可能帶來骨牌效應。

企業危機也是一樣的，連鎖擴散性反應會造成一個危機，引爆另一個危機。雖然這些危機是由第一個危機所引起，可是當主要危機獲得解決時，其他危機不一定就會跟著迎刃而解。而且任何一個危機在沒有徹底解決之前，就有可能產生這種擴散反應。[27]所以企業危機不僅不會固定不動，而且會向外擴散，形成同質性擴散與非同質性的擴散兩種。若危機仍在企業領域之內，則屬於同質性擴散。例如：盛香珍的產品（蒟蒻果凍），造成美國消費者傷害，而被美國高等法院判處高額的賠償金額時，若此危機引爆該公司的財務危機，這是屬於同質性擴散。若是危機向非企業領域擴散，則屬於異質性擴散。以SARS危機爲例，提供醫療服務的和平醫院，當危機未妥善處理，而變成泛政治化之後，脫離企業的範疇，此時就屬於異質性擴散階段。

七、企業危機的「結構性」

趨勢中有危機，但不代表沒有絲毫解決危機的機會，關鍵就在於能否先「預見」危機的結構。例如：民國九十年的新學友書局。九十一年錦繡文化出版集團，甚至經營四十多年的光復書局也傳出旗下的光復網際網路發生跳票事件。[28]這些企業危機的爆發，背後有結構，結構背後有趨勢，而且是二種以上危機因子

---

27 Ian I. Mitroff & Christine M. Pearson, p.6.
Steven Fink, 1986, p.34.

28 邱慧雯，「光復網路跳票 1800 萬元」（台北：《工商時報》），九十一年十一月十三日，版六。

的結合，如教育部規定以聯合議價的方式，來壓低教科書的成本，又如國內閱讀率偏低，圖書中盤商利潤降低……等因子結合所致。

不同的企業型態，有著不同的潛藏結構危機，這些結構性的危機因子，有可能會制約企業的發展。

1. 中小企業結構危機

根據經濟部民國九十六年公布的《二〇〇七中小企業白皮書》，台灣在民國九十五年有 124 萬 4 千零 99 家的中小企業，在台灣整體企業家數中，中小企業就佔了 97.77% 的比例，所以中小企業在我國經濟中扮演了重要的角色，對經濟發展作出重要貢獻，其興衰榮枯影響國家經濟至深且鉅。[29] 但是不因其重要作用，而排除其先天

29　財政部財稅資料中心，「營業稅徵收原始資料」，二〇〇六年。
中小企業的作用有下列幾項：
(1) 中小企業大部分是屬於零星商品或間接產品、半成品，雖不能直接獲得生產業效益，但卻是各大企業的衛星企業。
(2) 可以平衡鄉村和都市的發展：因為都市土地昂貴，地價很高，非一般中小企業者購地建廠發展企業所能負荷，因此一般中小企業往往向郊區發展。

結構上的危機。台灣的中小企業，在結構上普遍有下列八項缺點：

(1) 帶有濃厚家族化色彩，不易吸收外來優秀的人才。

(2) 業者對政府法規及公司法規認識不足。

(3) 資金稀少，技術相對落後。

(4) 缺乏現代化的經營管理。

(5) 產品品質要求不夠嚴格。

(6) 國際商譽的維護不夠重視。

(7) 電子商務能力低（e 化）。

(8) 家族董事會易成一言堂，而且萬一負責人經營決策失

---

(3) 能夠促進傳統工業的發展：因為中國國情是屬於大家族的企業，雖然三十年來的經濟發展，在這一方面已經有所改變，可是家族性承襲上一代的行業，保持其專業特色、改進發展，這一方面仍是不變的傳統。

(4) 可以提供很充分的就業機會：中小企業因本身所需要之技術人才的特性，可以使其員工得到良好的在職訓練，因而提供了許多初級技術人員或毫無經驗人員的就業機會。

(5) 促進休閒資本的利用：一般中小企業所需要的資本財、生產財方面，沒有大型企業所需要的那麼龐大，資金也是；機器設備、技術、管理經驗也沒有像大型企業那樣的健全。

(6) 是一個訓練工商人才、造就基礎技術、知識的最好環境。

當，董監事又沒有足夠的制衡能力，則易形成企業危機。

2. 大企業結構危機

彼得．杜拉克（Peter Drucker）認爲大企業領導人要管理團隊人數過多，已無法親自直接再接觸組織內每位成員，甚至組織中的關鍵成員，人與人之間也很難認識。同時，當企業愈大，與顧客的距離反而愈遠，而消費者想要的，除了產品的功能以外，便是企業眞正的關懷。[30]

的確，大企業在溝通及協調方面，複雜度是較高，爲此，則不得不增加組織層級、舉行更多的會議、整合更多的意見，以調和部門間不同的利害關係，因此自然會增加成本與耽誤時間。同時在另一方面，由於規模大，內部不同機構間資源的整合調配，在某種程度上也增加其困難度。

---

30 Peter Drucker 著，蘇偉倫譯，《管理思想全書》（北京：九州出版社），二〇〇一年，頁 185。

3. 傳統產業面臨的五種生存危機因子

傳統產業是國家整體競爭力，及經濟發展的重要驅力，不過卻面臨五種結構性的危機：

(1) 資金取得不易。[31]

(2) 人工成本提高。

(3) 環保爭議不斷。

(4) 研發能力不足。

(5) 取得工業區土地不易。

第四節　企業危機的來源

市場有不測風雲，企業有旦夕禍福。企業惟有掌握「變」的方向，以及「變」背後的複雜性，才能轉危爲安。若不能掌

---

31 如資金方面，國內上市上櫃的公司中，電子業家數所佔的比重約五分之一強，但投入股市的資金約有七成五是集中在電子相關產業，因而造成傳統產業資金調度困難，不少傳統產業甚至因為面臨財務調度失靈，以致有倒閉之虞。

握外在或內在的變化，就不能防範，更無法「化危機先」。例如：曾有股王頭銜的威盛公司，就因未能掌握英特爾戰略的轉變，導致產品被封殺、市場被圍堵。基本上，企業危機來源可分爲兩大類，一大類是從屬性的原因，另一類則是根本性的原因。企業營運在變動的政經環境中，風險高、事故多，但並非事先無法預防。事實上，唯有事前的預防和掌握各類型的危機根源，才能「化危」於無形。根據危機處理分析的經驗發現，企業出現危機，常是在經營順利的時候，因爲此時容易忽視潛在的危機，和可能發生的逆轉，更容易被眼前的利益，和局部的勝利所迷惑，而忽視市場內外環境急速的變化，所以股王威盛在三年內（民 89～91），股價市值減少 2,000 多億，國際商業機器（IBM），百貨業的領導廠商 SEARS，共損失 1 兆多億。

蘇軾的〈鼂錯論〉：「天下之患，最不可爲者，名爲治平無事，而其實有不測之憂。坐觀其變而不爲之所，則恐至於不可救。」事實上，企業這些能注意、應注意，卻未注意的危機因子變化，諸如政府頒布新的法律、市場新的技術、競爭者新的競爭戰略、社會結構的急遽變遷、全球性新的競爭趨勢……，這些實爲企業危機的根源。

二十世紀的火車，改變人類對速度的認知；二十一世紀的網路，扭轉人類對空間的觀念，連速度與空間都會改變，所以企業營運的環境，「變」已成爲常態。對企業而言，「變」具有兩種涵意，「變」可能對企業產生有利的影響，即形成企業的一種「機會」；反之，「變」如對企業造成不利的影響，威脅企業生存的因子便已形成。如果不注意大環境的變，儘管品質、價格都極爲妥當，促銷人員也極盡力，機會仍可能會流失，威脅也會增高。因爲無法掌握趨勢的變，公司就無法正確分配有限資源，將其投入關鍵之處。資源若是錯置，又何能抓住市場機會、避開環境所帶來的威脅！故此，**掌握趨勢**是企業立於不敗的根本，下面將對企業目前可能面臨的趨勢作一鳥瞰。

一、激烈的產業競爭

世界貿易組織（World Trade Organization, WTO）的精神是，建立全球自由貿易的遊戲規則，其核心三原則乃是：最惠國待遇、國民待遇及多邊談判不歧視原則。因此我國在加入世界貿易組織後，勢必要撤除關稅的保護傘，而造成國內產業競爭環境更加劇烈。[32]在全球化的過程中，產業和商品的開放與聚合、知

[32] WTO 繼承和維護了原 GATT（關稅暨貿易總協定）所建立的多邊貿

識和網路科技的創新、多元成熟社會的顧客需求，所造成產業激烈廝殺的戰國時代，必然使得企業生態丕變。屆時企業可能會大量出現「適者生存、不適者淘汰」的現象。

二、智慧財產權重視程度升高

高科技產業技術激烈競爭，為避免困擾，客戶在下單前，往往要求供應商提出智慧財產權證明。例如：我國鴻海科技的法務部門，就有四百多人協助公司研究開發專利技術授權。

易體制，但因 GATT 只是臨時性的多邊貿易政府協議，不若 WTO 具有法人資格，其官員、成員代表的特權與豁免，與聯合國大會於一九四七年十一月二十一日通過的「特殊機構之特權與豁免公約」所規定之權利相若。其主要職能有：

(1) 促進烏拉圭回合達成的多邊貿易協議、協定及原有多邊貿易協議的執行、管理和運作；
(2) 為成員國提供諮商的論壇和談判成果執行的機構；
(3) 管理爭端解決的規則和程序；
(4) 掌理貿易政策的評審機構；
(5) 與世界銀行、國際貨幣基金及其附屬機構進行密切合作，以求全球經濟政策趨於一致。在 GATT 互惠、無歧視、透明化、關稅減讓等原則的基礎上，增添了多邊主義原則、對經濟轉型國家鼓勵的原則等。

歐、美等科技先進國家，以智慧財產權作爲競爭利器，有可能成爲我國產業進入的障礙。雖然我國科技產業，不斷提升研發能力，而且也成爲全球資訊業產品排名前茅的國家，這種產業不容忽視的潛力，使歐、美等科技先進國家長期市場優勢遭受巨大挑戰。因而歐美等先進國家的企業，以智慧財產權作爲阻擋我國產業的進入方式，企圖對我國具世界競爭力的高科技產業，造成一定程度之牽制。所以未來我國廠商與外國公司，要避免侵權爭議的危機，除了要強化研發能力外，更要運用智慧財產權以爲保護，或作爲交換智慧財產權的籌碼。

三、數位化科技的革命

數位科技是爭取速度、掌握商機的利器。企業若不具數位優勢，則知識累積就會落後，整個市場競爭力也會變弱，而且隨時間過去，而愈發嚴重。目前的企業，要在新世紀裡生存，電子商務已是不可避免的。電子商務的崛起，產生了新一代的產業革命，面對產業劇烈競爭及市場需求的快速變化，爲了尋求生存及永續經營的企業，需要由傳統、單純的製造，進而迅速的掌握前端市場的需求。但是要如何才能掌握前端市場的及時性需求呢？電子商務的能力，正是掌握這項需求的關鍵利器。因爲電子商務的特性，包括有全球化市場的利基、虛擬化的組織、低障礙的網站設置成本、24 小時無休的營運機制、快速有效回應、符合個人需求、加值性處理、競爭性價格、多媒體資訊、交談式操作，以及創新性的商業機會與價值。[33]

儘管數位化有其無可替代的重要性，但實際上，國內有 84% 的電子供應商，無法掌握線上交易客戶的資料；有 96% 的電子供應商，無法針對客戶需求，提供一對一的個人化服務；有 75% 的業者，無法主動辨識反覆交易的客戶，這就是國內目前最嚴重的「電子化差距」（E-Gap）。[34]

第五節　企業危機的類型

企業經營環境，惟一不變的，就是變！有的僅是程度變化，有的則是本質的根本變化。以前不曾出現的危機，並不代表

33　余千智，《電子商務總論》（台北：智勝文化公司），一九九九年四月初版，頁 6-8。

34　NCR，「客户導向時代的企業智慧腦」（台北：資訊與電腦），二〇〇〇年七月，頁 51。

以後就不會出現。例如：日本雖曾出現威力驚人的大地震，但卻沒有出現大海嘯及大核災的危機擴散。所以企業所面臨的危機極爲廣泛，像菲國在二〇一三年底遭遇的「海燕」超級強颱，泰國爲推翻盈拉政權的大罷工，中國的「錢荒」，對企業來說，都是危機！如何將危機類型有效的歸類，使企業家及學習者，能儘快掌握相關可能遭遇的危機，確爲企業應深入了解的當務之急。

不同的標準，可以歸類出不同類型的危機，但二〇一三年從義美食品使用 9000 公斤過期原料，乖乖竄改過期產品，胖達人的不實廣告，桂冠蝦球裡，竟無蝦肉，味全、頂新、統一、福懋油、大統長基食品的黑心油，山水米所標示的台灣米，裡面竟無一粒台灣米……，等種種的企業危機，皆導源於企業負責人的缺德！這一類型的危機，已愈來愈普遍。除這一新類型的危機外，基本上，仍可以區分爲兩大層面：第一、由國際或本國政治、經濟、社會、法令、科技、文化等環境之衝擊所造成的危機。第二、企業內部或企業本身所引發的危機。第一類爲「企業外在危機」，第二類爲「企業內在危機」。企業的內、外環境，具有相互依賴、相互影響的複雜關係，故不能以一刀切的方式，將企業經營的內、外環境分開。所以本小節對危機的類型，是採取綜合說明的方式。下列分別將主要學者對危機的分類，說明如下：

一、Mitroffamp & Maccwhinney

將危機以內在及外在、人爲及非人爲等變數，區分危機爲以下四大類：

1. 屬於內在的非人爲危機，例如：工業意外災害。
2. 屬於外在的非人爲危機，例如：自然災害及金融危機。
3. 屬於內在的人爲危機，例如：廠內產品遭人下毒、品管缺失、組織衝突、怠工。
4. 屬於外在的人爲危機，例如：恐怖份子、廠外產品遭人下毒、仿冒、不實謠言的散布。

二、Simon A. Booth

從危機發展的速度，可將危機分爲三大類。其實企業有可能面臨這三種危機的結合，所以眞正遇到危機時，不一定能確認是屬於下列哪一種類型。這三類危機是：[35]

---

[35] Simon A. Booth, *Crisis Management Strategy: Competition and Change in Modern Enterprises* (London: T. J. Press Ltd), 1993, pp.86-88.

1. 蔓延性危機（Creeping Crisis）

從表面看起來似乎一切正常，但實際上這種危機是慢慢地滲透發展，惟有部分接觸的公司職員才知道。因此在這個階段，如果欠缺良好的溝通管道，企業主管或高階人員，可能都無法確認危機的存在。

2. 週期性危機（Periodic Threat）

這種危機屬於週期性的，表面只有少數的人被牽涉在內，所以其他的人基本上是抱持消極的態度，但實質上對企業整體的士氣、民心，都會有所打擊。

3. 突發性危機（Sudden Threat）

以企業目前的能力，完全無法預期可能會傷害企業的危機，此類危機最常被視爲危機，如「九二一」大地震。

三、日本學者增永久二郎

將危機分成五種類型：

(1) 地震、火山爆發、海嘯、颱風等天然事故。

(2) 國內外恐怖份子的攻擊行動。

(3) 國內外的戰爭、軍事衝突所引起的危機。

(4) 企業員工及高級幹部遭到綁架，所引起的危機。

(5) 其他有關人命、財產、環境等情況，預估將蒙受重大損失的危機。[36]

日本危機處理的特點，是以保護企業與人身的安全爲主軸。其中所指的「人」，乃包括企業高級幹部、員工及其家人，和公司外相關人員爲對象。[37]

四、國內學者吳思華

政治大學校長吳思華對於企業營運所面臨的危機，歸納爲五大類：[38]

1. 政治危機

政治危機包含「政治不穩定性」，及「政府政策不穩定

---

[36] 日刊工業新聞特別取材班，《危機處理實戰對策》（台北：三思堂文化事業有限公司），二〇〇〇年三月，頁16。

[37] 同註37，頁13。

[38] 吳思華，《策略九說》（台北：麥田出版公司），民國八十五年，頁218。

性」等兩大類。就前者來說，它常與政權交替有關，而導致不穩定性。其主要來源有革命、政變、戰爭或其他對外軍事衝突，造成企業無法在當地運籌，因而產生投資設備浪費，或被破壞的危機。例如三勝製帽公司負責人戴勝通配合前總統陳水扁的外交政策，赴海地投資兩億元，然因當地政治動盪，叛軍攻進首都太子港後，導致工廠停工，資金調度受影響，而出現兩千萬元的跳票。[39]

政府對企業政策的不穩定性，如八吋晶圓廠究竟是否能赴大陸投資或政治決策的直接威脅，如民國九十三年五月二十四日中共國台辦直接點名資助阿扁的綠色台商，表示北京不會坐視不管，未能掌握此精神與趨勢之企業，就有可能成爲危機。

2. 法制危機

法律是規範企業活動的圭臬，當法律環境不斷變動時，廠商就必須持續因應法律環境的變化做修正，才能確保

---

[39] 劉芳妙，「戴勝通：三勝瘦身　考慮結束海地廠」（台北：《經濟日報》），民國九十三年三月二十五日，版十一。

不致因觸法，而付出慘痛的代價。若企業忽視法律規範的存在，將有冒增加成本、人力的損失、企業形象破損，甚至高額訴訟成本等經營風險。同時當法律趨勢改變、遊戲規則改變，企業如果仍然以不變應萬變，自然在市場法則下會被淘汰。

例證一：美國 Monsanto 公司特別針對傳統寶特瓶打開一段時間後，飲料便會失去原味，因此發明新化學合成物丙西樹酯，利用它來製造瓶子，來使飲料不會「透氣」。公司進而投下重金，進行向後整合的作業。但是在建廠不久，美國食品及藥物管理局宣布，該合成物具有致癌物質，因此 Monsanto 公司的整個投資便付諸東流。

例證二：以網路咖啡店爲例，新公布的「網咖管理條例」規定，學校方圓兩百公尺內不准設網咖，如果不能掌握外在環境的法律變化，那麼所投資的裝潢，可能就付諸流水。又如，設計產品與投資產品線之前，如果未能詳細查詢專利，則很可能在生產中，不自覺的侵權，結果遭致法律訴訟之苦。

3. 經濟危機

這類的危機，不是單指價格管制、貿易限制、外匯管制、財政、貨幣政策改變等，所帶來的企業危機，更重要的是指景氣變化，所產生需求的萎縮，以及成本快速升高，又無法轉嫁給消費者，而必須自行吸收。譬如歐債風暴造成需求減少，可是伊朗管制石油，又造成油價高漲的成本，這些都屬經濟危機。尤其二十一世紀全球資本主義體系高度互賴，已導致某國的金融危機、經濟崩潰，通貨膨脹、外匯匯率改變、利率改變、貿易條件改變所產生的諸種危機，都可能迅速擴散，而影響到其他國家。

4. 天然與流行疾病危機

全球氣候大變，各地降雨量、颱風、地震、大海嘯及其他流行疾病危機不斷，而可能直接衝擊到企業的營運。二〇一三年底菲律賓的「海燕」颱風，使得數百萬人無家可歸，企業損失難以估計！沒有掌握到這種趨勢的企業及再保險公司，就可能在危機發生後，產生虧損。近年來，有多家業者陸續退出市場，就是明證。若是事前沒有掌握趨勢背後所隱藏的危機，而以低價搶奪業務、忽視危機管理，在災難出現後，不但被保險公司陷入危機，自己的公司也會被拖累。

5. 社會危機

社會因宗教、族群、意識形態等因素，而產生對立衝突，最後直接或間接的波及企業營運，而使企業發生虧損或無法經營的現象，都列入社會危機。這類的危機如二〇一三年泰國發生暴亂後，嚴重影響企業營運。另外，再加上罷工的損失，兩者約損失共計 6 億美元。又如二〇一一年初突尼西亞的「茉莉花革命」，導致政權倒台的事件，這樣的民主風潮，也使得葉門、埃及、利比亞等專制政權垮台。過程中的暴亂與軍事衝突，對於正常生產營運的企業，都是威脅。

另一類的危機，是社會價值的改變、社會思考的轉向，如檳榔業，因學界及醫界不斷的強調：嚼食檳榔的致癌率，是一般人的 2.8 倍。這樣的價值轉換，使吃檳榔的人口愈來愈少，如此就會對檳榔業產生危機。

綜合前述不同學者歸類的各種類型危機，其實都與企業經營的市場環境有關，市場環境蓋約包括〔圖 1.1〕的四個層次。其中任何一個層次，若出現環境中的不利趨勢或特殊挑戰，同時企業又缺乏有力的回應，則可能使企業、產品或品牌趨於蕭條或死

亡。[40]企業可以採取下述未雨綢繆、及早因應的處理方式：[41]

1. 提早偵測危機：偵測可以透過經濟環境的掃描，而掃描則要著重在幾個主要指標：國民生產毛額、經濟成長率、國民所得、景氣對策訊號、景氣動向指標、國際收支、工業生產指數、消費者信心指數等。[42]由於經濟因素會影響到市場大小、市場的獲利能力及可運用的資源，所以先期對經濟環境的掃描極爲重要。
2. 掃描後，如果威脅是虛有或短暫的，則企業可能只要小心監視防範，但不立即採取行動。
3. 尋求改進產品或降低成本，以增加產品在市場中的競爭力量。
4. 透過立法或公共關係，進行競爭、抑制或扭轉新的發展趨勢。
5. 透過處理偶然事件的緊急計畫，縮短承諾期間，及提高流動性等手段，以增強企業對環境的適應機動力。

---

40 「環境」是指某一特定作用體之間，存有潛在關係之所有外在力量（External Forces）及實體（Entities）之總和體系。
林建山，《企業環境掃描：市場機會分析手冊》（台北：環球經濟社），民國七十四年，頁16。

41 同註40，頁21。

42 消費者信心指數（Consumer Confidence Index）是指一個國家的消費者，對於當前經濟狀況的滿意程度，以及對未來經濟走向預期的綜合性指數，它能顯示人們的消費意願和程度，是屬於領先指標。

6. 使產品多樣化、擴大市場，以便在某些產品受到打擊時，可減少對此產品線的過分依賴而無法自拔。
7. 認定此種環境變化之威脅，實際上是一種隱藏的「機會」（Opportunity），而決定加入新的發展行列或企業，進行轉型。

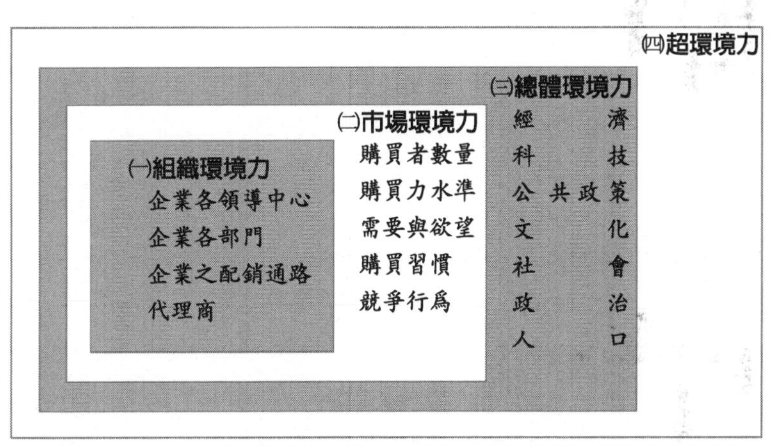

資料來源：林建山，《企業環境掃描：市場機會分析手冊》（台北：環球經濟社），民國七十四年，頁14。

圖 1.1　市場環境圖

第六節　企業危機管理的迷思

儘管追求最大利潤，是企業經營的一大目標，但是企業經營發展順利的時候，如果忽視潛在的危機因子和可能發生的逆轉，則很容易被眼前的利益和局部的勝利所迷惑。唯有認清隱藏不露的迷思，徹底掃除潛藏的管理迷思，讓經理人避免付出昂貴代價，如此才能有效提升經營品質、銷售績效、生產獲利、顧客服務。

迷思一：完善內部就不會出現危機？

這種迷思以日本危機管理的思考模式最具典型，因為在日本經營者的潛意識裡，認為公司在經營過程中，不能有所失誤，所以往往出現有否定危機存在的傾向。[43]國內也有很多企業認為，只要一切盡其在我，將各方面的制度做得愈完善，危機就會消失。故此，可以不必在意危機。事實上，這樣的觀念只對了一半，因為企業僅能盡其在我地掌握內環境的因素，但外環境的變化，或政府的經貿決策、天災巨變、競爭對手突然研發出，具市

43　日刊工業新聞特別取材班，同註18，頁22。

場競爭力的產品，這些不易完全歸納的林林總總原因，都可能會導致企業危機。職是之故，不是企業內部做好各項管理，就能長治久安。同時在此也要特別提醒公司高層決策者，以往危機處理主要靠的就是經驗法則，但環境是動態變遷而非停滯不動，所以如何從經驗法則，提升到系統的科學法則，是企業危機管理刻不容緩的戰略主軸。

迷思二：企業危機處理＝企業危機解決？

這是一般人很容易混淆的問題，因爲危機處理的目的，很顯然是針對解決危機而來，但爲什麼又不等於危機解決呢？這主要是關係到處理戰略的正確與否，以及處理的速度，是否能超過危機的擴散性。唯有正確且及時的針對危機的癥結、徹底的解決，才能使企業轉危爲安、反敗爲勝。如果是不正確的危機處理，不僅無法解決危機，更可能會加重危機的嚴重程度，而使危機升高。

迷思三：企業不會出現「危機幻覺」？

企業決策階層的錯誤判斷，如同埋下一枚定時炸彈，將使複雜不安的危機更爲惡化。由於危機的根本解決，主要是依賴人的判斷，然而人的主觀因素（經驗、情緒、年齡和性別等），以及外在刺激的干擾，常是錯覺的重要來源。這種與相應現實的客觀情境不符的主觀認知，而出現歪曲外在刺激強度的現象，就是所謂的「危機幻覺」（Crisis Hallucination）。危機幻覺會造成輕估、低估、高估等錯估的現象。這種幻覺可能使危機升高，也可能浪費企業寶貴的資源，而延誤危機的處理。例如：我國出現產業危機，部分人士以爲只要全力發展所謂的高科技產業，就可以振興整個國家的產業。其實二十一世紀的任何一項產業，都是環環相扣，設若沒有其他基礎領域的支持，則是很難成功的，譬如新興的生物科技產業製程，如果沒有紮實的化學工業，就很難成功。

迷思四：企業危機絕對可以避免？

危機的發生，可能來自於外環境，也可能來自於企業內環境。內環境的危機來源，可能由於資本能力、銷售能力、技術能力、商品、成本經營、人才、勞動力等方面所致。內環境所產生的危機，企業絕大部分都可以反求諸己，不斷地改進加強。但是外環境是客觀的外在形勢，尤其是自然界的危機（如九二一大地震），更非企業的主觀意志所能左右，這些都是企業經營可能出現危機的領域，諸如匯率、市場競爭、火災、地震、水（旱）災、竊盜、詐欺、國際局勢、軍事衝突、法制、人口、科學技術變遷速度、油價漲跌……，都顯示不是所有的危機都可以避免的。外在大環境之變，以及變中所隱含的危機，絕非操之在企業主的手中。如果不曾未雨綢繆、防範危機於未然，一旦危機爆發，同樣會使企業陷入致命的深淵。這種認為企業危機絕對可以避免的案例，以日本最多，由於日本企業既存的否定危機心理傾向，最易輕忽危機處理的重要性，以及相關應有的準備。這反而在危機出現後，更容易使決策者無法處變不驚地解決危機。故此，決策者最主要的敵人，就是拒絕相信危機會降臨到自己的企業。[44]

本書危機管理的著重點，在於「**預防重於治療**」，如何預防呢？如何治療呢？它需要結合「**企業危機生命週期理論**」與「**企業痛苦指數**」，共同作為治療企業危機的工具。就理論上而言，如此將可化解危機、爭取機會（化危爭機），即使無法化

---

[44] Ian I. Mitroff, *Managing Crises Before They Happen: What Every Executive and Manager Needs to Know About Crisis Management*, (New York: American Management Association), 2001, p.8.

解，也可避開危機、爭取機會（避危爭機）。但實際上，企業的資源有限、人力有限、財力有限，所以是不是絕對能針對所有類型中的各種企業危機，進行化解或避開，這是值得斟酌的。例如：一九七〇年代石油危機，造成許多產業的衝擊，其眞正發生的原因，是由於阿拉伯國家以石油作爲外交武器，轉變世界其他國家支持以色列的立場與態度。個別企業如何扭轉這類外在形勢的危機呢？企業只有在「見微」之際，推估「知著」的到來，及早進行準備。所以本書同時以「**預防重於治療**」，「**有效預防、快速處理**」以及「**及早偵測，及早治療**」等三種危機管理典範，以爲企業危機管理的理論典範。

第二章

企業危機管理理論

第一節　危機系統論

絕大部分危機管理的理論，多將焦點著重在個別公司面臨危機應該如何處理，而忽略對危機全方位的鳥瞰，尤其是產業總體層面的變化，所導致個別公司的危機。由於外在客觀環境，通常不是個別公司所能撼動，所以常略而不述。雖然此任務看來艱鉅，但一分耕耘、一分收穫，若能了解全局之變，則更有助於危機的預防與解決。

當企業決策者面對高度不確定性的局勢變化時，常會出現誤判市場需求及錯誤假設的現象。彼得．聖吉（Peter M. Senge）

在其所著的《第五項修練》（*The Fifth Discipline*），所引述的啤酒遊戲，就是很好的例證。遊戲中因錯誤的評估，而造成零售商缺貨，結果產生重複的下訂單，而經銷商也以相同的動作下單，導致製造商在此強烈暗示效應下，做出超量生產的錯誤決策，最後竟找不到買主。事實上，許多廠商在接獲訂單後，便是增加人手、購買機器擴廠，極少會針對訂單進行市場評估。此時企業通常的假設都是——商機稍縱即逝，訂單增加就代表市場擴大，故大幅擴充產能，卻完全忽略訂單重複的假象，會對企業造成危機。爲什麼有這種現象呢？這就是**未能掌握企業經營系統的變化，以及深入的市場研究**。民國九十年左右，有不少企業因誤判景氣的變化程度，而未能正確反應，最後竟被迫離開所經營的市場。爲避免此危機，就必須對企業營運的系統，作全方位的鳥瞰。

以往有部分學者，將系統理論視爲靜態理論，只談企業政策或策略的「產出」，而忽略系統是相互依存分子的動態組合，本身具有動態循環的本質。例如：一個企業是如何因應它的環境？如何從環境中獲得情報，並予以有效的利用？組織又是如何根據有關的資料，來改變它的作業？其內部的轉換過程是如何進行？事實上，整個企業的經營系統（內、外環境），是多層次、多面向、不斷地進行複雜互動。

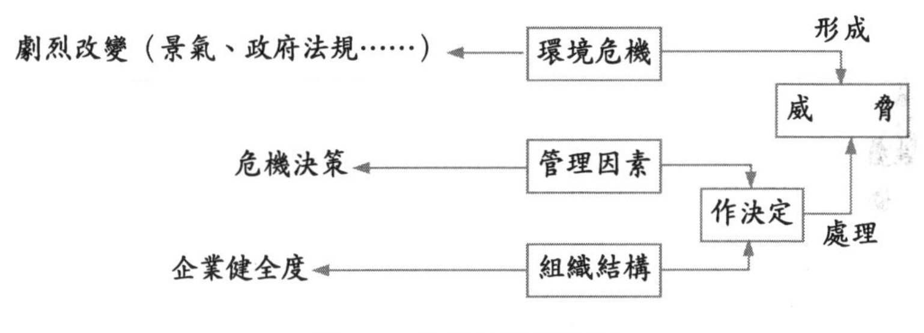

圖 2.1　企業危機系統圖

〔圖 2.1〕所顯示的「企業危機系統圖」，乃在說明企業外環境危機的來源，是企業重要的威脅，企業究竟有沒有能力處理，端賴內部組織結構的健全，以及統合內部情報與資源的決策體系，是否能做出正確決定，以解決企業的危機。這個圖著重企業決策與威脅企業的危機因子之間的互動，以及隱藏在決策背後的決勝關鍵。現就此圖的要點加以說明：

一、環境威脅

危機不是只有來自外環境，其實禍起蕭牆之內，可能更可怕，如員工對外洩露公司營業機密或新的研究成果。又如民國九十二年十月理律律師事務所的劉偉杰盜取客戶龐大金額。無論是內環境或外環境，從企業危機發展史，都會找到一些導致危機發生的原因，例如：錯誤的企業管理思維與假設；未能妥善處理消費者的抱怨；企業低沉的士氣；幕僚素質低；市場謠言；匆忙出貨所造成的錯誤；環境變遷過於快速。[1] Brody 認爲危機是企業對外關係的重要轉折點，此時企業卻很可能疏忽處理危機的重要議題（或錯誤處理）。[2]

處此數位化資訊急速變遷的時代，有幾項外環境變化是可以發現的，如知識競爭、供應鏈對決、十倍速變化、異業整合、顧客導向的服務等。尤其我國在加入世界經貿組織後，產業競爭必然更加激烈，「適者生存」的現象，將更爲明顯。爲此，企業不應等到最後危機爆發的階段，才被迫進行危機處理，反而應轉守爲攻，以國際市場爲目標，並加強下列六項的努力：

---

1 Michael Bland, *Communicating Out Of A Crisis* (London: Macmillan Press), 1998 , p.29.

2 Stephen P. Banks, *Multicultural Public Relations:A Social-Interpretive Approach* (London: Sage Publications), 1995 , pp.90-91.

1. 加強研究發展和產品自主開發的設計能力，以強化品牌形象、提升企業競爭力。
2. 收集國際經貿資訊、培育企業國際行銷人才。
3. 以策略聯盟因應自由化衝擊。
4. 注意國際產品標準、專利申請及檢驗等各項重要規定。
5. 積極因應傾銷進口及大量進口的壓力。
6. 主動請求政府藉由談判，排除出口障礙。

二、危機決策

企業危機最忌頭痛醫頭、腳痛醫腳的鋸箭救急，而不針對實質問題根源加以解決。企業究竟是否能夠扭轉不利的局勢，端賴企業處理危機決策的正確性與及時性。設若企業沒有對策，或對策有誤，對於企業來說，結果都將是一種傷害。以下就〔圖 2.1〕中的三項決勝因素，提出更進一步說明：

1. 就「企業組織結構」而言

當外在或內在的環境，出現危機因子時，企業本身就必須進行某種程度的處理，以解決各種可能發生的狀況。這種處理的程序，就是市場法則所謂「適者生存」的

「求生」過程。這種過程大致可分爲六大步驟：

(1) 發現各種內在與外在環境的變化。

(2) 針對外在改變與組織內部需要，輸入各種必要情報、資源和人力。

(3) 根據外在資訊所得的「輸入項」，進行總合性研判。

(4) 決定處理的戰略、戰術，以及各執行步驟。

(5) 輸出各種符合該項變化的新產品和新服務，若有必要，則調整內部作業程序。

(6) 檢討危機處理的績效，作爲處理下一個危機的借鑑與參考。

2. 就「企業決策結構」而言

結構是一種系統，這種系統是一種相互作用、相互依賴，並按照一定規律組合起來。[3]企業正是按照其經營目標，在此結構中，求生存、求發展。當產業環境變化

---

[3] 陶在樸，《系統動態學》（台北：五南圖書公司），民國八十八年，頁1。
莊宗岸 & 呂總德，《系統分析與設計》（台北：滄海書局），一九九八年1版，頁1-4。

的速度，高於企業調整與應變的速度時，企業將面臨挑戰。例如：二○○八年美國金融風暴及二○一二年的歐債風暴，二○一一年日本大震後的大核災，污染當地環境，就是一種經營結構的改變，它會對相關產業產生嚴重的影響。

另外，當外在環境對企業「要求」的「量」與「項目」，超過決策體系所能處理的能力時，這種「超載」（Overload）情形愈嚴重，可能就愈會使決策品質下降，危機解決的可能性就愈低。除了考量外環境輸入到企業決策體系的「量」與「項目」外，輸入的管道（含通報系統）是否迅速暢通，也是該理論關心的議題。如果「輸入」不暢通，儘管外環境可能已經產生了嚴重的變化，甚至到了紅色警戒線，但卻因爲沒有迅速暢通管道，而使資訊無法到達決策中樞。其可能發生的最差狀況是，企業對於這類危機因子的出現，沒有「輸入」到企業決策體系，因此企業未能有應變的「輸出」；最佳的狀況是，企業主動掌握環境所可能出現的每個危機群，並提出危機管理的準備，進行化危機於無形。

3. 就「危機處理的關鍵變數」而言

小型企業通常是依賴企業家個人的危機處理；中型企業則是靠企業組織；大型企業通常是依賴企業組織文化。不同企業型態有不同結構性的危機，這種內部結構的危機，會妨礙企業有效處理危機的速度與效率。最常見的就是企業將研究、生產、發展、財務、人力資源各職能部門割裂開來，而阻礙企業統合戰力的發揮，更遑論對急迫性危機的處理。

另一種易見的結構組織的問題是，**企業菁英的老化，而造成自滿及墨守成規的僵化意識型態**。不幸的是，當外在環境或市場遊戲規則改變時，這些企業菁英還誤以爲過去成功的戰略是正確的。所以危機系統論的最大缺點，就是單方面的認爲，威脅是由外而來，其實危機的根源，可能來自於蕭牆之內。例如：以培育我國未來人才的教育體系，因人口趨勢逐漸減少，以及我國加入世界經貿組織後，面對來自世界各大學的競爭，這對於國內一百六十四多所的的大專院校，在結構上，危機壓力必然愈來愈大。如果決策菁英還拿過去的經驗作爲圭臬，而沒有正確的危機管理，部分學校恐將走入歷史。

第二節　危機結構論：掌握外環境危機之鑰

快速變遷的經營環境，使企業營運不能再只是注重內部效率性（Efficiency）的管理，必須更進一步因應外在競爭環境的變遷，如此就可提高企業永續發展的成功機率。基本上，外在環境變化最多，而且也是企業危機最主要的來源，所以常被稱爲企業「不可控制的變數」（Uncontrollable Variables）。但外在環境同時也是企業生存與發展的空間，企業主管對該環境首應了解其現況特性，預測其可能發展的趨向，選擇較有把握的環境，擬定各種經營戰略。

麥可・波特（Michael Porter）在其《競爭戰略》（*Competitive Strategy*）一書中提到「五力模式」（Five Forces Models），這是許多產業爲因應不同外在競爭強度，廣泛地用來發展其戰略的方法。其五力結構爲：新競爭者的進入（The Entry of New Competitors）；替代品的威脅（The Threat of Substitutes）；購買者的談判權力（The Bargaining Power of Buyers）；供給者的談判權力（The Bargaining Power of Suppliers）；同業的競爭（The Rivalry Among the Existing Competitors）。由於購買者的談判權力，不足以立刻使企業陷入存亡之地，事實上，原有供應商的

「背離」，反而常是企業危機的來源。所以波特的五力模式，在分析企業外環境危機時，有其不適當處，故此，筆者將波特的「五力模式」加以調整，調整後的結構，就成為分析企業外環境六大危機的主要變數：**同業競爭的威脅、潛在競爭者的挑戰、替代品的威脅、供應商的背離、經營環境結構改變、市場需求萎縮**等（如〔圖 2.2〕）。由六大危機變數，所建構的企業危機結構論，是從總體（Macro）的角度，來觀察及分析企業外環境的變化，使企業能清楚掌握其未來較有利的戰略方向。

外環境結構危機的分析模式，不僅在於描述這些企業經營環境，更在於提醒公司，可能面對何種外環境的威脅，例如：所屬產業主要構面將如何變化？有什麼因素可能造成企業的萎縮？這

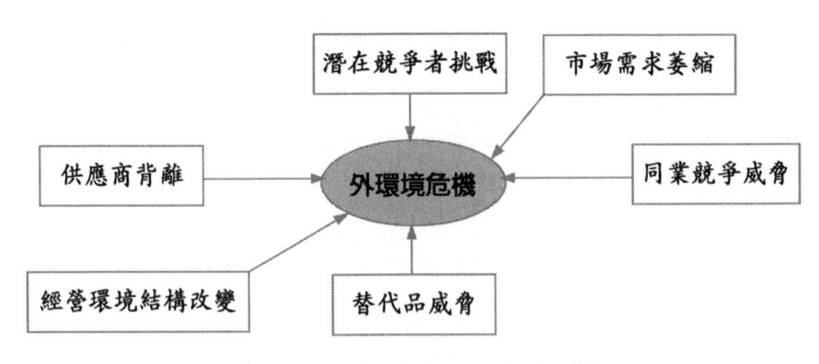

圖 2.2　外環境「六力」危機結構

些因素是否已出現？最佳危機管理之道是什麼？如何才能使公司站在最有利的地位，免於受到危機的威脅？本書以外環境「六力」危機結構，作為分析外環境結構性的危機。

一、供應商的背離

設備若受到少數供應商壟斷，對供應商的依賴程度就愈高，受制於人的程度就愈高。如果這些關鍵性零組件供應商的背離，就會造成企業危機。如國產車的底盤、變速箱等關鍵性零組件，都仰賴原廠進口。

就供應鏈的角度而言，供應商若背離企業，在沒有任何替代方案的情況下，企業就必然遭受衝擊。例如：美西封港或美伊開戰所引發的經濟和地緣政治的不確定性，就會使得零庫存管理很難付諸實行。因而造成製造商，供應商及貨運商之間關係緊張。另外，供料廠商的品質，也常是企業危機發生的來源。尤其是品質的穩定度，對於企業產品的影響最為明顯。供應商的背離，可能有主觀的因素，但也有被迫不得已的情勢。例如：台塑集團與法國雷諾汽車合力生產電動車的計畫失敗後，台塑集團又與韓國大宇集團合作。結果大宇汽車爆發嚴重的財務危機，最後破產而且被債權銀行接管。台塑集團在零件供應無繼的窘境下，不僅造成台塑企盼的 Magnus 汽車無法如期推出，而且還使得苦心建構的小區域多經銷商制度，差一點遭到潰敗。爲預防這類狀況外的情形出現，企業有必要對供應商做深入的了解。另外，企業平時即可透過法律，加強原物料採購控管，對協力廠商進行規範。嚴重時，企業可將供應商違規的紀錄，客觀反映，以制約該供應商後續的行爲。若再犯，則將供應商違規的紀錄，給其他協力廠商知道，並將所耗用的成本轉嫁給供應商，由其擔負責任，或直接解除合約，以儆效尤。

二、市場需求萎縮

爲什麼會將市場需求不足，列爲企業外環境的危機結構？除了最近不景氣造成有效需求不足，而使許多企業關門歇業外，也可以從產業面來了解。例如：歸納過去五十年，全球半導體產業的景氣週期與發展，所得到共通的定律：不景氣所產生的市場需求不足，每五年發生一次，二〇一二年日本半導體的爾必達大公司，也是全球第三大的半導體大廠，竟負債達 1700 多億元，而宣告破產，就是非常鮮明的例子。

三、同業競爭威脅

同業競爭不一定是絕對的二元對立，但是在大多數的產業內，企業為獲取較高利潤，應該會採行一些措施，來增加與顧客交易的機會，這就是競爭的狀態。當競爭對手所採行的做法頻率很高，而且明顯地改善其與顧客的交易機會，企業就會感受到較強的競爭壓力。

影響企業之間相互競爭的壓力因素，有以下九大項最為顯著：

1. 產業成長率

當市場飽和、成長緩慢時，企業為求生存，彼此爭奪佔有率的競爭，自然較為激烈。以可口可樂及百事可樂的傳統主力產品——可樂飲料為例，市場整體成長率並不高，兩家企業除了推出各種不同飲料，及進行多角化經營以外，可樂市場佔有率的爭奪戰，數十年來不曾稍歇。

2. 競爭者數量與市場勢力的均衡狀況

市場競爭者的數量，必然直接影響競爭強度及邊際效益。以量販產業爲例，當萬客隆首先登陸我國市場時，它是唯一的一家量販店，投資回收很快。但是接著家樂福及本土業者追隨進入這個市場後，量販產業的競爭，變得愈來愈激烈。其次，以市場勢力的分布爲例，假設有兩個產業，各有六家廠商在產業內，第一個產業平均分布，每家企業平均約有 17% 左右的市場佔有率；第二個產業內，有一家的市場佔有率高達 50%，其餘四家平均佔有各 10%。那麼前者的競爭會較後者劇烈，其主要的原因，有下列兩項：

(1) 沒有一家企業大到足以主導產業的遊戲規則，所以長期穩定均衡的狀態難以持久。當然例外的情況也有，某些產業長久以來可能因爲某些歷史淵源或經營者之間的關係，而有個共同遵守的規範，如此一來，縱使各自的市場勢力很平均，但競爭的壓力可能不高。
(2) 任何一家企業的市場行動，都會影響到其他競爭者的市場佔有率，因此各自會採取相對的因應競爭行動。

3. 競爭者進入市場的速度

新產品開發的競爭中，誰搶先一步，誰就能獲得驚人的利益。誰落後一步，就可能陷入危機。在其他變數一樣的情況下，速度則是影響市場佔有率的重要關鍵。譬如以漢堡、炸雞、薯條和可樂爲基調的西方速食食品，肯德基或麥當勞的消費群特性幾無差別。麥當勞在一九八四年首先叩關，挾著全球知名度，進駐台灣市場，而且很快就獲得台灣消費者的喜愛和認同。肯德基只晚麥當勞一年，在一九八五年成立台灣第一家分店。所以儘管肯德基打敗溫蒂及小騎士，可是就無法搶回市場佔有率。台灣是麥當勞獨大，但一九八七年肯德基在北京開設第一家中國分店。然而麥當勞卻到一九九〇年，才在深圳開設第一家中國分店。根據東方廣告 CMDB 資料庫中，對中國二十多個主要城市的調查顯示，肯德基在十六個城市領先八到十倍不等，而在青島、大連、杭州、南京、上海、昆明等地，肯德基是麥當勞的二至三倍；麥當勞的市場佔有率，領先城市僅有天津、北京、深圳、廣西等四個城市。[4]

---

[4] 「市場佔有率兩岸不同」（台北：《中國時報》），民國九十年六月十八日，版二十四。

4. 戰略性市場

所謂戰略性的市場是指，某市場對敵我皆具有極為重要性的地位，獲得之一方，必然取得攸關爾後發展的競爭優勢。因此各個企業為在此市場取得一席之地，競爭壓力必然較一般市場來得沉重。以中華民國的壽險業為例，大台北都會區就具有戰略性市場的地位，所以比較具規模的壽險公司都會將總公司設在台北市，而且大規模的投入該市場，希望能獲得某種程度的知名度及市場佔有率。

5. 高時間壓力或儲存成本

時間是企業競爭背後的客觀壓力，當產品必須在限定時間內售出，否則價值就會急速降低時，產業的競爭程度會隨之增強。例如：產品為「時尚」或「流行」有關的產品，正在流行與退流行之間，為避免庫存而積壓企業營運所需的資金，同業競爭強度必然升高。

6. 產品差異化（Differentiation）程度低

產品的差異化程度，與同業競爭強度恰成反比。所謂差異化是指，企業所提供的產品／服務，與其他競爭者所提供的，在某些功能或特質上有所差異，而且這些差異對顧客是有價值的。顧客會因爲獨特的差異化，產生產品／服務的忠誠度，而降低彼此替代程度。差異化的來源，可來自實際的功能、品質，也可能來自消費者認知的企業或品牌形象。在無法有效形成忠誠度的產業，企業之間極可能出現強烈的競爭。

7. 轉換成本（Switching Costs）

轉換成本指的是原本向某企業（A 公司）購買產品／服務的顧客，因故轉向其他企業（A 公司）購買時，所發生的附加成本。轉換成本包括經濟性及心理性兩大類。經濟性轉換成本，包括所需購買的輔助、週邊產品、訓練（或自我學習）的成本，以及開始使用後，因不夠熟悉而降低效益等。心理成本可能包括對新產品／功能不熟悉所產生的不安，而可能導致效率差的現象。當產品轉換成本高，就會造成顧客轉換供應來源的障礙，而被迫提高忠誠度、降低企業間的競爭程度。產業內的廠商，有時會藉提高轉換成本，來因應其他競爭者的挑戰。例如：藥廠可以幫醫院建立一套藥品庫存管理及採購的資訊系統，並與自身的事業部門連線，藉此提高醫院的轉換成本。

8. 退出障礙（Exit Barrier）

當企業因產業的投資報酬過低，而想退出該產業時，卻遭遇退出的因難，此乃所謂的退出障礙。產業內的退出障礙較高時，企業無法自由退出，在被迫求生的情境下，更容易增加產業內的競爭壓力。例如：液晶面板產業的進入障礙高，退出障礙更高。一般來說，退出的方式，大概不外倒閉或遭合併。影響退出障礙的因素有：

(1) 資產專用性高：爲某特殊企業的生產／作業型態，量身設計製造的，而無法轉換爲其他產業使用。
(2) 退出成本：停止某項價值活動（例如：關廠），所需付出的成本（例如：資遣費用）。
(3) 情感上的因素：例如：家族色彩比較濃厚的企業，或是由先人所留下來的事業，退出時所考慮的不只是經濟面的問題，情感面的考量反而較重。
(4) 其他限制：政府或社會的壓力，也可能形成退出障礙。尤其當退出可能帶來不利於當地的經濟發展，或產生大規模的失業問題時，這種相對障礙會增高。例如：美國的鐵路運輸，有些路線是無利可圖，但基於前述理由，仍由政府補貼經營。儘管如此，政府角色也不必然就是障礙，例如：中國原以國營爲主的經濟體系，但自第十一屆三中全會之後，爲避免國營企業拖垮整體經濟發展，只得忍痛關閉國營事業。

9. 高固定成本

如果將固定成本，視爲短期不隨著企業的產量或營業量的改變而變化的成本，那麼固定成本比重愈高的產業，競爭壓力愈大。其主要原因在於，想要充分利用產能，提高產量來分攤固定成本。以航空業爲例，每家公司的固定成本，都佔了成本結構中很高的比例，而每增加一名旅客，所增加的變動成本十分有限。因此，除非政府的管制措施，很嚴格地規範各公司的競爭行爲，才不至於使價格競爭過度嚴重。否則證諸該產業的發展歷史，自由競爭的結果，經常會使大部分的航空業者獲利困難。關於固定成本，有以下三點重要的補充說明：

(1) 就自動化程度的提升而言，企業在生產／作業流程上的設備投資，均會提升，因此固定成本比重也會隨著增加。在某些產業量產的連續製程中，有時候中斷生產的成本很高，這種情況在需求不振或供過於求的情況下，降價求售的情況會較嚴重。

(2) 同產業不同企業之成本結構有異，固定成本較高的企業，在產業成長停滯時，會感受到較高的競爭壓力，因此在進行產業層次分析時，仍須考量個別企業之差異。

(3) 許多產業的研發支出，有愈來愈高的傾向，在預算編列時，亦有朝向「固定化」的趨勢。高研發固定支出，再加上普遍產品生命週期的縮短，廠商若要回收研發支出，快速擴大市場佔有率是必須的，因此競爭壓力會隨之而增大。

四、替代品威脅

十倍速時代的特徵，就是技術加速創新，產品功能提升，與市場價格破壞，促使新產品替代，成爲嚴重的威脅。替代品指的是，能夠完成類似功能、提供顧客接近需求滿足的產品或服務，但是本質卻與原產品不同。某個產業與生產替代產品的另一產業之間，出現激烈競爭。當替代品的競爭力愈強，對本產業的企業就愈不利。例如：手機取代「呼叫器」，CD 取代傳統唱片與卡帶，3D 動畫取代特技演員，無線射頻辨識系統取代結帳員；紙本報業在網路時代日漸消逝；台灣高鐵取代西部航空業（華信航空自民國九十六年五月停飛台北—台中；八月立榮航空停飛台北—嘉義）；[5]E-mail 取代傳統郵局的信件，高亮度的 LED 燈，取代傳統燈具（含車燈），液晶顯示器取代映像管，成爲顯示器主流。在消費者轉移到替代品之前，替代品的存在，首先就限制了產品的價格空間。其次，當出現下列四者的情形時，替代品的威脅就愈大：

1. 替代品的替代程度高。

2. 替代品的功能與品質，較原產品佳。

3. 替代品的相對價格更便宜時。

4. 消費者的轉換成本減少。

例如：桌上型電腦在產品毛利率低、市場逐漸被其他產品替代等因素下，經營該業務的公司，威脅就會愈來愈高。替代品的競爭強度，可以用產品侵入市場，所取得市場佔有率的指標來測量。

替代效果可分為部分替代及完全替代兩種；部分替代的

---

[5] 「高鐵衝擊！立榮台北至嘉義擬八月停飛」，ET today，二〇〇七年七月十二日。

例子，像電視的出現，可以替代部分電影的功能；全部替代的結果，表示替代品的功能、成本皆具高度優勢，則被替代品可能面臨整個產業消失的危機。這可以拿出版《大英百科全書》（*Encyclopaedia Britannica*）的公司最具代表性。這家有兩百年以上的歷史企業，同時也是全世界最具權威的參考書公司，對於《大英百科全書》平均四至五年，就會修訂一次內容，並增訂新的內容。至於行銷方面，則鎖定小康家庭爲目標市場，這種做法到一九九〇年時，《大英百科全書》的銷售額，達到歷史的高峰，約有 6,500 萬美元，市場佔有率穩定成長。但是一九九〇年起，由於光碟版的百科全書異軍突起，造成《大英百科全書》市場佔有率節節下滑。經營《大英百科全書》的公司，對於形勢的錯估，幾乎造成該公司退出市場，走入歷史的命運。

最後該公司在一九九五年五月，委託銀行拍賣，直到一九九六年才被資本家雅各・薩佛瑞（Jacob Safra）以不到一半帳面的金額，買下這家公司。爲何會落到此地步？因爲當光碟版的百科全書出現後，經營《大英百科全書》公司的決策階層誤判，認爲這只是小孩的玩具，僅比電動玩具好玩一點，應該不具殺傷力，所以完全沒有任何回應措施。當時《大英百科全書》公司的定價，是 1,500 至 2,000 美元，像微軟（Microsoft）的英可達（Encarta）的多媒體百科，標價只有 50 至 70 美元整。由於忽略競爭對手的出現，同時對於營收大幅衰退的警訊，未能通盤檢討，因而蹉跎危機處理的關鍵時間，當然也未採取任何劍及履及的危機處理步驟，來解決此危機。

此外，像 Sony 因平面電視橫掃全球，並創造良好佳績，卻因忽略液晶電視的替代性，一路落後日本其他各廠。[6]

由上述例證可知，替代品或替代技術所產生的威脅，廠商因應的戰略，就是決定生存與否的關鍵。Foster 的 S 曲線模型，是說明替代效果的重要理論工具。

次頁圖2.3 A 曲線代表原有產品／技術的曲線，A 曲線則代表新的替代產品／技術曲線。多數產品／技術在剛開始發展時，都會有一段較長的時間來研發，待技術瓶頸突破後，功能才會迅速提升。技術及功能達到某一高點，後續的改善則較有限，如圖中 a1、a2、a3 等關鍵點所表示。回顧電晶體、微波爐、電視機，甚至噴射客機等的發展歷程，這種現象都曾出現。雖然不見得每項產品，在短時間內都會出現替代品，但是

6　陳普日，「改革的 Sony 看見未來」，EMBA 世界經理文摘 237 期，二〇〇六年五月，頁 89。

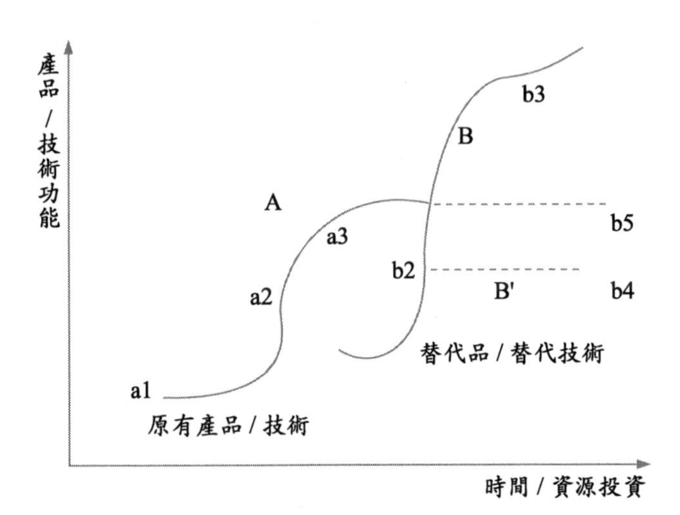

圖 2.3　Foster 的 S 曲線

當替代品出現時（在圖中爲右邊的 B 曲線），A 產品則面臨被替代的威脅。如果曲線走的是 A 的路徑，則面臨市場因替代而大量流失，甚至消失的命運，但是如果走的是 B' 的路徑，亦即替代技術無法有效突破瓶頸，無法到達 b2→b3，卻持續在 b2→b4 的方向或頂多只到 b2→b5，那麼威脅便沒有眞正造成。目前受到電子商務影響的企業，大致上都能沿用此模式，來解釋其受到替代威脅的情況。至於要不要開始投資在右邊的曲線、何時投資、投資多少，則視各企業對 B 曲線路徑的判斷而定。

此外，新舊產品之間的競爭，不只於技術與功能方面的競爭，事實上，消費者轉換成本、售後是否有完整的服務、通路商的促銷意願，都可能影響替代與被替代產品之間的替代速度。

五、經營環境結構改變

傳染病或像茉莉花革命的中東，就是一種結構的改變，因爲觀光客不願到有安全疑慮之地。根據全國聯合會初估，出國旅遊

表 2.1 全球航空公司大幅縮減航班

航空公司	航班縮減狀況
加拿大航空	三月底前減少 8% 載運量，四、五月則將縮減 15%。
美利堅航空	四月縮減 6% 國際航班。
達美航空	縮減 12% 航班，包括美國國內航線和跨大西洋航線。
西北航空	縮減 12% 航班。
聯合航空	暫時縮減 8% 全球航班。
英國航空	五月底前國際航班縮減 4%，其中北美航線縮減 6%。
德國漢莎航空	縮減往歐陸、美國和日本航班。
荷蘭皇家航空	縮減 7% 航班。
日航	四月份縮減 8% 國際航班。
韓國航空	停飛往杜拜和開羅班機，並縮減前往美國主要城市航班。
澳洲航空	七月中旬以前縮減 20% 國際航班。

資料來源：林秀津（台北：《工商時報》），民國九十二年三月二十九日，版七。

團取消超過九成，來台旅客三月就取消一半。因此疫情與美伊戰爭的雙重打擊，讓航空業營運雪上加霜，載客量大幅減少。對上下游相關產業間接影響的乘數效果，就應該更大。

美國爆發二〇〇八年的全球金融海嘯後，整體產業經營的結構，截然不同。由於美國推出大量貨幣寬鬆政策，使資金因而氾濫，也因此與原物料相關的價格大幅飆漲。

六、潛在競爭者的挑戰

潛在競爭者是指有能力進入市場，只是目前尚未正式進入本企業所提供產品或服務的市場。

基本上，企業無論生存或發展，皆必須提供產品或服務，過程中，常會遭遇競爭者的有力挑戰。市場就是戰場，也是經營成敗的關鍵，除了競爭者的行動會帶來挑戰外，也不要忽略潛在的競爭者。雖然它目前並未在該產業內營運，但是卻具有進入該產業的能力。只要有意願，潛在進入者就會增加額外的產能，造成供需均衡的破壞。除非市場有對等的需求產生，否則現階段既有廠商，將面臨競爭壓力變大、潛在獲利變小的威脅。

潛在競爭者的威脅程度，決定於可能進入者的數量及實力，因此原本市場成長快速，現有同業獲利佳的產業中，一旦有若干財力及技術能力雄厚的大企業，打算要進入時，其獲利潛力都會面臨威脅。例如：原來主攻嬰幼兒奶粉市場的業者，因出生率下降，原有市場萎縮，所以土、洋業者紛紛轉戰三～七歲的兒童奶粉市場。對於原本從事三～七歲兒童奶粉市場的業者，競爭威脅就會升高。

潛在競爭者的威脅程度，視企業所能建構的的危機管理機制而定，愈堅實的危機管理機制，就愈能保障企業之獲利。危機管理機制，有以下六項：

1. 強化提升學習曲線的效應

現有產業內廠商的優勢雖多，但學習曲線的效應則不容忽視。當學習曲線明顯存在，則代表新進入者必須經過很長時間，才能使營運成本與品質，達到一般產業的水準，這也足以構成進入障礙，但這絕對不是「馬奇諾防線」。因為競爭對手可以利用購併方式進入該產業，以避開學習效應所形成的障礙。

2. 提高資本密集的程度

進入某產業所需的投資如果過大，則可能構成進入障礙。以固網爲例，從創設到正式營運，就必須有數百億的投資，因此有意進入的競爭團隊，都是由數個企業集團所組成，方能達到資本最低門檻的要求。

3. 擴大差異化程度

差異化可提高顧客的忠誠度，除非新進入者有其他明顯的優勢，否則很難挑戰顧客對原有產品／服務供應商的忠誠度。因此進入障礙的高低，可以從是否利用差異化策略，來保有顧客群忠誠度加以了解。

4. 升高轉換成本

新進者唯有提供具優勢的產品及服務，才能消除轉換成本，所帶給顧客的潛在負擔。設若產品轉換成本過高，可能無法扭轉對原有的企業忠誠度，因此對新進者而言是不利的。

5. 加強通路忠誠度

通路是企業競爭力的重要關鍵之一，尤其對於新進入者，能否取得通路，將是進入市場的決定性變數。以日本零售市場爲例，該市場通路大都被壟斷，故造成外國企業要進入日本市場的嚴重障礙。例如：國際知名的飲料大廠可口可樂，在進入日本市場時，就曾大量投資且費時多年，才解決進入日本通路問題。

6. 報復威脅

現存經營者可以對潛在競爭者，發出報復的訊息，例如：大幅降價；增強服務品質；快速擴充產能以致供過於求；推出新產品或採取進入對方市場的報復作法，以達到事前嚇阻的作用。若發出訊息者，為市場絕對優勢的領導者，由於具報復的可信度，故常能有效嚇阻意欲進入目標市場者。

第三節　企業危機變化的研究取向：企業危機生命週期理論

化解企業的危機，一直是企業界關心的重點，然而化解之前先要了解危機，才能真正掌握危機處理的關鍵。惟有了解危機是有「生命」的，「生命」就會有活動，而活動必然會顯出「徵兆」。「企業危機生命週期理論」主要的內涵，是指危機在不同階段，有不同的生命特徵。企業危機從誕生（Birth）、成長（Growth-crisis）、成熟（Maturity）、到死亡（Death），有其不同的生命特徵。此架構可區分為五大部分：一、**企業危機醞釀期**；二、**企業危機爆發期**；三、**企業危機擴散期**；四、**企業危機處理期**；五、**企業危機處理結果與後遺症期**。在危機處理的領域，各有其重要意義：

1. **危機處理的時間點**：危機有固定軌跡可循，類如「人的生命週期」等五個階段。但危機可不經成長及成熟等階段，即已在危機處理的過程中，遭徹底的消滅。這樣的觀念，有助於突破危機處理既有的窠臼，因為危機儘管可能會經歷生命週期的五個階段，但只要處理得當，危機可能永遠無法誕生。易言之，危機處理進行得愈早愈好，不必等到危機成長茁壯（危機爆發）後，才開始進行處理。
2. **危機各階段特徵**：企業危機的每個階段，皆具特殊的徵兆，因此企業可以根據各種特徵，以辨別危機發展的階段，並進而開始著手處理。絕不能等到危機爆發，才在震撼中得知危機爆發的訊息。這是智慧型企業和被淘汰企業之間，最大的分野。

現將「企業危機生命週期理論」的各要點，分述如下：

一、危機醞釀期（Prodromal Crisis Stage）

企業危機因子要醞釀多久，才會爆發？基本上，這要看企業體質（如文化、制度、決策、組織），以及另一個危機因子出現。例如：有人想掏空公司，但公司有健全的制度，就會延緩危機的爆發。

在企業危機醞釀期方面，著重危機的因子是如何形成、如何發展。一般而言，在企業危機處理領域，所強調的起始點，是危機的本身，中國諺語有云：「冰凍三尺非一日之寒」，正足以說明造成危機的「三尺之冰」，並非「一日之寒」所形成。例如：企業管理階層和監控系統的危機徵兆，這些徵兆包括主管獨裁、董事會過於被動、財務主管能力差、無預算控管或現金流量計畫，這些缺陷和失誤會導致錯誤的商業決策，如財務槓桿率太高，過度舉債擴張和大而無當的投資計畫。許多危機都是漸變、量變，最後才形成質變，而質變就是危機的成形與爆發，因此潛藏危機因子的發展與擴散，才是企業危機處理的重要階段。至於對周遭情況失察，也未能及時因應的公司，遲早會出差錯。易言之，在問題爆發形成嚴重危機前，能否找出問題的癥結、加以處理，常常是成敗的關鍵，也是研究危機處理的重點所在。例如：台北東區商圈包括京華城、微風廣場、新光三越信義新天地的形成，因而形成商圈人潮的移轉。人潮消費群的流失，因此使得民國六十六年成立的來來百貨公司，結束在西門商圈的營業。

至於問題的癥結（潛藏危機因子），用什麼指標來觀察或測量，這要依據不同的危機種類來加以設計。企業危機究竟是如何的醞釀、以何種方式醞釀，是危機醞釀期的研究重點所在。基本上，我們認爲危機是多因子動態發展的結果，是在多因子動態發展的互動過程中，所形成的結構性變化。

此時期企業危機徵兆雖整體不明顯，但若能掌握警訊、及時處置，將危機扼殺於無形，自然能化解危機風暴；反之，若忽略企業危機警訊、喪失先機，那麼小警訊就有可能變成大危機。爲什麼危機爆發時，決策者常有突發驚訝的感覺，這就說明決策者毫無心理準備。如無心理準備，又何來實質準備？如果這個推理屬實，那麼所謂的「危機處理」，充其量不過是「危機衝擊處理」（Crisis Impact Management）。若按此定義進行危機處理，勢必在危機爆發後才開始處理，此時危機不僅會波及到其他領域，而且殺傷力極大。例如：民國九十一年五月二十五日華航空難事件，若能及早預防飛機金屬疲勞的問題，並及時處理此飛行二十餘年的「老」飛機，那麼華航的市場形象、員工士氣、罹難者家屬的怨懟、企業獲利率，都不至於遭受如此的挫折。而事後的處理，也就是在二百二十五人死亡、失蹤後，才進行的搶救，在人死不能復生的前提下，並不具太大的實質意義。當然也有極少數的危機，儘管事先的防範，不一定能使所有的危機消弭於無形，但至少能使危機處理的效率、心理的衝擊震撼，與危機殺傷的範圍與強度，都能降到最低。同時，亦可避免在不確定的時空下，被迫做出攸關企業存亡絕續的重大決策。

二、危機爆發期（Acute Crisis Stage）

當企業危機升高、跨過危機門檻後，危機就進入爆發階段。此時社會關注的程度高，媒體採訪的驅力強。由於危機醞釀期的疏忽，危機爆發時，常出現公司對危機風暴的資訊不足；由於危機爆發期，會威脅到企業重大利益，因此可能造成企業營收頓減、企業形象嚴重受損，甚至有瓦解的可能（如下市或未來經營嚴重受挫），所以企業決策核心感受到心理強烈的震撼。企業危機直接威脅到企業的生存與發展，這是核心變項、本質變項、必要變項，更是研究危機的關鍵點。若不立刻處理，危機將會升高，殺傷範圍與強度，會變成更廣、更大。

三、危機擴散期（Crisis Extension Stage）

企業危機發生後，也會對其他領域產生連帶影響，有時會衝擊其他領域，而造成不同程度的危機。企業危機的生命過程，會因著它的爆發力與破壞力，對這個企業產生威脅。危機的破壞力愈大，所形成其他領域的影響也愈大。例如：二〇〇八年九月十五日雷曼兄弟宣告破產，造成九月十六日道瓊工業指數急挫近800點，台股也大跌295點。全球瞬間進入經濟蕭條的黑暗期，對於企業的融資極為不利，對中華民國來說，雷曼兄弟是知名券商與投資銀行，也是國內發行連動債的知名機構，其所發行的多種連動債商品，因而也使得民眾投資大失血！

四、危機處理期（Crisis Management Stage）

企業危機發展至此，已進入生命週期的關鍵階段，後續發展完全視危機決策者的專業智慧。時下最希望建立的危機預警制度，就是針對禍起於未萌之際，即予以解決，或發出警報作用，使其能及時得到控制，不致釀成大禍。[7]〔圖 2.4〕上方有一

---

7 中國式的危機處理，以《孫子兵法》最具代表。在這本書中提出兩種危機處理的方式，一種是「鈍兵挫銳」式的危機處理，另一種是「利可全」式的危機處理。

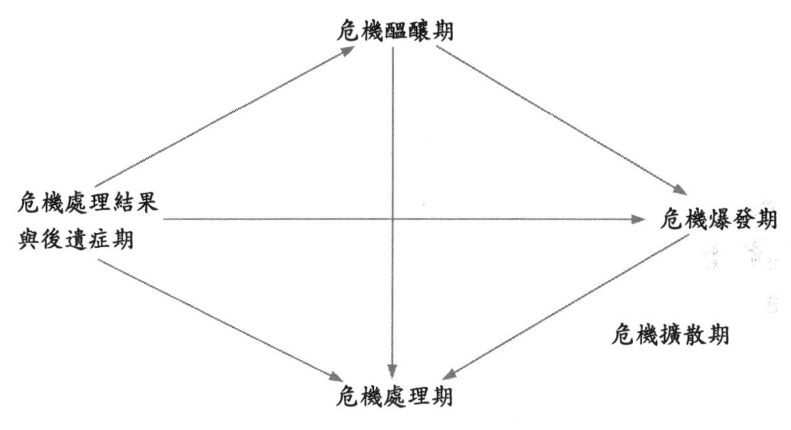

圖 2.4　企業危機生命週期

「鈍兵挫銳」式的危機處理來自〈作戰篇〉，它的前提是：伐謀無功、伐交無效。在這樣的前提下，〈作戰篇〉：「其用戰也，貴勝，久則鈍兵挫銳，攻城則力屈，久暴師則國用不足。夫鈍兵挫銳，屈力殫貨，則諸侯稱其弊而起；雖有智者不能善其後……。」這種耗費巨大成本的危機處理，就是「鈍兵挫銳」式的危機處理。

「利可全」式的危機處理，是未雨綢繆，以不戰而屈人之兵的方式，達「化危爭機」、「避危爭機」等目標。〈謀攻篇〉對「利可全」式危機處理的詮釋：「故善用兵者，屈人之兵而非戰也；拔人之城，而非攻也；……。必以全爭於天下，故兵不頓而力可全，此謀攻之法也。」

根箭頭，從危機醞釀期，直接指到危機處理期，這是說明最佳的危機處理途徑。此時企業若能找出並利用企業本身具優勢的部分，以掌握外部可用機會，使優勢發揮到極大化、外部機會擴大到極大化，並利用此外部機會，掩蓋與化解企業本身的弱點、克服外在的威脅，使威脅極小化。

五、危機處理結果與後遺症期（Crisis Outcome and Chronic Crisis Stage）

企業危機經過緊急處理後，問題可能得到眞的解決，但無效的危機處理，不僅目標沒有達成，而且企業受威脅的程度，也可能更爲嚴重。即使能針對問題、解決問題，但難免仍有危機殘餘的因子存在，因此會重新進入危機醞釀期。

但通常來說，危機後遺症期與處理期，所獲得的注意力截然不同，後遺症期與醞釀期一樣，鑑於該階段危機風暴似乎已過，對企業的主觀壓力感受不再那麼強，故此，以往後遺症期在危機處理的領域，幾乎是一個被遺忘的研究領域。然而實質上，「企業危機生命週期理論」清楚地指出，企業危機若未徹底解決，所疏忽的危機可能在後遺症期捲土重來，使危機不須經醞釀期而再度被引爆。

「企業危機生命週期理論」的特色在於，先區分一般所認為的「表層危機」與「深層危機」，然後再更進一步地提出「危機診斷」。尤其醞釀期具有**危機預警**的功能；爆發期能**識別危機**威脅企業的嚴重程度；擴散期說明危機處理的速度與危機擴散的速度之間，所產生的時間落差（Time Lag），及可能產生的種種狀況，同時也探討企業危機擴散的方向和可能的結果。

該模型並指出不待企業危機爆發，醞釀期就可根據危機指數所顯示的程度，迅速加以處理，才是第一等的危機處理。最後在危機處理結果與後遺症期中，所凸顯的特點是，危機必須標本兼治，否則仍然表示危機未根本解決，必然會再度爆發，或有部分「病源」再度進入危機醞釀期。

第四節　「企業痛苦指數」總體模型

「企業痛苦指數」（Pain Index）總體分析模型的真正目的，在於測量危機嚴重性的程度。它的方式是用「企業痛苦指數」的「痛苦程度」高低，來界定危機程度的內涵。並透過此制度的設計，達危機診斷及「標本兼治」的功能，來迅速解決危機。故此，企業可經由「企業痛苦指數」的顯示，即可了解：「痛苦程度高，危機程度高；痛苦程度低，危機程度低；解決企業痛苦就是解決企業危機」。

一、「企業痛苦指數」到底是什麼

「企業痛苦指數」重要的精神，乃是要提升企業危機處理總體層面與技術層面的功能。期望能使企業在面對企業危機時，能迅速有效地解決，同時在學術上也能展現描述、分析、解釋，甚至前瞻預測的能力，如此將有助於危機的處理與認識。故此，「企業痛苦指數」所著重的，不只是危機如何展開，更重要的是，探討危機何以如此展開，並進而追尋危機背後的發展動力，以及探索危機的根源。同時希望藉由提出「企業痛苦指數」，以提升企業危機管理的能力，使危機消弭於無形。

二、「企業痛苦指數」的名詞界定

此模型包含三項重要的概念：企業；痛苦；指數。

1. 企業：如第一章第二節所述。
2. 痛苦：原指生理上受到傷害，所產生不愉快的感覺，或威脅性的精神壓力。此處的痛苦，專指外在威脅所形成的壓力。

3. 指數：是統計學上的名詞，為多種現象平均的相對變動量。

根據上述名詞的解釋，本書乃將「企業痛苦指數」界定為，「企業經營領域受到外來威脅的程度」。換句話說，企業受到威脅的程度高→企業痛苦程度高→企業危機程度高。因此，可藉由其變動的情形，來作為企業安全與否的重要參考依據。

三、如何研究「企業痛苦指數」總體模型

研究「企業痛苦指數」的途徑，主要是從「壓力」著手。一般在研究「壓力」時，主要可分為三種研究取向：

1. 第一種是以反應為本的研究取向（Response-based Approach），此途徑認為壓力只是面對困境時，一種心理、生理及實際行動的反應。
2. 第二種是以刺激為本的研究取向（Stimulus-based Approach），此途徑的優點，有助於預測各種對人類造成壓力的刺激，並將危機界定為「造成壓力的元素」。
3. 第三種是互動的研究取向（Interactional Approach），它乃是顧及每個主體，在面對壓力時，反應都不完全一

樣，所以強調人與壓力之間的互動關係。[8]

本書的研究取向，是從企業外在壓力，會對一個企業造成什麼樣的威脅，作爲研究的重心。[9]但是要如何才能了解威脅呢？威脅的眞實內涵，又是什麼呢？

基本上，威脅的認知，不是在眞空中產生，它是綜合性的附合體，其重大內涵有：基於過去經驗與事件的主觀感覺判斷；外在客觀環境；企業重大利益面臨危險；具公信力的政府或學術相關機構，所公開不利企業的資訊（如牡蠣含有某種化學元素）；媒體效果；……。企業透過以上種種變數，而認知到將面臨某種形式傷害的總和性思考。所以「威脅」是：**危及企業生存的風險增加**。[10]對於威脅應注意的面向有四：1.後果的嚴重

---

8 高尚仁，《心理學新論》（台北：揚智文化有限公司），一九九六年九月，頁 320-321。

9 在人格心理學中，認為人在面臨外在戰爭威脅時，對個人將產生外在壓力，因而可能形成人的幾種反應，包括情緒反應、動作反應、認知反應、生理變化。
黃慧貞，《人格心理學》（台北：心理出版社），民國八十四年，頁 540。

10 所謂「風險」指的是不確定性以及因此而引發之損益利弊。其意涵為一個事件重複發生時，其前後結果並不一致，而導致利弊的差距。

性；2.威脅範圍的廣度與深度；3.威脅的急迫性；4.威脅程度的高低。

四、「企業痛苦指數」總體模型的指標，如何選定

「企業痛苦指數」指標的選定，主要在於強調可能造成外在企業威脅的來源。經歸納後，有下列三方面：1.市場有效需求（獲利來源的大小）；2.企業競爭力；3.企業市場佔有率。這三種關鍵性的變項（痛苦因子），是企業痛苦指數的核心內涵與精神所在，而彼此之間的互動結果，亦是詮釋企業危機的有力方式。

本書爲什麼會提出這三種變項，來詮釋企業危機的整個發展歷程？因爲「痛苦因子」就是危機因子，解決「痛苦因子」就是解決企業危機因子，因此使得企業危機處理，有了具體的方向、具體的目標。故此，它能滿足企業解決危機的根本需求。

鄧家駒，「風險衡量與其理論基礎」（《中國行政》65 期），民國八十八年二月，頁 42-43。

Charles F. Hermann & Linda P. Brady, *Alternative Models of International Crisis Behavior* (London: Collier-Macmillan Limited.), 1972 , p.284.

爲便於解釋「企業痛苦指數總體分析模型」來源的依據，故分三者加以說明：

1. 市場有效需求

經濟學中的市場，實際上是以「產品」來界定，有了特定的產品，才能找到它的總需求、總供給和「市場」的均衡價格。

市場是由不同年齡、性別、嗜好、習慣的人所組合而成，而市場需求是把所有消費者的個別需求加總之後，所得到的價格和數量間的關係。如何維繫及擴大市場的版圖，實有賴企業各部門的共同合作。多年來「市場」一詞已有多種意義：

(1) 對經濟學家而言：市場乃指商品或服務進行交易時，所有的買賣雙方。如清涼飲料市場是由可口可樂、百事可樂、七喜等賣方，以及清涼飲料之購買者所組成。在此界定下，經濟學家著重市場結構、行爲與績效。

(2) 對企業而言：市場乃由產品所有實際和潛在的購買者

所組成。[11]

「企業痛苦指數」中所謂的「市場」，主要由四個因子所共同組成：[12] ①人口及其需求；②購買能力；③購買意願；④購買權限。以實證邏輯的角度而論，由市場的大小，可以計算出市場的規模以及合格有效的市場人數。其計算的方法，首先，可以先將市場細分爲潛在的市場人數、可能市場人數、合格市場人數，以及合格有效市場人數。然後可依此逐步導出企業所迫切需要的合格有效市場人數。

1. 潛在市場人數＝市場總人口數×對產品有需求者之比率
2. 可能市場人數＝潛在市場人數×有購買能力者之比率
3. 合格市場人數＝可能市場人數×有購買意願者之比率
4. 合格有效市場人數＝市場總人口數×有購買資格者之比率

David A. Aaker 所著的《策略行銷管理》指出，衰退的

11 行銷者所謂的「市場」係指買方，賣方則稱為產業（Industry）。

12 王志剛 & 謝文雀，《消費者行為》（台北：華泰書局出版），民國八十四年十一月，頁 30。

市場，可能會造成具敵意的市場狀態，因爲此時市場特徵是產能過剩、低邊際效益、競爭激烈。這種市場萎縮的現象，就是企業領域的重大危機，因爲此時可能訂單量減少，顧客消費量與次數明顯減少、業績下滑，這些都是企業壓力的重大來源，所以將其列爲「企業痛苦指數」的指標。

市場有效需求的萎縮，是不以個人意志爲轉移的，且常與下列各因素變化相關：大環境的景氣變動；過多競爭者搶食有限市場；供給超越市場需求，而導致市場相對減少；各種突發事件而引起消費者購買人數及意願降低。這些諸多複雜的因素，都可能是釀成市場萎縮的重要成分。波特（Michael E. Porter）強調影響市場有效需求的三點原因：

(1) 科技替代性

某些產業衰退的原因是，「科技創新」所創造的替代品，如人工塑膠與合成纖維的出現，會使得傳統的天然橡膠與蠶絲產業遭受嚴重打擊，又如電子計算機取代滑尺；或「相對成本」與「品質」的改變，如合成皮替代眞皮。當替代品增加後，原產品的銷售量通常會縮減，如此對於企業獲利必然產生威脅，所以企業「痛苦」程度自然升高。

(2) 人口因素

未來的趨勢是，老年化人口增加。當老齡化人口的比例增高後，支出就會保守，市場相對就比較萎縮。人口變化的因素很多，如果這個現象會造成客戶驟減、降低對產業的需求，這就形成產業威脅。例如：以往經營模式屬國外代工者，只依據國外公司所下的訂單和規格，就足以生存發展。但是當國外客戶爲壓縮成本，而將訂單逐漸移至中國大陸，這就是產業需求人口的變化。這種變化的結果，導致客戶減少，最後將嚴重威脅公司生存。

(3) 需求移轉

需求的增減，不僅影響產品的訂價，更會直接影響企業的榮枯。需求爲何會產生移轉，其原因可能來自下列三方面：

①景氣變動

景氣變動會影響購買力的升降，如果景氣使購買力增高，有效需求就會增加；相對地，設若景氣反轉，也會使購買力降低，有效需求減少。故此，景氣變動已成爲企業機會與威脅的來源。例如：二〇〇八年的全球金融風暴，二〇一二年的歐債危機，都是景氣變動、衝擊需求，最鮮明的代表。企業若不能有效因應，或多或少都會受到骨牌連鎖反應的衝擊。

②突發事件

這部分涵蓋戰爭的爆發、政經環境突然的改變、突然發生的科技變遷、新能源的發明與重大天災瘟疫。

從產業危機史的角度而言，造成某產業急遽萎縮的原因，常是來自於外環境的突發事件。例如：二〇一一年日本 311 的大地震，衝擊資訊相關產業供應鏈，其中，以矽晶圓廠信越半導體、SUMCO 兩家受影響最大，而我國的友達轉投資的公司，受到停電影響，被迫也必須停工。另外，回顧民國六十三年，世界發生第一次石油危機，當時每桶石油價格，從 2 美元暴漲六倍，而打擊相關使用石油的產業。化纖原料是石化產品，所以受到的衝擊頗深，產業蕭條，景氣直落谷底，甚至部分化纖上市公司不敵那一波風暴，因此下市。

任何天災巨變，或類似美國遭逢「九一一」恐怖事件，對於搭飛機的旅客大爲減少，再加上美國禁航命令，對於航空業都構成嚴重衝擊。從前述〔合格有效市場人數〕的公式中，可清楚知道它是由市場總人口數與有購買資格者之比率，兩者相乘。也就是任何可能導致市場總人口數及具購買能力者的喪失，都將構成企業「痛苦」的根源。

③市場競爭者

市場若缺少了競爭者，公司就容易滿足於本身的表現，當這種自滿一出現，公司就可能會有兩、三年，甚至五年不改變產品、服務品質及價格，最終則會貶低公司在市場上，所扮演的角色。從這個角度觀察，競爭者除了威脅之外，也在某種層次成爲督促改進的動力。但是，若加入的競爭者過多，市場就會變得較小，相對生存的空間也會被壓縮。因此，競爭者擴張市場佔有率，必然會影響原市場經營者的佔有率。以我國加入世界貿易組織爲例，在台灣逐漸解除中國物品進口限制後，有限市場的競爭將更爲激烈。[13] 以往台灣受到政策性進口的限制，受到長期保護，一旦開放這些市場，世界各國的相關產品，必大量湧入台灣，搶奪我國有限的市場。我國汽車業、金融業、服務業、藥品醫療業、食品業，在市場版圖變動下，必然會受到整個全新經濟格局的威脅與挑戰。

2. 企業競爭力

企業競爭力是盈餘成長的基礎，所以企業應該知道企業的優勢在哪裡？目前優勢的變化情形？當企業喪失競爭優勢，就代表相較於競爭者而言，較不能符合消費者的需求。基本上，企業競爭的優勢，主要由三項競爭能力所組成，此包括企業科技競爭力、企業戰略競爭力、企

[13] 根據國貿局「兩岸入會後對我商機與挑戰」，自中國進口金額每年將可 能增加 50 億美元以上，並使台灣自中國年進口總額增加到 100 億美元以上，兩岸貿易順差將大幅衰減。對國產品衝擊在 13.2 億美元至 28.7 億美元，其中對於農漁牧業的衝擊尤為激烈。

業組織競爭力。當這三項的任何一項出現問題時，必然對企業生存產生威脅。企業競爭力是推動企業成長的原動力，也是我國企業未來在國際經濟戰場上，立足生存的致勝武器。若競爭對手的企業能力強，就會威脅己方的商業戰略部署，企業的痛苦程度就高；反之，痛苦程度就會降低。

(1) 企業科技競爭力

譬如奈米科技對傳統科技的衝擊而論，從長效高儲量的奈米鋰電池，到具有殺菌功能的奈米銀粒子家電，對傳統家電及電池，都會產生威脅。目前企業已進入網路資訊的世代，企業知識化及數位化正加速推展，數位科技差距將造成「資訊鴻溝」。資訊科技應用的高度演進，急速改變了企業生存的競爭環境，亦提高了企業的經營挑戰。故此，無論企業規模大小，都需要數位科技來強化企業競爭力，如企業資料庫、產品研發、企業教育訓練、電子資料的交換、供應鏈、電子商務……。

例一：過去公司最常發生訂單訊息傳送錯誤、生產排程容易中斷、原物料發生缺貨、存貨積壓、應收帳款的延後收款等，企業都可藉企業流程電子化的導入，而將問題改善。

例二：以往傳統的行銷人員，大都將簡報、圖片、銷售統計表、說明書等，收集在銷售展示夾，然後逐頁翻閱給客户了解。現在的專業行銷，多半是透過筆記型電腦，以聲光立體的畫面，配合最新、最準確的資訊，傳遞給客户。爲避免企業數位差距擴大，而阻礙企業的競爭力，企業應循序漸進推動並加強企業資訊系統。

(2) 企業戰略競爭力

處於競爭劣勢的企業不一定敗，處於競爭優勢的也不一定勝，端賴企業戰略正確與否。企業戰略是一種因應外在環境機會與挑戰變化的能力，這種能力愈強，就代表解決危機的戰略能力愈高；相對地，企業「痛苦」程度愈低。實質上，有許多的證據顯示，僅有好產品是不夠的，勝利通常屬於能控制全局的一方。然而要掌握全局，不但需要有總體觀察的能力，更要有具體可行的企業戰略，方能宰制市場。因爲企業戰略能夠改變競爭者與我方的競爭優劣形勢；打破競爭者與我方之間的平衡力量；轉移競爭者既定的目標；牽制、拘束競爭者的作爲。

吾人對於「企業戰略」的界定是，「藉以創造與運用企業有力狀況之藝術，俾得在爭取企業目標時，能獲得最大成功勝算與有利效果。」因此，在整個企業活動中，最重要的就是針對商品或服務，所欲滲透的目標市場，來擬定整體作戰的長期戰略。[14] 波特（Michael E.Porter）在《競爭戰略》（*Competitive Strategy*）一書，也提出類似的觀點作爲呼應，他強調競爭戰略的重要性，更提醒：公司的長處與弱點；產業的機會與威脅；競爭者；更大範圍的社會期待；公司外在、內在因素等，是制定競爭戰略應注意的五項變數。[15] 唯有正確的競爭戰略，方能克敵制勝、宰制

---

14 長期戰略大約以五年以上的時間來規劃作戰方針；短期戰術較著重於三年甚或一年之內的突破行銷。
許長田，《行銷企劃案實務》（台北：書泉出版社），一九九四年十月三版，頁55。

15 同註14，頁7。

市場，然而一般企業，大都無法掌握到戰略的精神。例如：最常見到競爭者之間，所運用的戰略是相互攻擊，而且攻擊的部分，常是競爭者最弱的部分。這種攻擊只會使競爭者不斷修正，而經過修正補強後的競爭者，無論產品或服務品質，只會愈來愈強。所以企業整體戰略思維，必須深入競爭者的戰略本質，從根本轉變該領域企業體系的遊戲規則，創造利己的企業環境，使對方的優勢變成為劣勢。如此的企業優勢，才能較為持久穩固。以資訊科技業為例，廣泛分布的多層次經銷體系，原是康柏（Compaq Computer）與 IBM（International Business Machine）最具競爭的優勢，但是戴爾電腦（Dell Computer）改變行銷通路的遊戲規則，放棄傳統的中間商通路，而直接銷售電腦給終端使用者，最後該戰略使戴爾電腦能夠異軍突起，昂首於強敵之間。[16]

---

16 企業戰略極為重要，以我國加入世界經貿組織為例，它直接導致企業與企業短兵相接的激烈局勢，公司的整體戰略，就是化解危險，爭取機會的關鍵。有的公司運用錯誤戰略，或根本被動、甚至沒有戰略以為因應，或抗拒扭轉外在變遷。但企業正確的戰略，會強化供應鏈、

(3) 企業組織競爭力

商場的戰爭，不是單打獨鬥，而是靠團隊合作。換言之，團隊能力愈高，因應外在環境變遷的能力就愈有力。然而團隊能力要如何不斷提高呢？這就有賴組織學習力的持續精進。

葛洛夫（Andrew Grove）在《10 倍速時代》一書中，提出「戰略轉折點」發生時，企業組織競爭力會出現一些微妙的變化，例如：經營者的能力，相對於外環境的挑戰，逐漸無法應付，甚至企業經營階層也無法指出，業績未能成長的眞正原因；公司內部對於戰略的採行，有分裂的傾向。其實更嚴重的組織危機，是企業的研究、生產、發展、財務、人力資源各職能部門，被僵硬的割裂開來，而嚴重阻礙企業統合戰力的發揮。

另外，在建構或比較企業組織競爭力時，可根據「區位經濟」，將公司各部門組織，安置在最具比較利益

加強開發自主技術、深耕國內市場、擴大國際分工體系、開拓海外市場、擴大發展格局、建立策略聯盟與提升產品附加價值等。

的地方，以增強企業組織競爭力。譬如：一個公司設若有一千名職員，則可按職務功能的區別，將集中在市區的辦公室，分散到不同地方，然後再以通訊網路聯結各辦公室的電腦，如此即可達到集中辦公的效果。如採購部門可設在供應商最多的地方，財務部門接近銀行，研發部門設在較寧靜、適合思考的地方。此一設計的結果，不但可以離開租金昂貴的市中心，而降低企業租屋住宅成本，更可強化各部門的工作效率。

3. 企業獲利率與市場佔有率（Market-share）

衡量企業資源投入，以轉化爲價值性的產出等成就表現（Performance），最直接、最具體的方式，就是觀察市場佔有率與獲利率。[17] 事實上，獲利率與市場佔有率高低的動態變化，直接攸關企業的興衰。因爲市場佔有率

---

[17] Peter Swann & Majid Taghavi, *Measuring Price and Quality Competitiveness* (Vermont: Ashgate Publishing Limited), 1992, pp.6-17.
市場佔有率在中國大陸被稱為「份額」，是衡量企業本身地位的強弱指標。

擴張與否，直接影響企業的利潤額、獲利能力及投資報酬率。市場佔有率的增加，更可促進企業的成長。市場佔有率大幅衰退，正顯示企業競爭優勢的喪失、利潤降低，時日一長，企業必然瀕臨虧損，最後只有被迫退出市場。爲了保有市場佔有率，企業當全力以赴。企業的成敗，可從市場佔有率的變化來觀察，這些影響變化的因素，包括：消費者的變遷；競爭廠商的消長；技術水準的更新；國際經貿局勢的變化。這充分說明企業市場佔有率，是企業攻守必固的疆域，不能有絲毫的退讓。不過若只爲了市場佔有率，而拚命的流血輸出，而不考慮獲利率，這種市場佔有率是有害的。所以獲利率與市場佔有率降低，是兩類不同型態的危機，但都同樣考驗企業生存與發展的能力。

五、「企業痛苦指數」的機制、結構

「企業痛苦指數」標示的方式，是由三項變數（市場需求；企業競爭力；獲利率與市場佔有率）的不同燈號，所共同組合而成。有鑑於「企業痛苦指數」的原始設計精神，在於企業預警以及先期預防處理。故此，「企業痛苦指數」的危機醞釀期，是提醒決策者危機因子已然出現。設若進入「企業痛苦指數」所標示的危機爆發期，尤其是攀升到最高指數9的時候，除非危機處理得宜，否則「企業痛苦指數」的機制，會一直停留在指數9的三個紅燈區，形成指標鈍化的現象。

1.「企業痛苦指數」的基礎結構

〔A：市場需求萎縮〕

(1) 選取燈號的理由

市場是企業攻守的核心領域，也是企業利益的主要來源，所以市場需求若是萎縮，顯然制約了企業生存與發展，因此對於企業將構成重大壓力。

(2) 燈號構成的內涵意義

①紅燈：景氣惡化、過多競爭者、突發的政經事件（阿拉伯的茉莉花革命）等，如全球金融風暴或歐債危機，而造成市場急遽萎縮。[18] 以A2表示之。

---

[18] 民國九十年十一、十二月時，各項情報顯示市場萎縮極為嚴重，張忠謀預估台積電的營收可能會比去年衰退20%，而這種迅速巨幅的衰退，已經構成企業整體的危機。

②黃燈：市場衰退，但衰退程度不足以威脅企業生存，僅會對企業發展形成挑戰。以 A1 表示之。

〔B：企業競爭力不對稱性〕

(1) 選取燈號的理由

競爭力是企業生存的基礎，不過競爭力不能只看自己，也要看競爭者的目標、能力與現行企業戰略。因爲它不僅會影響公司的獲利，更是企業生存的直接威脅。在客觀結構實力上，如果競爭者的企業競爭力超越我方，那麼就是企業危機因子的重要內涵。

(2) 燈號構成的內涵意義

①紅燈：企業與企業的競爭力對比之後，設若在企業科技競爭力、企業戰略競爭力、企業組織競爭力等三項變數中，出現有兩項戰力對比的落差，即是企業的嚴重威脅，故以 B2 表示之。

②黃燈：企業科技競爭力、企業戰略競爭力、企業組織競爭力等三項中，出現任何一項戰力對比的落差，則以 B1 表示之。

〔C：獲利率市場佔有率衰退程度〕

(1) 選取燈號的理由

企業各種努力的總和，最終都會反映在市場佔有率。反過來說，如果市場佔有率出現衰退，除了總體環境與競爭對手之外，很可能是自己產品品質或服務出現問題。這個結果最能說明企業被威脅的程度。

(2) 燈號構成的內涵意義

①紅燈：企業獲利率及市場佔有率已不足以支撐企業必要的生存空間，或市場佔有率下降的幅度過鉅、速度過快，嚴重衝擊企業獲利及內部士氣，此時則以 C2 表示之。

②黃燈：獲利率及市場佔有率微降，影響度並不足以限制企業生存，但仍衝擊企業獲利營收。以 C1 表示之。

2.「企業痛苦指數」的整體結構

「企業痛苦指數」構成的危機指數變化，而形成不同危機程度的組合，可以按程度分成危機指數 1 到危機指數

9。由此程度的變化，可充分展現企業危機預警的功能。一旦企業危機預警制度建立，就能愈早預報其發展與現況，如此將進一步防範危機的發生，甚至能掌握先機，解決危機因子，以維護企業利益。

現將「企業痛苦指數」構成的整體結構，按嚴重的程度，分級敘述如下：

(1) **指數 1——危機醞釀期第一級**：「企業痛苦指數」三個指標中，有任何一個黃燈出現，就表示已進入企業危機醞釀期。此時程度低，是解決問題的良機，鑑於它可能會不斷發展醞釀，因此就應針對「病源」、對症下藥，而非拖至病入膏肓，才開始解決，若能如此，處理起來成本較低，成功機率較高。

①市場需求萎縮——黃燈：市場衰退輕微，程度尚不足以威脅企業生存。

②企業競爭力不對稱性——黃燈：雙方企業競爭力（企業科技競爭力、企業戰略競爭力、企業組織競

爭力）出現量的差距。[19]

③獲利率及市場佔有率衰退程度——黃燈：獲利率及市場佔有率微降，對於企業僅有象徵性的威脅。

(2) **指數 2——危機醞釀期第二級**：「企業痛苦指數」任何兩項指標出現黃燈，就表示已進入危機醞釀期的第二級。

(3) **指數 3——危機醞釀期第三級**：「企業痛苦指數」三個黃燈同時出現，表示進入危機醞釀期的第三級。

(4) **指數 4——危機爆發期第一級**：「企業痛苦指數」任何一個指標，出現紅燈，就屬於指數 4。

(5) **指數 5——危機爆發期第二級**：企業競爭力不對稱性或市場佔有率及獲利率衰退程度、或市場需求萎縮等三項指標中，任何一項出現紅燈，並帶有其他指標的另一個黃燈。如：

---

[19] 質與量的差距，其最大的分野在於企業科技競爭力、企業戰略競爭力、企業組織競爭力等三項指標，是否超過（含）兩項落後於競爭對手。如為質的差距則超過；若否，則為量的差距。

①企業競爭力不對稱性——黃燈：雙方企業競爭力（企業科技競爭力、企業戰略競爭力、企業組織競爭力）出現量的差距。

②獲利率及市場佔有率衰退程度——紅燈：獲利率及企業的市場佔有率，不足以支撐企業必要的生存空間，或市場佔有率下降的幅度過鉅、速度過快，嚴重衝擊企業獲利及內部士氣。

(6) 指數 6——危機爆發期第三級：「企業痛苦指數」任何兩項指標出現黃燈，外加另一項「企業痛苦指數」指標出現紅燈。例如：

①企業競爭力不對稱性——黃燈：雙方企業競爭力（企業科技競爭力、企業戰略競爭力、企業組織競爭力）出現量的差距。

②獲利率及市場佔有率衰退程度——紅燈：獲利率及企業的市場佔有率，不足以支撐企業必要的生存空間，或市場佔有率下降的幅度過鉅、速度過快，嚴重衝擊企業獲利及內部士氣。

③市場需求萎縮——黃燈：市場衰退，但程度不足以

威脅企業生存，僅會對企業發展形成挑戰。

(7) 指數 7——危機爆發期第四級：「企業痛苦指數」任何兩項指標出現紅燈，例如：

①企業競爭力對比——紅燈：企業與企業的競爭力對比之後，出現質的差距。

②獲利率及市場佔有率衰退程度——紅燈：獲利率及企業的市場佔有率，不足以支撐企業必要的生存空間，或市場佔有率下降的幅度過鉅、速度過快，嚴重衝擊企業獲利及內部士氣。

(8) 指數 8——危機爆發期第五級：任何兩個變項（市場佔有率衰退程度；企業的競爭力對比；市場需求萎縮）的紅燈出現，且有另一變項爲黃燈，就表示已進入危機爆發期的第五級。如下例：

①獲利率及市場佔有率衰退程度——紅燈。

②企業的行銷競爭力對比——紅燈。

③市場需求萎縮——黃燈。

(9) 指數 9——危機爆發期第六級：三項指標皆出現紅燈。

①獲利率及市場佔有率衰退程度——紅燈。

②企業競爭力對比——紅燈。

③市場需求萎縮——紅燈。

若進入表層危機爆發期的層級後，何時會進入「深層危機」？這個問題就如同，人體罹致有毒的病菌，何時此症狀方會浮出表面，是一樣的道理。企業若能強化體質，並培養危機處理的實力，「深層危機」也較不會隨意爆發出來。那麼要如何才能強化企業體質，並增強企業抵抗力呢？這就必須在平時，加強三方面的能力：

1. 企業規避危機的能力

迴避的前提，是要能預見危機的時空位置，迴避是因無法正面消除企業危機，而藉著迴避危機，好讓企業危機不發生或不存在。其根本做法就是，放棄或不從事某些企業活動，以避免危機發生的可能。

2. 企業危機自承的能力

危機一旦發生，企業不一定能夠獨力解決。基於此戰略性的思考，企業需要不斷培養並增強獨力解決企業危機的能力。當然此處所謂的「自承」，亦包含企業動員一切外在於企業的資源，來共同消除危機。

3. 企業危機轉嫁的能力

企業缺乏對危機的承受度，於是有計畫地將企業危機，移轉到企業以外的其他組織或單位，以免企業遭到任何的不測。在危機管理的領域，保險常被視為轉移危機的有效方法。例如：「九二一」大地震對企業的損害；東帝士大廈大火對企業的衝擊，為免於遭受危機時，卻無力處理的窘境。有效解決之道是，企業對於產品或可能出現損害的部分，在危機前即繳納足額保費，此舉可將危機轉嫁給保險公司。所以縱然不測發生，也可迅速獲得補償。

除上述三種方法外，若能及時找出企業危機「病源」關鍵，儘早對症下藥、及時處理，徹底解決企業危機爆發的可能性，實為企業的危機處理成功的關鍵。

六、指數模糊地帶的處理方式

企業危機指數之間，可能會出現模糊地帶。如果這個現象出現，這個地帶要如何處理，才能正確顯示危機目前的程度呢？

1. 模糊地帶處理原則

如何處理指數 1 至 9 每一個層級之間模糊的地帶，是一個值得斟酌的問題。本書解決的原則是，當指數快要達到另一指數層級，但又尚未達到，而正處於接近中，此時則以「單位時間內的威脅程度」來加以界定。威脅程度若愈高，那麼雖未達到該指數，也以該指數來界定；反之，若程度愈來愈低，且有逆轉趨勢，則仍以原指數計算。故「企業痛苦指數」壓力量表，是以程度做爲界定指數的輔助觀測重點（見表 2.2）。

表 2.2　測量危機之企業痛苦指數量表

指數	階段	組合		
指數 9	爆發期第六級	A2 B2 C2		
指數 8	爆發期第五級	A1 B2 C2	A2 B2 C1	A2 C2 B1
指數 7	爆發期第四級	A2 B2	B2 C2	A2 C2
指數 6	爆發期第三級	A1 B1 C2	A1 C1 B2	A2 B1 C1
指數 5	爆發期第二級	A1 B2 B1 C2	A1 C2 A2 C1	A2 B1 B2 C1
指數 4	爆發期第一級	A2　B2　C2		
指數 3	醞釀期第三級	A1 B1 C1		
指數 2	醞釀期第二級	A1 B1	A1 C1	B1 C1
指數 1	醞釀期第一級	A1　B1　C1		

資料來源：作者自創。

2. 黃、紅燈號總體顯示原則

個別燈號有個別的程度原則，如前述：總體燈號顯示，爆發期為紅燈，醞釀期為黃燈。其中個別指標雖仍為黃燈，但仍以總體指數所在的區間，作為燈號的劃分。例如：爆發期第二級的企業競爭力對比的個別指標，雖是黃燈，但整體指數位於爆發期的紅燈區，則仍以紅色示之。

七、企業痛苦指數對危機處理的新貢獻

企業危機常是盤根錯節、錯綜複雜，牽涉範圍甚廣，不易找出真正的癥結。而且常出現頭痛醫頭、腳痛醫腳，只見樹木（個案）不見林（通則）的「止痛」方式。而「企業痛苦指數」總體分析模型，可以直接針對危機，解決危機。其主要功能：危機偵測、危機診斷、標本兼治。

1. 危機偵測

有些局勢是企業無法控制的，例如：總體經濟是否轉好，抑或繼續惡化，並非個別企業所能控管。但企業必須先期偵察經營環境，才能了解企業危機，究竟正處於

何種程度。當然這可透過「企業痛苦指數」的偵測，了解目前指數所在的位置，並由此作爲進一步危機處理的依據。偵測的同時，「企業痛苦指數」等於扮演企業預警系統的功能：[20]

(1) 企業監控輔助工具

企業決策階層可透過「企業痛苦指數」所構成的預警系統，執行企業管理，維持企業體系的穩定，並促使企業進行更有效的競爭。

(2) 資源更有效分配

「企業痛苦指數」所顯示的警訊，可使企業資源在進行權威性分配時，對於企業目標相關的優先性與範圍，做更合理的分配。

---

20 預警系統（Alarm System）起源於美國在第二次世界大戰及美蘇冷戰期間，為防止蘇俄核子飛彈空襲而有警戒線及預警機之設立。爾後此預警系統的觀念，陸續應用在企業失敗之預測及經營績效評估上，皆頗具成效。

(3) 防範企業危機於未然

預警系統對於企業具有防範未然的功能，使危機因子儘早發現並予矯正，進而予以改善體質，避免企業產生經營危機，而危及企業的生存與發展。

(4) 補強實地檢查功能不足

透過全面實地檢查，可掌握全盤企業營運的具體情況，但此一行動的成本，不啻耗費甚鉅，且常因人力不足而無法實現。若透過「企業痛苦指數」的預警模型，則可有效補強實地檢查功能的不足。

(5) 充分掌握企業經營動態

企業預警系統必須定期蒐集企業各項相關報表資料，以進行分析研判，使企業在決策前，能了解實際的癥結所在。

(6) 有助於企業進行內部管理

企業預警系統之運作，能確切掌握本身經營狀況，進而檢討並加強內部管理，使企業穩健安全的發展。

2. 危機診斷

危機處理跟看病一樣，需要對現象及徵兆進行診斷，如銷售低迷，到底是什麼結構及原因使銷售低迷，究竟是競爭對手強勁而使競爭激化，還是產業本身正在萎縮、客戶減少，還是銷售人員素質差。大部分處理企業危機的困難之處，就在於危機辨識，因此常發生低估、輕估、高估、錯估等現象。所以危機診斷正確與否，對於危機處理來說，影響極大！判斷正確是危機處理成功的基礎，診斷錯誤是危機處理失敗的根源。錯誤的診斷，如同埋下一枚定時炸彈，將使複雜不安的危機更為惡化。在危機所產生的重大壓力下，判斷常易出錯，所以，危機判斷常有錯誤的認知（Misperception）、錯誤的估算（Miscalculation），這些都是危機處理所必須極力避免的。易君博教授曾提出事實判斷、價值判斷、結果判斷等三種判斷，作為決策三方面的考量。但究竟以何作為考量判斷的圭臬呢？本書提出「企業痛苦指數」的三項變數（獲利率及市場佔有率；企業競爭力對比；市場需求），作為診斷的項目。

診斷首先在於找出危機的眞正病源，並辨別危機是由哪一種變數所造成的，或是兩種、三種變數併發以致之。只要能找出眞正的病源，問題就較易處理，而不會浪費時間在次相關，或不相關的領域上打轉。危機醞釀期是如此，危機爆發期亦是如此，危機處理期更是如此！唯有當三項關鍵性指標的燈號，由紅易黃，由黃轉綠，才表示危機處理有效！同理，反之亦然。

另外，危機處理首要之務，除了是診斷病源，其次就是**針對病源**（獲利率及市場佔有率衰退程度；企業競爭力對比；市場需求萎縮）**提出有效解決方案**。企業「病源」通常可能由兩種或三種變數併發，因其彼此之間具有連動效果。如「企業競爭力對比」變數就很有可能與「市場佔有率衰退程度」的變數間，具互動的關係，因此企業對於變數間聯結關係的診斷，就格外地重要。

3. 標本兼治

「本」是指結構，「標」是結構所外顯的現象，兩者是危機處理的對象。「避危爭機」與「化危爭機」，是企業危機處理的最高指導方針。[21] 但要如何才能達到此目的呢？唯「標本兼治」而已！顧名思義就是既「治標」更「治本」，因爲「本」才是導致危機爆發的眞正源頭，唯有治本才能從根解決問題，所以本書提出「標本兼治」論（此是針對企業危機本身的標與本）。

企業危機一旦爆發，並非表示毫無轉圜的餘地，特別是危機的「機」字，就代表著機會的存在。但只要任何的決策錯誤，隨時都有可能喪失解決危機的有利契機，結果可能陷企業於倒閉等不測的深淵中，那就更遑論墨守成規或採取鴕鳥政策。

從「治本」的角度而言，企業危機處理必須從「企業痛苦指數」的地方著手，因爲那是痛苦的根源，唯有對症下藥，從根處理，才能最快最有效的解除痛苦。「企業痛苦指數」所包含的三方面變數——市場佔有率衰退程度；企業競爭力對比；市場需求萎縮——是危機處理的本，也是危機處理應解決的源頭。

21　「避危爭機」指的是，躲避危險、爭取機會；「化危爭機」指的是，化解危險、爭取機會。

第五節　企業危機擴散理論

企業危機不會靜止僵化不動，而在那裡等待人們的處理，它會不斷向外擴散，到總體層面及個體層面。以我國爲例，民國八十九年十一月三十一日我國經濟部公布的數據爲例，民國八十九年全年關廠歇業家數幾達五千家之多，創歷年新高。[22]

當企業發生危機，且無法順利解決時，危機就會擴散到總體層面。民國八十九年危機擴散到下列兩方面：

1. 就「總體面」而言

資遣費、積欠工資以及解僱等問題，而造成勞資爭議的案件上升。民國八十九年所引發的契約爭議，創下十四年來新高；歐債風暴時，也有類似現象。[23] 事實上，當社會普遍的企業，面對危機而無法有效解決時，危機擴散絕對不止於勞資爭議或是失業率的增加。其連鎖效應包

---

[22] 林天良、林信昌、邱沁宜，「關廠歇業激增／上月失業率升至 3.23%（台北：《經濟日報》），民國八十九年十二月二十七日。

[23] 徐國淦，「失業率創新高／勞資爭議今年創新高」（台北：《聯合報》），民國八十九年十二月二十七日，版三。

括了：股市重挫；匯市狂貶；房市低迷；通貨緊縮；廠商惡性倒閉、詐欺及支票跳票、民間倒會等經濟犯罪案件趨勢升高；社會貧富差距拉大。

2. 就「個體面」而言

失業人口連帶會增加家庭內部經濟的壓力，這股壓力又間接升高家庭暴力、擴大夫妻失和的比率；失業者個人的人生目標、自我價值失落、情緒容易失控；部分壯年人口的民衆在失業、欠債等因素下，以自焚、跳樓等激烈手段來結束生命，造成人間悲劇；受波及而中途輟學青少年增高；精神病患的增加；失業者找不到定位，對現實不滿，因而總體社會成本及社會治安也有惡化的趨勢，最後社會陷入不安的恐懼當中。[24]

在牽一髮動全身的息息相關時代，其實不是只有企業危機會衝擊社會總體面，其他國家或國際重大政經事件，也同樣會影響到企業的營運。以歐債危機爲例，由於歐洲國家對太陽能產業的

24　失業潮期間，精神科門診增加二成。
洪淑惠，「精神科門診／出現白領就醫潮」（台北：《聯合晚報》），民國八十九年十二月三十一日，版七。

補助，所以當這些國家經濟受創，自然無法再補助。對這些產業而言，就會受到衝擊。其他：戰爭造成石油飆漲，而導致通貨膨脹的危機；股票可能有無法出售的流動性危機；美元貶值造成匯率危機；甚至層面逐漸更擴散到市場危機，及獲利減少的裁員或倒閉危機。

「企業危機擴散理論」是綜合危機理論、經濟學、大衆傳播理論、公共關係、社會心理學、企業避險等行爲與理論，所凝聚結合而成，所以「企業危機擴散理論」，是研究危機管理的新方向。一般人曉得危機會出現擴散，但很少人能了解企業危機爲什麼會擴散？究竟背後有什麼動力，在推動著這種現象不斷出現？本書提出企業危機背後的六項擴散動力與根源，這六方面包括有：

1. 危機殺傷力的強度

危機殺傷力的強度，是促成危機擴散最根本、最原始的動力。當危機危險程度愈高，影響層面愈廣，擴散也愈大。

2. 傳播效果

危機事件具備衝突性影響性和特殊性的新聞價值，因此，大企業只要出現危機，雖然報紙不同，電視頻道有別，但畫面、聲音與文字仍然雷同，且一而再、再而三的源源對外傳播，這已超過了凸顯重點，所需有的重複程度。

新聞工作者用來報導事實的「5W-H」原則，固然應以客觀公正爲基本原則，但危機爆發後，卻很難以純粹「中立」角度予以呈現。再加上在數位傳播的時代，24 小時高度報導相關消息，因而放大了危機對企業的破壞力。尤其是大眾媒體具有「議題設定」及「議題塑造」的功能，特別是對於知名度愈高的企業危機，就愈具擴散催化的作用。這種「擴音作用」與「媒體審判」（media trial）的效果，無異影響大眾對企業形象的認知與評價，進而增加危機處理的困難度。

3. 認知結構

危機可能產生的破壞力，與個人認知結構相合者，對內對外的擴散能力就會增強，反之亦然。換言之，有沒有認知到企業危機的破壞與殺傷力，會影響擴散的力道。

4. 恐慌與從衆行為

危機若升高，企業集團愈大、影響層面會愈廣，結果將會造成企業員工和社會大衆的焦慮與不安。

5. 過去企業解決危機的能力表現

如果過去該企業解決危機的能力，深受大衆及員工的肯定，危機擴散的力度就會較小，反之則會較大。

6. 危機擴散與危機處理兩者之間的時間落差（Time Lag）

這是研究危機擴散理論不能不思考的問題，因爲企業危機一旦正式爆發，危機就開始向外擴散，然而危機處理卻須召集相關部門主管或企業顧問專家等共同開會研議，才能有效提出方案，進行解決。所以危機處理與危機擴散之間，存在著一段時間落差。由以上的事實說明，危機發生在前的事實，已導致擴散的速度，超越危機處理的速度，若再加上資訊不足及時間壓力等不利情況下，企業診斷方案不一定能對症下藥。若無法對症下藥，極可能出現一個危機尚未解決，另一個併發的新危機又將形成。因此危機處理的速度，相較於企業危機擴散的速度來說，就會出現一段時間落差。爲彌補此一時間落差，唯有加快危機處理的速度，以及採行正確的處理策略。然而，更重要的是，採取預防措施，以及在危機尚未擴散到達的領域，先設立防火牆，方能有效改進擴散的影響。

至於「企業危機擴散架構」，則可自以下流程思索之（參見〔圖 2.5〕）：

1. 危機爆發

企業危機擴散的理論架構，起始點是在危機爆發後，透過媒體的效應，而產生形象危機、財務危機、生存危

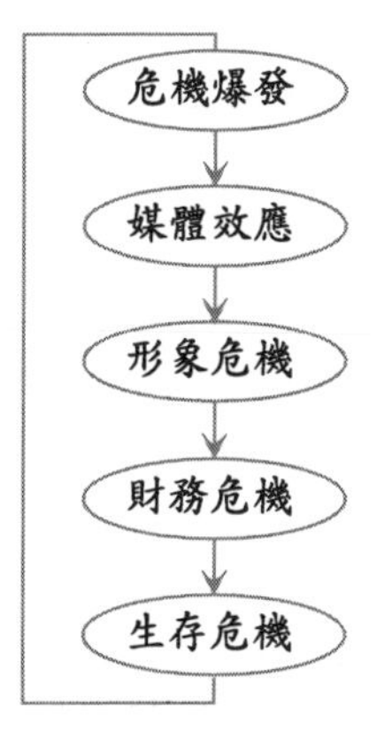

圖 2.5　企業危機擴散架構

機。基本上，這個理論架構有一個假設，就是企業未能事前化解危機，也未能迅速在危機爆發後，有效的處理危機。所以它背後的精神，是期望企業能採取準確、快速的處理危機，否則，稍一猶豫，不但機會流失，更會引發其他不必要的危機。

2. 媒體效應

在傳播領域最顯著的理論有：子彈理論（The Bullet Theory）；有限效果理論（The Limited Effects Model）；中度效果理論（The Moderate Effects Model）；強力效果模式；傳播效果的心像理論；影響不一理論……。[25] 儘管不同理論對於大眾傳播的範圍、本質、效果，可能會有不同的觀點。[26] 但是幾乎都肯定，大眾傳播具有媒體效果。這樣的媒體效果，有時是因截稿的時間，而未做查

---

25 陳昭朗，《傳播社會學》（台北：黎明文化公司），民國八十一年三月，頁 109。

26 Denis Mcquail, *Mass Communication Theory* (London: Sage Publications), 1994, p.327.
大眾傳播媒體有別於行政、立法、司法等三權，而有第四權（The Fourth Power）之稱。

證的工作，最後人云亦云；也有的是有預設立場，更過分是爲了達到「獨家」消息，甚至用「製造」的方式。一般而言，在傳播過程中，受播者在閱聽報導時，常會出現幾種特殊現象：

(1) 觀察問題時，以自我中心爲取向，而非以爆發危機的企業。
(2) 將事件濃縮成幾個「故事」型態。
(3) 資訊報導的孤立化與片段化——尤其是強調危機事件時，在資訊無法完全的情況下更易出現。[27] 這種以自我中心爲取向，來選擇性地認識企業危機，很可能強化企業的危險面，而忽略說明其可能的轉機面。

企業集團的危機醞釀期愈久，累積的能量愈大，一旦危機爆發，對社會、經濟、金融、政治等領域，越易產生衝擊和負面干擾。企業危機擴散理論所指的「擴散」，是企業危機爆發時，企業愈大，受到社會關注程度及輿論壓力會相對較大，由於明顯且立刻的直接威脅企業的

---

27 W. Lance Bennett, *The Politics of Illusion* (New York: Longman Inc.),1988, p.24.

生存發展，以及涉及多數人的利益，所以媒體會大肆地追蹤報導。當媒體對企業危機廣泛持續地報導，且篇幅大都會以醒目顯著的方式處理。報導之後，會產生媒體效果，並引起整個社會普遍的關心與重視，嚴重的，甚至引起民衆恐慌與焦慮。

3. 形象危機

數位化時代的「媒體效應」，瞬間就會將區域性危機，擴大爲全國性的危機，而使問題更加嚴重化和擴大化。企業危機透過媒體的揭露，必然造成企業形象受損，此時企業「形象危機」已然形成。

大企業透過媒體效應會產生形象危機，中小企業是透過消費者的口耳相傳，一樣也會產生形象危機。

4. 財務危機

公司產生危機後，通常會出現財務危機成本（Financial Distress Cost），這包含直接與間接的成本。

(1) 直接成本：常見的直接成本，如處理法律程序所耗費的時間；支付律師及會計師的費用；臨時處分資產的讓價損失。

(2) 間接成本：客戶與供應商對公司喪失信心，所造成的訂單流失；在無現金流入的情況下，公司必須放棄具可行性的投資計畫；重要員工的離去；限制條款使公司失去財務操作的彈性。[28] 平常往來的上游廠商，也可能要求以現金付款的方式，取代平時的期票付款。

企業危機爆發時，所產生的成本代價，主要是因危機可能直接威脅到投資人。所以散戶投資人或法人機構，一般理性的反應是，在企業危機爆發後，迅速賣掉手中持有該股的股票。在趨利避害的原則思考下，投資人會採取的行動，銀行當然也不例外。金融機構的態度，攸關企業的存亡爲避免成爲「受害者」，貸款銀行慣有的動作，就是凍結公司的信用額度、抽企業的銀根，或對企業即將要貸款的項目保守以對，如此必然將影響公司資金調度與產銷運作。這對於危機中的企業，更易形成「財務危機」。

28　謝劍平，《財務管理：新觀念與本土化》（台北：智勝文化事業有限公司），一九九九年六月，頁401。

5. 生存危機

媒體不斷以驚悚的標題，報導企業危機（哪怕是市場捕風捉影的謠言耳語），在此風雨飄搖的時刻，政府相關主管單位極可能介入調查，競爭者也可能落井下石、製造謠言，擴大危機的嚴重性。這乃是因危機風暴過大，必然會牽涉到消費者的安全與福祉，甚至也涉及到國家經濟利益或經濟安全，這一部分是是國家利益中最基本、也是最核心的利益。職是之故，政府基於職責所在，極有可能介入調查，如此再經媒體報導，企業「生存危機」於焉出現。當然競爭者也不會輕忽此有利機會，來瓦解危機中的市場對手。

第六節　危機變化的結構論

研究企業危機管理的國際學者 Ian I. Mitroff，提出企業「危機管理最佳模式」，此模式包含四大關鍵因素：危機型態與風險；危機管理機制；危機管理系統；企業利益關係人。企業對於這四大關鍵因素，必須在危機爆發前、中、後，都有計畫性的管理。Ian I. Mitroff 的「危機管理最佳模式」的主要精神，就是中國人所謂的「種瓜得瓜、種豆得豆」。此處的「豆」與「瓜」，指的就是企業危機管理，是否能將四大關鍵因素整合在內，未將此四者納入者，危機處理最後結果的「豆」與「瓜」，必然會損企業的生存與發展；反之，納入者則能使企業轉危為安、東山再起。這四項因素互動的結果，就會產生下列第五項——企業危機處理的發展結果。以下是 Ian I. Mitroff 對這四大關鍵因素的說明[29]：

1. 危機型態與風險

企業危機林林總總，危險程度亦不相同。Ian I. Mitroff 從危機處理的研究中發現，在擬定危機計畫時，應注意各種危機型態與危險程度，才能使危機處理更有勝算。原因有六：

(1) 大部分企業通常都只考慮少數幾種的危機，而沒有將所有可能發生的危機都加以準備，這是不足的。
(2) 擴大對於企業危機的準備，而不只準備本產業核心或

[29] Ian I. Mitroff, *Managing Crises Before They Happen* (New York: American Management Association), 2001 , pp.30-45.

一般可能出現的危機。

(3) 企業必須持續思考，危機可能從哪些領域出現。

(4) 每個企業都應該從可能發生的危機群組中，挑選其中之一加以準備。

(5) 企業無法也無力準備所有形式的危機。

(6) 挑出企業危機群組中，可能發生的危機，因爲危機擴散效應，會產生連鎖效應，進而引爆其他危機。

故此，企業危機都不是在眞空中發生，或與企業環境完全隔絕。換言之，如果沒有考量每一項危機衝擊的範圍與強度，那麼準備的成效，都將大打折扣。

2. 危機管理機制

有效的危機管理機制，不僅在危機發生後，才對危機回應，而是在危機發生前就做好準備，諸如：預防危機的計畫、探測危機的發展程度、抑制危機的傷害，以及在危機結束後，從危機覆轍中學習經驗，並重新設計更有效的危機管理機制來處理危機。危機管理唯有以這種系統方式的處理，才能取得較佳的結果。

3. 企業系統

企業系統有六大基本特點：(1) 該系統是由相互依存分子的動態組合；(2) 有兩個次級系統（含）以上組合而成；(3) 不能離開市場環境而孤獨存在；(4) 新陳代謝、能源不斷有投入、轉換、產出等過程；(5) 系統本身有界限來區隔系統與環境；(6) 系統本身有多元目標，且必須分工才能完成。

任何複雜的組織，都可以運用多層次組織的「洋蔥模式」（Onion Model）分析。這個洋蔥模型主要分爲五大層面：最表層的**科技層面**；第二層的**組織結構**；第三層的**人為因素**；第四層的**組織文化**；第五層也是最內層的**高階管理心理**。這些層面各有其影響危機的因素，例如：科技是組織最常見的部分，從處理主要資訊的電腦，到大型工廠的生產流程，科技都不是在眞空中運作，而是由人來操作。既然是人來主導，就可能因爲外在過大的壓力，或身體的疲勞、溝通不良等錯綜複雜的因素，而有錯誤存在的空間。至於組織結構與文化變數，主要在觀察不同組織的次級系統如何互動；組織最內層的高階主管心理，是研究危機處理最不容易獲得的資料，但也是企業危機處理表現的決定變數。因為高階主管心理如果有否認危機的心態，則不易預為綢繆，更不易主動找出企業的薄弱環節。

4. 企業利益關係人

利益關係人可分為內部與外部，從內部的員工到外部的社區、城市、國家、甚至國際團體（如國際紅十字會）都包含在內。易言之，哪些團體（個人、組織、結構），可能影響企業危機管理，或受到企業危機的影響，皆屬企業利益關係人。一旦企業與利益關係人存在著不友善的關係，當企業發生危機時，外界對危機責任的歸屬，較傾向於企業本身，並且較易產生負面評價。

5. 可能的結局

在 Ian I. Mitroff 提出的「危機管理最佳模式」中，危機型態與風險、企業危機管理機制、危機處理系統、企業利益關係人等變數，本身不但是動態發展，而且變數與變數始終處在互動狀態（如〔圖 2.6〕中的循環箭頭）。動態互動必然會產生結果。從另個角度論，如果企業危機管理計畫，不能掌握變數及變數互動的「因」，那麼

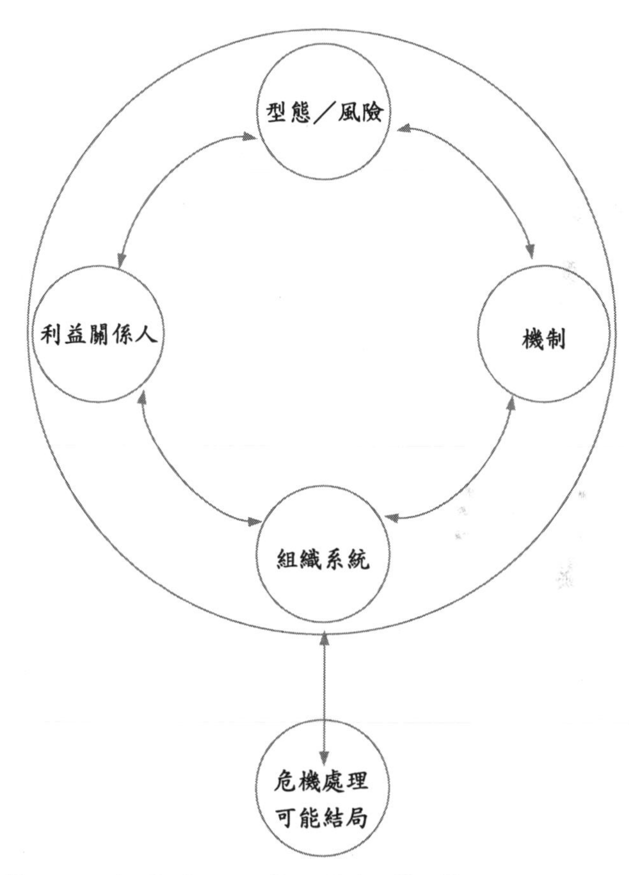

資料來源：Ian I. Mitroff, *Managing Crises Before They Happen*, New York: American Management Association, 2001, p.31.

圖 2.6　危機管理詮釋架構圖

「果」自然不是企業所能控制。所以用「要怎麼收穫就怎麼栽」，來描述 Ian I. Mitroff 提出「危機管理最佳模式」，就甚爲貼切。

原本此模式主要在客觀分析，企業危機處理爲何會得到如此的結果，但如果將這些變數，納入危機管理計畫並加以掌控，在「**種瓜得瓜、種豆得豆**」的原理原則下，企業危機處理的結果，自然能達到「多算勝、少算不勝」的目標。

第三章

企業危機管理

第一節　危機管理的階段與方式

傳統管理的重心，是關注現在的收益或成本，並以過去的資訊和數字，作爲管理的依據。但眞正決定企業興衰存亡的關鍵，卻是在未來。無法生存的企業，已在過去滅亡，存活下來的企業，眞正所要擔憂與努力的，是如何在未來的競爭環境，持續生存發展。所以危機管理要有未來取向，避免、預防危機的發生。

危機管理是危機尚未爆發前的預防作爲，是企業防止危機發生的重要階段。實際上，企業危機爆發的原因很多，例如：企業團隊士氣低落、市場調查錯誤、企業戰略有誤、產品嚴重瑕疵、消費者受害、市場不利的謠言、通路的障礙、快速變遷且複雜的市場結構、研發失敗、不合適的審核程序而疏忽危機的訊號。[1] 無論哪一種危機出現，屆時都是企業最脆弱的時刻，而且爆發後的擴散效應，會不斷滲透到其他領域。所以企業危機管理是一門化險為夷、轉危為安的跨學科專業領域。故有必要整合各家之長，凝聚有效的危機管理智慧。在此將歐美、日本與中國各家對於危機管理的主要研究，分述如下：

一、歐美學派

1. John M. Penrose

提出危機管理六步驟危機模式：[2]

---

1 Michael Bland, *Communicating out of A Crisis* (London: Macmillan Press Ltd), 1998, p.29.
根據 Burnett 在一九九八年的研究顯示，全美大企業中約有 50% 到 70% 之間的比例，尚未建立危機或災害預防計畫。Barton 訪談電信業 280 名經理人，發現只有 4% 的經理人表示有危機管理的計畫。若以此推估，危機管理在台灣普及的程度，就遠低於美國。

2 John M. Penrose, *The Role of Perception in Crisis Planning*, Public Relations Review, Vol.26, No.2, Summer 2000, p.158.

(1) 設計危機管理的組織結構。

(2) 選擇危機管理小組。

(3) 針對各種可能出現的危機狀況加以模擬、訓練。

(4) 狀況監控。

(5) 起草緊急計畫。

(6) 實際管理危機。

2. Ian I. Mitroff & Christine M. Pearson

危機管理在於捕捉先機、防範未然，兩位南加大商學院教授的學者，針對危機管理，提出「五階段」的危機管理作爲。第一階段：**危機訊號偵測期**（Singal Detection）；第二階段：**準備及預防期**（Preparation and Prevention）；第三階段：**損害抑制期**（Damage Containment），期望避免危機衝擊到公司，或環境中未被破壞的部分；第四階段：**復原期**（Recovery），該期主要目的是，協助企業從危機的傷害中，恢復正常運作；第五階段：**學習期**（Learning），該階段是企業從危機處理的整個過程中，汲取避免重蹈覆轍的經驗教訓，而使危機不再發生。縱然危機萬一發生，也能以最快、最低成本的方式來處理。[3]

3. Philip Henslowe

該學者提出「五階段」危機管理的準備：[4]

(1) 評估企業本身可能發生的危機。
(2) 草擬危機應變計畫。
(3) 準備危機處理的相關措施。
(4) 訓練危機處理小組，提高其快速反應的能力。
(5) 根據內外情勢的變化，不斷地修正計畫。

二、日本危機管理的思考模式

在日本企業主的潛意識裡，並不期望以美國式的「階段論」來管理危機，而是認爲公司在經營過程中，要本著盡其在我，強化產品品質，提高企業戰力，要求不能有任何的失誤。

---

3 Ian I. Mitroff & Christine M. Pearson, *Crisis Management: Diagnostic Guide for Improving Your Organization's Crisis-Preparedness* (New York: Jossey-Bass Inc.), 1993 , pp.10-11.

4 Philip Henslowe , *Public Relations: A Practical Guide to the Basics* (London: The Institute of Public Relations), 1999 , pp.76-78.

也因此，日本的企業往往有否定危機客觀存在的經營假設。[5]既然否定危機客觀存在，就不會建構「多餘」的危機管理機制。儘管企業能檢查營運的每一個可能出錯環節，甚至包括產品、流程、成本、行銷、研發、財務等等。日本企業這種零失誤的要求，固然有助於降低危機發生的機率，然而是不是眞的就能夠控制危機呢？這是典型只考慮內環境，以及盡其在我的奮鬥，而常容易忽略大格局變化中所帶來的威脅。[6]設若平時沒有建構危機管理的機制，一旦經營環境有變、危機發生，屆時在毫無準備的情況下，常會束手無策。日本雪印奶粉造成上萬消費者中毒的危機事件，其處理失敗的案例可爲殷鑑。

從上述可以知道日本努力降低內部危機，但無法避開外環

5　日刊工業新聞特別取材班編，《危機處理實戰對策》（台北：三思堂文化事業有限公司），二〇〇〇年三月，頁22。

6　經營者不能只關注內在環境，而忽略外在經營環境，以日本半導體業的失敗，就是最好的說明。日本半導體業者是從DRAM市場崛起，八〇年代全球最大的DRAM製造廠是日本東芝，但是於民國九十年底宣布退出DRAM市場，其他如日立、NEC、富士通、三菱等日本前五大半導體廠，也相繼宣布退出該市場，日本媒體以「日本半導體產業戰敗」來形容。為什麼會產生這種情形呢？這就是只求品質的改良，因忽略產品生命週期變化的速度，而有以致之。

境危機。另外更嚴重的缺失是，日本企業有家醜不可外揚的隱匿心態，這種生怕洩露而隱瞞的作爲，造成危機處理與預防良機的流失。如日本東京電力公司（爲全球少數電力合營的公司），從一九八七年到一九九五年間，有超過一百名的公司員工參與篡改機器零件斷裂的記錄，使公司高層完全不知。二〇一〇年豐田汽車爆發油門踏板及剎車系統的問題，不也是來自這種問題的根源！員工不敢把殘酷事實告訴老闆，老闆沒有正確資訊，如何做好決策？

三、中國式的危機處理

目前我國危機管理的思維，幾乎都在西式邏輯框架中打轉，其中偶有日本危機管理的典範被引述，殊不知中國古典兵家戰略思想，從商業營運的基本眞理、思維典範、技術工具等三個層次，都提供了某種層次的特殊啓示。

中國式的危機處理精神，以《孫子兵法》一書最具典範。如果將該書的精神應用在企業危機處理的領域，基本上可歸納出兩種危機處理的模式，一種是「鈍兵挫銳」式的危機處理，另一種是「利可全」式的危機處理。中國式危機管理的架構，絕不是一蹴可幾的，而是要靠多方面注入心血、多角度的探索結合。所以吾人可以在中國人既有的基礎上，建構更爲有效的架構。

1.「鈍兵挫銳」式的危機處理

商場如戰場，無法先期化危機於無形，而是經過與危機的搏鬥，終於才解決危機，這種做法就好比在軍事上，以流血衝突的方式來解決危機，《孫子兵法》〈作戰篇〉稱之爲「鈍兵挫銳」式的危機處理。即使以這種方式解決了危機，也將耗去企業大量寶貴的資源，所謂「百戰百勝非善之善戰者也」。危機到了爆發才處理，就算結果成功，也不是《孫子兵法》所稱許的危機處理方式。

2.「利可全」式的危機處理

這是以「不戰」的方式，在企業危機尚未爆發之際，就消弭於無形，使企業順利達成企業目標，這種企業經營的智慧與專業判斷，在〈謀攻篇〉稱之爲「利可全」式的危機處理。〈謀攻篇〉對「利可全」式危機處理，有特別的詮釋：「故善用兵者，屈人之兵，而非戰也；拔人之城，而非攻也；毀人之國，而非久也。必以全爭於天下，故兵不頓而利可全，此謀攻之法也。」要如何才能達到「非戰」、「非攻」，而又可以達成國家戰略目標？孫子提出「廟算」的決策，來預為綢繆，化解企業危機、爭取企業生存發展的機會。惟有「利可全」式的危機處理，才能化企業危機為轉機，將轉機變為企業長治久安的有利契機。

總結歐美日與中國的危機管理思維，在預防危機階段，必須完成五件大事：

第一、危機的避免與預防。

第二、建構危機管理的準備。

第三、危機管理的機制與方案確認。

第四、危機的控制。

第五、危機的解決。

第二節　危機處理計畫

計畫是處理的方案與步驟，也是克服危機的重要基石，所以企業準備妥當就有能力面對危機的挑戰。一項針對美國《財星雜誌》（*Fortune*）列名為前五百大企業所進行的訪查中發現，具備危機管理計畫（Crisis Management Planning）的公司，危機歷時與後遺症較短；沒有危機應變計畫的公司，其危機的後遺症，要比具計畫的公司多出 2.5 倍。[7] 有鑑於企業愈大，瓦解時影響的層面愈廣，小者如個人的失業、家庭的福祉；大者甚至牽涉到社會的安定、國家的經濟安全。所以企業有無周詳的危機管理計畫，已是衆所關注的議題與趨勢。

一、危機管理計畫的重要性

安全是企業永續發展的唯一出路，要如何才能達到安全呢？非危機管理計畫難竟其功。因爲危機一旦爆發，通常都會被危機所震懾住，而使思考混亂。然而此時最寶貴的第一處理時間，可能就會流失掉，而使危機擴大。

謀定而後動，才能處變不驚、防範危機、降低損失，增加企業處理危機的成功勝算。這就是企業爲什麼一定要有防範危機的處理計畫。公司決策者平時就會面對「不確定性」（Uncertainity），這不確定性涵蓋三方面：

---

[7] 許如欽，「中小企業生產事業與風險管理」（台北：中小企業風險管理研討會），民國八十七年十二月，頁 j-11。

1. 個人主觀認知及資料蒐集困難，產生對未來狀態的不確定性。
2. 未來環境變遷對於組織衝擊的評估。
3. 決策後果的不確定性。[8] 若是連平時的企業決策，都會面對此問題，更何況是突發的危機，在攸關企業重大利益的壓力下，資訊模糊、缺乏，因此在企業危機處理過程中，所使用的危機處理策略，無法絕對保證能解決企業危機。根據巴伯（Karl Popper）的理論，人能掌握趨勢，但並不能掌握趨勢的所有面向，無論是任何策略，隨時都有可能被證明是錯誤的！因爲危機處理戰略的本質，本身就含有錯誤的機率及可誤性在內。然而，在企業危機因子剛出現時，即使危機處理的策略出錯，還有空間可以轉圜，但是在企業危機爆發後，危機管理計畫的可誤性若眞的出現，結果將可能導致企業陷入災難的淵藪。

---

[8] Milliken 對於「不確定性」（Uncertainity）的界定是，個人主觀認知上無法精確的預測組織環境。

John Naylor, *Management* (London: Financial Times Pitman), 1999, pp.274-275.

危機處理最困難的是，「百密必有一疏」，而這「一疏」可能就關係著企業的興衰存亡。因此，在這個轉折點上，具高度的不確定性。爲降低此種不確定性，事先的情資蒐集與評估，所反覆推敲得到的危機管理計畫，則不失爲混亂情況中的脫困手冊與藍圖。因爲危機爆發後，在緊張及有限時間處理的壓力下，容易阻礙思考、影響決策判斷，同時也沒有足夠的時間，讓業者來深思熟慮。危機爆發後，最常出現的狀態是「資訊不完備」，故很難評估各替代方案，甚至也無法確定替代方案的結果。在這種不利的條件下，危機應變計畫就顯出其重要性，其優點包括有：賦予企業決策者較高的信心；較能掌握瞬息萬變的局勢關鍵；強化下達決策能力；當危機達到萬分緊張的時刻，這種準備與信心，必然有助於下達正確的決策。反之，如果沒有這種計畫與準備，失敗的陰霾，則如附骨之蛆，如影隨形籠罩在這個危機的企業，直到危機解決。[9]

---

[9] 莫非法則（Murphy's Law）可以說是對巴伯（Karl Popper）的理論，作出輔助性的說明。該理論強調：

(1) 任何可能會出錯的複雜事務，就一定會出錯。（Anything which can go wrong, will go wrong）

(2) 某些不能出錯的複雜事務，沒有事先透過詳細的演練，就一定會出錯。

有二個非常著名的案例，就是因爲沒有計畫，而使努力付諸流水：

例一：在一九八四年十二月三日清晨，設在印度波帕爾市的聯合碳化公司，洩出致命毒氣異氰酸甲酯，大部分住在波帕爾市的居民還在睡眠中，無法及時逃避，因而造成兩千多人死亡。企業負責人安得生（Perry Anderson）立刻從美國直飛印度。然而一到印度，就直接被印度政府逮捕。這就是事前沒有周詳的計畫，事後僅憑一腔熱血處理危機的結果。如果有計畫，根據危機處理的「標準作業程序」，決策者應依據掌握的情報，給予適當及時的處理，而非待決策者飛行十餘小時後才抵達現場，並決定後續處置措施。在這十餘小時的時間裡，危機擴散已到更爲嚴重的程度，甚至轉型成其他的危機。

莫非法則對於公司的啓示，應有下列四點：

(1) 降低事務出錯的可能性。

(2) 如果事務出錯，就要將衝擊降到最低。

(3) 如果事務出錯，一定要有其他選項可供選擇。

(4) 如果危機出現，必須訓練有素的團隊來危機處理。要達到這四個目標，就需要事前有周詳的計畫。

Michael Regester & Judy Larkin, *Risk Issues and Crisis Management, the Institute of Public Relations* (London: Kogan Page Limited, 1997), p172.

例二：在「九一一事件」後，華盛頓文化資產保存組織公布了一項調查報告，結果顯示，世貿大廈內無法回復運作的企業，最重要的原因是，沒有制定緊急應變與回復計畫，導致人員無法應變，以致不能在最快時間內回復營運。

二、危機預防

首先應該找出本企業致命與非致命的危機，然後必須將這些可能發生的情況，詳盡列出。再來是建構識別危機訊號的機制、分析威脅來源、設計各種度量危機的方法，並建構監控危機的體系。當然有的危機，企業不一定有能力處理，此時就要預先建構危機的策略聯盟。如財務危機發生時，顯然需要金融機構伸出援手。要金融機構援助之前，是否就須要先將公司與負責人的商譽、公司財務的透明度、公司運作的規矩，讓想建立策略聯盟的機構，事先有所了解。

另一個危機策略聯盟的例子。是國內中小型的塑膠製品公司，在面對中國大陸相關產業的競爭下，海外客戶大量流失。可是要開發新客戶，卻又面臨知名度不夠、人才資金不足的困境。所以有十五家公司共同合資成立「塑膠製品國際行銷公司」，共同開拓國際市場[10]。

三、危機管理的應變計畫

危機事件的處理，本身就有一定程度的困難，所以事前需要完整的危機管理計畫。所謂「多一分準備，少一分損失」，其目的主要在於指引企業，針對各種可能發生的潛在危機，擬定具體可行的步驟、準則與處理方向，爭取在第一時間內，以最低成本解決。計畫是以未來爲基礎的觀點，來探究目前應具體實踐何種防範措施，以避免危機發生。就理論來說，沒有任何一個公司防範危機處理的計畫，可以涵蓋任何類型的危機，當然更無法套用一個靜態架構，而能持久地適應快速變遷的世界。儘管如此，公司仍然可以根據結構的相似性，組合公司各類可能發生的危機，找出最致命的公司危機，然後針對這些危機提具體可行方案，這樣即使最壞情況出現，也已有最佳的行動方案處理。下列提出研究危機管理計畫，較爲著名的學者：

---

10 曾梁興，「塑膠製品業拓銷，改打團體戰」（台北：《經濟日報》），民國九十一年九月十四日，版九。

1. Ian I. Mitroff 及 Christine M. Pearson

兩位學者共同提出一項危機管理計畫（含程序），其著重在以下四點：

(1) 導致危機產生的連鎖鏈結。

(2) 建構早期預警系統及避免或抑制危機發生的機制。

(3) 找出可能產生危害企業的各種危機因素。

(4) 可能影響危機或被危機影響的各造。[11]

2. Michael Bland

提出危機計畫，應注意的要項：

(1) 找出本企業可能會出現哪些危機。

(2) 這些危機會牽涉到哪些重要關係人。

(3) 完成「企業危機手冊」。

(4) 與這些企業重要關係人進行聯繫。

(5) 適時給予外界合適的訊息。

---

[11] Ian I. Mitroff & Christine M. Pearson, *Crisis Management: Diagnostic Guide for Improving Your Organization's Crisis-Preparedness* (New York: Jossey-Bass Inc) , 1993 , p.9.

(6) 建構危機溝通小組。

(7) 提出危機期間，可能需要的資源與設施。

(8) 提出可能爆發危機所需的專業相關訓練，並循序漸進地完成。

(9) 與企業重要關係人，建立溝通管道。[12]

3. Alan H. Anderson & David Kleiner

兩位學者共同表達，整體的計畫應該根據公司政策、市場研究、資源分析、競爭環境中機會與威脅等要項，進行深度評估。[13]

4. Norman R. Augustine

普林斯頓大學教授 Norman R. Augustine 對危機管理計畫，提出「次要事項效果」（Second-order Effect）的理論，其主要精神在說明，即使計畫再周延，也不代表眞能解決危機。因爲執行的危險，都是隱藏在瑣碎的事情當中，而不是在重大明顯之處。所以危機管理的計畫，

[12] 同註1, Michael Bland, pp.25-51.

[13] Alan H. Anderson & David Kleiner, *Effective Marketing Communications* (Oxford: Blackwell Publishers Ltd.), 1995, p.28.

除重視大政方針外，對於細節亦不能有所忽視。如果不能把這些細微、容易疏忽的環節加以掌握，企業仍須爲此付出高昂的代價。[14] 以民國九十二年對抗 SARS 疫情時，台北市衛生局在最重要的關鍵時刻，竟然傳眞機故障，使得下情無法上達，上層自然無法決策，而產生通報延誤，並衍生更多危機。

5. Nudell, Mayer 及 Norman Antokol 等

兩位學者，提出危機管理應注意的八項重點[15]：

(1) 考慮危機管理的各種細節（Think about the Unpopular）。

(2) 確認危險與機會（Recognition of Dangers and Opportunity）。

(3) 危機回應的控制與界定（Defining and Control of Crisis Responses）。

(4) 管理企業經營環境。

---

14 Norman R. Augustine，吳佩玲譯，「管理無法避免的危機」，《危機管理》（台北：天下文化公司），二○○二年一月，頁 17。

15 Nudell , Mayer & Norman Antokol, *In Case of Emergency: A Handbook for Effective Emergency and Crisis Management* (MA: Lexington Books), p.21.

(5) 控制危害。

(6) 成功解決。

(7) 回復常態。

(8) 避免重蹈覆轍。

6. Dana James

認爲危機計畫應著重三方面：模擬危機各種發生的可能；評估企業內部的脆弱領域；創造多領域的危機小組。[16]

上述每一位學者，都談到危機管理的部分重點，這些的確可以作爲國內企業的參考之用。但是若直接完全套用某位學者的理論，那就很可能會出現問題。因爲任何一位學者的論點都有缺失，因此必須根據企業的實際狀況，從前述不同的理論重點中，截長補短，找出適合自己企業特色的危機管理應變計畫。很可惜的是，國內相關危機管理的書籍，大都是直接翻譯引述，而沒有對這些理論加以反思或批判。這會讓一些企業主誤解，以爲這些理論，都是可以用來挽救他們的企業。殊不知其中有諸多錯誤在內，這是值得深思的議題。以第五位學者提出「危機管理金

---

16 Dana James, *When Your Company Goes Code Blue: How Crisis Management Has Changed* (Chicago: Marketing News), Nov 6, 2000, pp.1-15.

字塔」的圖形爲例（參見〔圖 3.1〕），雖然該圖別具巧思，然而卻也充滿了謬誤。例如：

1. 金字塔第一層的錯誤

企業準備最惡劣的情勢，並不代表程度較輕的危機，就可以迎刃而解。因爲危機的類型不同，所包含的變數也有異，在「不打沒有把握的仗」之原則下，應該針對不同類型與不同程度的危機，進行準備。更何況危機發生後，有強烈的情緒與壓力，造成決策者與處理人員的緊張，而有錯判失誤的可能。

2. 金字塔第二層的錯誤

危機爆發就是企業存亡的關頭，它不會自動變成轉機。實際轉動的樞紐，是要企業群策群力智慧的處理，才有希望成爲轉機。作者卻將「可能」視爲「必然」這是其思維上的盲點、邏輯上的錯誤。

3. 金字塔第六層的錯誤

成功解決危機是期望，而不是必然的結果。將期望視爲必然結果，這是其邏輯上另一個錯誤。因爲這會誤導企業，以爲只要危機處理，就會成功的解決，這樣的思維

資料來源：Nudell & Antokol , 1988，p.21。

圖 3.1　危機管理金字塔

理則，會造成企業大意失荊州。

4. 金字塔第七層的錯誤

危機之所以會爆發，顯然內在營運系統出現問題，如果經過危機處理，將表面症狀暫時解決，並非代表系統邏輯已經健全，不會再出現危機。所以在危機之後，企業要深切檢討、找出原因，然後進行組織精進與再造。所以絕非如國外學者所云：「恢復平時狀態」。

綜合以上四層錯誤外，該金字塔的原設定，是靜態僵硬的模型，並不適合經營環境變遷過於迅速，所產生的危機。所以金字塔頂端的第八層：避免重複，應聯繫到金字塔第一層的危機準備，如此才能成為動態循環的「活」體系，達到危機管理眞正的目的：「避危爭機」、「化危爭機」。

四、危機管理計畫的擬定

完整且具體可行的計畫，可使危機預防和處理，不至於失去依據，甚至貽誤時機。《孫子兵法》〈始計篇〉有云：「夫未戰而廟算勝者，得算多也；未戰而廟算不勝者，得算少也。多算勝，少算不勝，而況於無算乎，吾以此觀之，勝負見矣。」為求多算勝，這份計畫不應只是少數人閉門造車的產品。

對事先可能發展出的潛在危機，預先研究討論，以發展出應變的行動準則。從巴伯（Karl Popper）的否證論（Refutatuion Theory）說明，不是所有策略都會成功，所以要有一系列的備用計畫。首先，計畫必須清楚界定危機爆發的各種狀況；其次才提出各類危機的處置方案及預備方案，當第一案失效或不適用，緊接著第二案立刻實施，並以此類推，每一方案都是緊密關聯的「群組方案」。所以有「狀況一」的第一「群組方案」、第二「群組方案」、第三「群組方案」……。第三、評估各「群組方案」的優缺點；最後、要選出各不同類別最佳方案及備選方案。

就動態規劃的角度而言，應針對企業領域脆弱之處，透過計畫使用不同防禦機制來對抗危機。同時，一項有效的危機準備計畫，應該包括處理危機的相關連鎖反應；統合企業內外所有可團結的力量，來共同解決危機；對於組織從來沒準備過，以及沒思考過的危機，不僅是未能預期的時間狀況，而且是最差的時間，都應納入考量，例如：危機常會出現在過年等連續假日，或周休二日（星期五）深夜身心最鬆懈的時刻。[17]

事前愈有周詳危機計畫的組織，其遭受危機侵襲而破壞的可能性愈低，而企業生存的能力也越強。

五、危機管理計畫實際項目

究竟會出現哪一種危機，在擬定危機管理計畫時，必須有針對性，才能擬出全局性的計畫。例如：航空公司最大的危機就是墜機，只要發生一次墜機，動輒付出上百億的代價。爲了避免這項危機，從機型的選購、維修，到人員的教育訓練，都必須採取最嚴格的高標準。盡最大努力打破任何可能造成危機的環節，企業就可以用最低的成本，預防可能發生的災難。危機管理計畫在結構上，應有下列項目的安排：[18]

1. 目錄封面（Cover Page）

計畫的有效性，會因外在環境而過時，所以要清楚註明日期，好讓後續者或使用者，知道此危機管理計畫的有

17　同第二章註29, Ian I. Mitroff, 2001, p.49.

18　Kathleen Fearn-Banks, *Crisis Communication: A Casebook Approach* (New Jersey: Lawrence Erlbaum Associates), 1996, pp.25-33.

效性。如果日期過久、環境有變，各種主導危機處理策略的假設、前提，以及認可想法的正確性就可能不同。因此在封面上，要明確註明。

2. 指導原則（Guiding Drinciple）

危機管理手冊最主要的精神何在？應該在指導原則處說明，如此可使處理者不會偏離危機管理手冊的核心精神。事實上，危機處理必先確立全程指導構想，以掌握主動的具體作爲。通常這些指導原則，涵蓋四方面：(1) 速度原則；(2) 彈性原則；(3) 集中原則；(4) 絕對攻勢原則。

3. 排定演練計畫時程（Rehearsal dates）

從演練中可以知道計畫不足之處，同時又能強化團隊整體戰力，與細節常易疏忽之處，因此企業應根據企業當時內外結構的變化，來排定演練時程，但最少每半年要定期舉行一次，會後並檢討此排練有無需要改進之處。

4. 成員簽署（Acknowledgments）

爲什麼危機管理計畫要成員簽署呢？這表示組織成員，對於這份危機處理計畫的內容了解，且無其他異議，另一方面也代表具有執行該項計畫的責任與義務。

5. 確定危機處理團隊（Crisis Management Team）

危機發生後，最忌諱群龍無首，如此可能使危機迅速擴散，甚至無法收拾。危機處理團隊是危機處理的靈魂，故應確定並設定其動用企業資源的相關法規及配套措施。

6. 設立危機指揮中心（Crisis Control Center）

危機指揮中心是危機時段，企業行動的主宰，團結企業員工的核心，左右危機發展的主要力量。所以應該以具有強烈責任感與旺盛企圖心的企業菁英擔任。

另外，必須考量正常的營運中心，在災難後無法繼續擔任指揮中樞的任務時，就有設立危機指揮中心的必要。設立時，應考量到危機相關的人、事、物。尤其是人的方面，應建立危機處理的「預備隊」。有鑑於危機複雜多變，過度僵硬的組織，會造成不易周全的遺憾。若能建構危機處理的預備隊成員，則能隨時勢的變動，而能立即調兵遣將、有所因應。

危機指揮中心在設立時，應有四方面的考量：(1) 便於指揮掌握，並適應狀況的推移；(2) 對上、下及政府相關業管單位容易聯絡；(3) 隱蔽安全；(4) 已建構良好通信設施。

7. 後勤補給（Logistics）

沒有充分的後勤補給與設施，第一線處理人員難有較佳的表現。後勤牽涉較龐雜，諸如危機控制中心地點安全與否、需要有幾條對外聯絡的電話專線、傳眞專線、電腦、發電機組，以及危機控制中心的補給事宜（如食物、飲水），都涵蓋在內。

8. 計畫演練（Operation）

訓練不足則難扮演稱職的角色，所以要加強純熟度，以降低於壓力下失敗的可能機率、增快反應能力。紙上談兵畢竟與實際有一段差距，故需藉由定期排練，找出計畫中的盲點加以改進，以縮短理想與實際的差距。在演練過程中，「預設」的條件，與實際狀況愈接近愈好。尤其當同類企業發生重大危機時，也是作爲本身訓練的範本。台塑與南亞的大火危機，顯示兩家公司應該都有 SOP 標準處理程序，但可能平時的演訓不足，因此危機爆發，荒腔走板，甚至與地方政府及民衆，發生重大衝突。

9. 危機辭典（Crisis Dictionary）

對於生硬的專業術語，應該轉換成淺顯的文字說明，以免誤解並可減少溝通障礙。這種現象尤其在科技產業較常出現，爲避免溝通上的錯誤與誤會，相關專有名詞的說明，應該詳列。

10. 確定危機發言人（Spokesman）

危機溝通成敗與否，關鍵在於是否能在第一時間進行溝通，具有密切關係。因爲這是建立信任的樞紐。如果被動報導，可信度相對較弱。所以有效的危機管理計畫，應該涵蓋危機溝通方案與傳播過程，才能弭平危機的損害。

企業可安排主要的企業危機發言人，以及候補的兩至三位發言人。

11.主要聯絡媒體清單

媒體是左右社會輿論的重要工具，既可協助企業恢復聲響，但也可能毀了企業。因此，有哪些媒體具有舉足輕重的民意影響力，這些皆應列入主要聯絡媒體清單。

12. 主要聯絡的政府單位與官員

以藝人 Makiyo 及日籍友人友寄隆輝打傷計程車司機案，僅隔幾小時，就召開記者會，顯然該經紀公司享鴻娛樂平日即掌握媒體清單。

消極的目的，在於化解不必要的誤會，降低衝突。積極的目的，則在於爭取外界的信心與支援。尤其政府單位較具有公信力，若能取得奧援，則必然有助於危機的解除。

13. 事先規定應蒐集的資料

目的在於爭取時間，取得資訊，以作爲決策依據之用。如果事先規定的愈清楚，就愈有助於時間的爭取。

14. 建立持久力

危機爆發之後，究竟多久能解決，事前很難測知。如果預備的能量，低於危機爆發所須處理的能量，這樣的危機預防與處理計畫是不及格的。建立持久力，旨在爭取時間、建構企業力量，以利危機解決的決策依據，爲處理危機創造有利條件。

六、設定目標的優先順序

企業危機處理的計畫目的是，期望透過政策的執行，來達成企業「化危爭機」、「避危爭機」的目標。但是危機處理的目標如果具多樣性時，目標的主從性應明確，否則就無法提高企業組織效率，企業員工將難以適從。尤其是任何組織的運作，都涉及多元的利益對象。例如：一個企業要同時考慮股東、員工、顧客、供應商、借貸者、政府機構等各方面的利益。面對這些不同的利益對象，事實上，很難完全照顧得周延。於是負責規劃、計畫的經理人或管理者，便需從矛盾、衝突的多樣化目標中判斷、抉擇。譬如：企業在整合各方利益時，就必須面對以下相互矛盾衝突的目標，作最佳的判斷與抉擇。

平時企業就可能出現目標衝突，更何況在危機時刻、千鈞一髮之際，這種衝突的現象更容易出現。爲避免目標衝突，企業危機管理目標的優先順序必須明確：究竟是以人命第一或以公司財務第一；是品質第一或時效第一。定位不同，結果自然有異。[19] 在魚與熊掌不能兼得的兩難情況下，仍以公司永續經營（損害最小）爲最高的的考量。二〇〇八年金車飲料公司在不小心的情況下，受到大陸毒奶粉的影響，公司在消費者仍不知情的情形下，主動召開記者會，誠實道歉與賠償，並換上新產品，讓消費者可退貨換錢，也可採購新產品，這就是金錢與永續經營中，既選擇了符合倫理，也符合永續經營的精神。

第三節　危機管理專案小組

企業家來自各種不同的教育背景，從高學術領域到低學歷的都有可能，有的甚至連企管相關的學術研討會都未曾參加過，雖然這些人有其特殊的才能與天賦，但是危機管理計畫所涉及的危

[19] 有一天有位小孩在河裡戲水，不小心即將慘遭滅頂的危險，看到一位旅人路過，於是向他呼救。旅人卻責備他怎麼如此粗心大意。孩子叫道：「先把我救起來吧！稍後，你救了我再訓我也不遲！」在這個寓意的故事中，出現教育與救人不同的目標。由於目標不同，後續的做法也會跟著有差異。

機規模與複雜性，非整合性（面面俱到）的危機管理機制難竟其功。職是之故，有的學者主張將危機的辨識，交由決策者，這是絕對的錯誤。尤其我國企業領導階層，要應付外在社交已非常的忙碌，而且也不一定具備上述專業危機處理的能力。所以應該成立危機管理的「專案小組」，將危機交給專業人員處理，其餘人員則仍堅守崗位，避免危機不必要的擴散。

「專案小組」的目的，乃是有效預防、快速反應，其主要手段是有系統的情資蒐集和管理危機資訊，使企業危機防患於未然。最佳之道是危機未出現前，主動採取對策。因此「專案小組」的任務，包含了危機處理的目標（Object）、危機偵測（Detection）、危機的辨別（Identification）、危機的估計（Estimation）、危機的評價（Evaluation）、危機的預防（Prevention）、危機的解決（Resolution），及危機解決後的重建與再學習等工作。爲了要有效率完成上述工作，就必須有明確的指揮體系，強有力的中央指揮，使事權統一，資訊情報完整。

危機爆發前的階段，是企業危機管理的重心，所以應先遴選危機「專案小組」的成員；建構危機處理的機制；提出危機處理的目標、危機資訊的分析評估與運用。現分述如下：

一、遴選處理危機的「專案小組」成員

專案小組涉及企業內部極多的機密資料，因此在遴選時，專業能力與對企業忠誠度必須同做考量。而專業能力是可以借助後天教育來加以培養，企業忠誠度反而是應先考量的重點。故此，可以就企業中，具高度認同感的人選進行篩選。

另外要特別提醒的是，甄選危機管理小組成員時，除了考量上述的因素外，應有「壓力管理」這個項目。因爲在企業危機爆發之後，危機常會使決策者憂鬱、緊張、焦慮、失眠，最後導致決策的實質與心理障礙，而影響危機處理及日常決策。所以甄選危機管理小組成員，可透過壓力式面談（Stress Interview），來了解預選小組成員，在模擬危機壓力下的反應，期望藉此擇優汰劣。

二、「專案小組」的組織建構

企業危機處理小組是一支量少質精的團隊，主要的任務是有效預防、快速反應。由於企業危機所涉及的領域，及其所擴散到的領域，是需要多學科的科際合作與整合，才能有效解決，因此企業危機管理不僅是跨學科，更是跨學門的學問。所以企業在設

計危機處理的組織與制度建構時，應將多學科的專業人才，納編在處理危機的組織內，而且要根據危機性質，而有不同的危機編組。

專案小組人員是危機處理成功與否的第一項決定性因素，因它會影響到整體危機處理的成功與失敗。該小組應設置一支 24 小時，有人接聽的熱線電話，以便接收預警訊息。其實任何一個企業，都應該有規矩與體制，來順暢運作秩序。尤其是攸關企業生存的危機，更應該要有處理危機的建制。以長榮集團為例，長榮危機管理屬於一級單位，組織規模三十人，組織架構分為保險管理部，主要負責海陸空保險業務事宜；風險控制部負責損害防阻、危機處理、理賠服務等業務。實際上，各企業由於經費的多寡、行業種類、企業風格、董事會組成的方式不同，因此危機管理「專案小組」的編組，也出現不同的形式。有的公司是將它放在公關部門，有的是由法務部、總經理辦公室或總務部門來負責。也有的是由總務、人事、法務、營銷、開發、生產等部門各抽調一人，來組成危機管理的「專案小組」。當然也有的公司是在危機發生後，將若干部門精英或主管，予以適當調配編組，律定指揮處理危機的關係。但無論是哪一種編組方式，發言人一定要參與，才能了解危機處理的方式，並充分掌握對外發言的要點。

至於理論上，究竟應該要如何建構處理危機的「專案小組」，這可以從下列美、日學者的建議，來做更進一步的了解。

1. Steven Fink

主張以危機管理「專案小組」爲核心，然後再根據不同的危機需要，徵召不同的小組成員。技術危機要由技術人員處理；財務危機要由財務人員處理，因爲財務危機與毒氣外洩的化學危機特質不同。一個永久性的危機處理中心，要有總經理或高級主管、財務經理、對內及對外發言人及法律室主任組成。擔負這些責任與角色的人員，要有代理人制度，以免因故而造成整個專案小組無法運作。[20] Steven Fink 提出此觀點時，尙無數位化的網路溝通，若要補強其實踐功能，而使危機管理能提高效率，那麼危機管理的小組編制成員，還應包括網路溝通

[20] Steven Fink, *Crisis Management:Planning for the Invisible* (New York: American Management Association), 1986 , pp.57-58.

專家。[21]

2. Ian I. Mitroff

對危機專案小組的編制，主張要有六至十人，在角色的扮演上，要設置最高決策者來總攬權責，其他則為財務、公關與溝通、法律，以及健康及安全顧問，這些角色都要賦予權力，以期在解決危機時，不會窒礙難行。[22]「專案小組」的實際成員，可包括決策者、執行助理、行銷部門主管、發言人、統合各方力量的安全聯繫人、後勤支援的總務、溝通專家、財務總管、法律專家與受害家屬聯絡人（如新航或華航空難等）。

3. 日本危機處理的專案小組

日本研究危機管理的權威機構建議，專案小組涵蓋面要

---

21 邱毅，《危機管理》（台北：中華徵信所企業有限公司），民國八十八年，頁16。

22 John M. Penrose, *The Role of Perception in Crisis Planning* (Public Relations Review: Vol.26, No.2), Summer, 2000, pp.157-158.
Michael Bland, *Communicating out of a Crisis* (London: Macmillan Press), 1998, p.38.

廣，它包括有總務、對外聯繫、宣傳、保險、法規、補給、製造、當地派遣等方面。其各組的任務如下：

表 3.1　危機處理專案小組的職務

負責領域名稱	職　務　內　容
總　　務	(1) 與緊急對策有關的設施等的維修、管理及安全保護。 (2) 取得各負責領域人員之間的電話及其通訊線路資料。 (3) 取得和統一管制一般電話和臨時電話。 (4) 當地派遣小組的出差手續及出國手續。 (5) 車輛、飛機、直昇機（如有需要的話）等運輸工具的準備。 (6) 因緊急對策而隨之發生的出納業務，及緊急支用物品的籌措及管理。 (7) 對公司內外相關人員提供飲食、住宿等與生活有關的準備。 (8) 負責指揮中心因危機而產生的其他庶務。
對外聯繫、宣傳	(1) 掌握與該危機有關的資訊，同時徹底執行。 (2) 統一對公司內外發布訊息。 (3) 撰寫對外發表用的聲明。 (4) 與客户、供貨廠商及其他關係人之間的聯絡。 (5) 提供資訊給大眾傳播媒體和準備、舉行記者會。 (6) 與行政機關之間的聯絡。 (7) 接待外來者或與之交涉。 (8) 與受害者家屬之間的聯絡。 (9) 因應其他緊急情況有關的宣傳業務。

表 3.1　危機處理專案小組的職務（續）

負責領域名稱	職　務　內　容
保險、法規	(1) 決定保險處理方針。 (2) 與保險公司之間的聯絡。 (3) 與法律顧問等關係人之間的聯絡。 (4) 與損害賠償的支付及請求有關的業務。 (5) 與其他保險、法規有關的業務。
補　給	(1) 準備與取得原料等的物資補給。 (2) 準備與取得貨物流通的管道。 (3) 產品的保管及對客户的送貨業務。 (4) 與其他補給有關的業務。
製　造	(1) 與工廠或提供服務單位之間的聯絡窗口。 (2) 有關於執行製造業務的資訊蒐集、分析及實際狀態的掌握。 (3) 在製造或服務現場中，有關製造或服務方面的建議及指示。 (4) 針對製造業務或服務業務的執行，與消防廳等行政機關之間的聯絡。 (5) 取得代替產品及充實國內外的資源體制。 (6) 與其他製造方面有關的業務。
修理、修復	(1) 對工廠進行、緊急措施、修復有關的建議及指示。 (2) 選定和儲備修繕事業者。 (3) 估計損傷程度和籌措修理、修復的資財。 (4) 其他與修復有關的業務。

表 3.1　危機處理專案小組的職務（續）

負責領域名稱	職　務　內　容
當地派遣	(1) 任命危機爆發地的總指揮（總指揮根據需要可編成與製造）。 (2) 銷售有關的組織。 (3) 實施對策以救助人命、避免財物上的損失爲優先處理順序。 (4) 與總指揮聯絡之後，賦予在當地一切的權限。 (5) 執行其他當地的業務。

資料來源：日刊工業新聞特別取材班，《SRM 危機處理實戰對策》（台北：三思堂文化事業有限公司），民國八十九年，頁 18-19。

每一種編組都有其優缺點，例如：「專案小組」獨立編成，那麼其人事費用對我國的中小企業來說，本身就是一項負擔。又如，各部門抽調一人來多負擔一項任務的編組方式，會導致既要執行本身的業務，又要額外多擔負一項任務，不易發揮其杜絕危機的應有功能，在任務執行上，也可能會流於形式；平日各專案小組分散在不同單位，合作默契及應變能力的不足，也很難創造共同的認知及目標的優先順序，一旦溝通受到外在環境干擾，危機處理的效果可能大爲降低。另有一些企業，將「專案小組」放在公共關係部門，主要的著重點在於，專案小組的決策，攸關到企業利益關係人，因此如何透過溝通機制，向外正確傳達資訊，來平息外界的驚恐、疑慮與憤怒，這是危機爆發後，刻不容緩的議題。尤其是媒體在不幸事件發生時，報導偏頗會加重企業的負擔。甚至部分企業直指媒體就是危機眞正的來源，從這個觀點來看，很顯然在危機發生之後，必須和媒體進行有效的溝通。實質上，危機管理的任務，遠超過這些直觀的層面。[23] 所以將「專案小組」，設立在公關部門有其不妥處。台灣IBM 公司對於危機處理的組織架構，是由總經理及各部門主管組成，希望能在任何災難或危機事件發生時，以最短時間完成因應措施。[24]

麥肯錫管理顧問公司的資深顧問 Jon R. Katzenbach 和 Douglas K. Smith 所著的《團隊的智慧》（*The Wisdom of Teams*）一書，提出危機處理這類的團隊，絕非成員各自為政或孤軍奮戰，而是在共同的宗旨，以及明確具體目標的引導下，成員同心

---

[23] Ian I. Mitroff, *Managing Crises Before They Happen: What Every Executive and Manager Needs to Know About Crisis Management* (American Management Association), 2001, p.2.

[24] 林貞美，「危機應變，資訊外商有一套」（台北：《工商時報》），民國九十年十月一日，版九。

協力一起為團隊負責。這樣的團隊有三項特色：1.定時聚集交換資訊與意見，並且相互支援來幫助每個成員改善自己的工作表現。2.建立共同團隊的目標和宗旨。3.每位小組成員都要為小組整體表現及其他成員工作成果負責[25]。

本書建議企業要設立加油鼓勵的機制，因為面對危機各種不同組合與變化，很可能超出原來預期危機的範圍與殺傷力，這將增加危機處理者心理的威脅與挫折，若能在建構組織架構時，設立加油鼓勵的機制，如此將更有助於危機的處理精神戰力。

三、提出危機處理的目標

1. 揭櫫危機處理目標

企業經營的目標，在於賺取合理的最大利潤，以達永續經營的目標。但是危機管理決策的前提，與正常時期的企業經營目標迴然不同。因為重點不應該著重在利潤的盈虧，而是企業的永續經營。危機管理的目標設定，就是企業危機處理計畫的精神所在，更是企業部門乃至全

[25] 天下編輯，「替你讀經典」（台北：天下雜誌），民國八十三年，頁83。

體同仁必須全力以赴的標的。所以企業危機處理的目標，必須要符合公司設立的精神、維護公司形象與聲譽，以及社會大衆對公司產品（服務）的信心，若能同時兼顧企業股價，避免營運虧損，則更是上策。另外，爲便於執行，目標不但不能有誤，更要簡單明確、易懂易記。

2. 完成危機處理計畫

每個公司可以有不同的危機處理計畫，但計畫核心絕不是由單一部門來處理，而是要發揮企業總體戰力；換言之，就是各部門的聯合作戰。

根據企業所要達成的危機管理目標，來擬定企業危機處理計畫時，可以兼容產業內所發生的相關危機，並從這些危機事件的背後，來掌握趨勢及結構性變化的因素，以免重蹈覆轍。一九九九年，美國應用材料總公司宣布，全球各地的事業單位及區域分公司，開始實施營運持續方案，內容包括災變及危機時，如何使公司營運不致中斷，所採取的應變措施，這就是企業危機處理計畫中的一種。

四、危機資訊的分析評估與運用

關於危機相關資訊的蒐集，特別是關鍵性的客觀數據，必須重視來源的可信度，也要能夠正確的詮釋、評估、運用，這是擬定危機對策不可或缺的步驟。經驗和直覺對於企業危機處理者，雖有其一定程度的作用，但是以往的經驗，是否適用此次的危機，這是值得商榷。可供危機決策者參考的資訊，在內部有財務報表、流程表、危機檢查明細表等客觀的統計數據，外部資料包括業界團體的調查資料、政府專業統計刊物的數據，都可作爲危機管理的參考。如果沒有客觀的統計數據，即使是一樣的危機處理專家，對於是否危機爆發前的徵兆，也會有所爭議。所以客觀的統計數據，對於危機嚴重程度及爾後的危機處理，有絕對正面的助益。針對所蒐尋的各類議題，尤其是潛在的危機因素，要不斷地分析和評估，各種爆發的可能性及威脅性。

但在此有兩點必須注意的事項：

1. 基本資料來源的精確度

若危機最前線的負責人無法研判，也要迅速的將狀況反映至專案小組，再由專案小組就全局狀況統合分析，如此則更能掌握資料的可信度與有效性。如果根據錯誤的資料所做的決策，其正確性的機率幾乎微乎其微。因此各企業在輸入前，必須確認其正確性。以業務員的銷售拜訪爲例，有許多公司的業務人員視塡寫報告爲畏途，不但敷衍了事，更有虛僞造假。透過這種來源資料的決策，其重要性愈高、運用愈廣，錯誤就愈嚴重，對企業的傷害也愈大。

2. 資料的篩選機制

若缺乏有效的資料過濾機制，當資料流量過於龐雜，又沒有周全的企業決策支援系統，就可能出現「分析癱瘓」（Analysis Paralysis）的現象。分析癱瘓的主要症狀是，對於危機應該做出的決定，卻無法及時下達決定。[26] 這主要是因爲考慮變數過多、臨危而亂，既做不出結論，又因未經妥善分析的資料堆積如山，而拖到採取行動的時機消逝，危機再生變化爲止，仍無法做出任何有效決策。實際上，當「專案小組」對於內外環境及內部組織的資料經過研判之後，篩選出可能爆發的危機資

---

26 Steven Fink, *Crisis Management: Planning for the Invisible* (New York: American Management Association), 1986 , p.84.

訊，有時常多達七、八十項。因此「專案小組」必須按危機的急迫性，及公司可用的資源進行處理。有效的資料經過過濾並賦予適當意義後，必須交至企業最高負責人，若時間緊急亦可交給相關業務負責人，但仍須迅速報告決策當局知道。

第四節　找出企業危機因子

企業各部門各司其職是正確的，但是隨著企業規模逐漸擴大，及經營的全球化，作業程序的複雜，及各部門間運作環環相扣，產生出太多內部及外部環境的不確定性，常常一個環節不注意，或未善加處理，就可能牽一髮而動全身。

很多時候，企業其實不必走向滅亡，但是最後卻落入萬劫不復，原因就在於高階主管，沒有學會辨識企業危機的警訊，以及市場供需結構的總體變化。

波特（Michael E. Porter）所謂「市場訊號」就是：能直接或間接顯示競爭者意圖、動機、目標或內在狀況的任何行動。這些訊號有的是示警，但也有的是競爭對手虛張聲勢，然而究竟是哪一種呢？這就需要經過危機鑑定。[27] 危機除判斷是否爲企業危機因子外，更要研判危機因子可能的發展方向，以及對企業傷害程度。所以其包括的範圍極爲廣泛，絕不只是競爭者而已。

找出危機因子，認清自己潛在的弱點，就像希臘神話中的英雄阿奇里斯（Achilles），全身刀不槍不入，但小腿和踵骨之間的肌腱，就是他的致命點。所以管理危機的首要工作，就是找出企業的阿奇里斯腱。一般來說，有八種方法可以找出企業危機的脆弱環節。[28]

27　Michael E. Porter 著，周旭華譯，《競爭策略：產業環境及競爭者分析》（台北：天下文化公司），二〇〇一年十一月，頁 101。

28　鄧家駒，《風險管理》（台北：華泰文化事業公司），二〇〇〇年八月，頁 67-71。

美國白宮於二〇〇二年五月底坦承造成三千多人死亡的「九一一」恐怖攻擊事件，聯邦調查局位於鳳凰城的辦事處，在早上事發之前，就已提交總部備忘錄，並鎖定兩名疑犯，及要求對可疑的飛行訓練展開調查，甚至備忘錄中還提及有關賓拉登的文字。由於未能及時鑑定及研判危機，才造成此大禍。顯見對於危機鑑定及研判危機因子的發展方向，在危機管理中扮演多麼重要的角色。

一、危機列舉法（Crisis Enumeration Approach）

危機列舉法乃是指有系統、全面性的將企業危機列舉出來。就企業各部門主管所面對的、或是將他們就經驗所預知的各類可能的威脅，詳細的逐條列出。這種方法極適合各階層企業主管，因身為主管者，應該較他人更能針對整體作業，進行總體考量。有鑑於主管的職責，亦當預先考慮將來各種可能面對的危機。

二、草根調查法（Root Investigation Method）

這個方法與前一種方法正好相反，它是針對組織基層，所做的企業危機調查，以探索企業各部門員工對於公司當前所面臨的危機。可以預料的、大部分員工的意見，較易以本位主義出發，從自己工作崗位，就當前所看到的各種局部危險提出建言。其戰術上的優點是，能抓住許多作業層面上的細部危險，實際上主管卻不一定知道，但由於員工經常身歷其境，較為了解。主管蒐集到這些資料之後，若能善加利用，必然可以解決許多潛在的危機。

草根調查法沒有固定標準方式或者表格，因此負責調查的企業主管，必須自行製作一套調查的方式，以全面有系統的方法來了解員工的意見。若是使用面談或問卷表格，就必須讓員工保有相當開放的想像空間，但又不能讓員工太過天馬行空，最後卻調查不出一致的意見。同時草根調查法忌諱只作調查，卻對員工沒有一些回饋與交代。對於具有熱誠與期盼的熱心員工，將是一種打擊。那麼以後若再次實施類似的草根調查，將會因員工的不合作，而沒有什麼實質的結果。

三、報表分析（Financial Statement Analysis）

公司是整體的，所以企業危機的根源，可能來自任何一個部門。這通常可以透過報表的方式來掌握，常用的方式，包括財務報表（資產負債表、損益表、現金流程表等）、訂貨出貨與退貨單據、業績與獎金等，這些不僅可以挖掘出公司過去企業營運問題，更可以分析出公司當前的財務危機。報表分析即是針對這些表據，運用各種會計與統計的分析技術，藉以了解公司當前的獲利能力、流動性與清償能力等，並據此推算出公司未來的經營趨勢，與其伴隨而來的危機。除了財務報表的分析之外，還有經由組織內部或外部，所發表的技術報告與法律文件，這些或多或少都隱含著重要的危機訊息可供參考。

四、作業流程分析（Operational Process Analysis）

作業流程的分析，在工業工程上的使用，十分普遍。類似工時分析（Motion and Time Study）、企業作業流程分析（PERT or CPM）、流量分析（Flow Analysis）等，對於改善工廠作業與企業營運的效率，以及降低意外的發生，皆有極佳的成效。在運用上，不論是工廠的生產流程、零售業的進出貨控制、甚至到美國太空總署登月計畫的實施，都曾用到這些技術，以管制計畫執行的步驟，防範意外或延誤。

五、實地勘驗（Physical Inspection）

實地勘驗屬於事前預防，先期掌握企業危機的各種徵兆。例如：許多的危險，尤其是產品設計的安全性，可能是由於自然災害的侵蝕，而造成潛在的危機。例如：廠房、機械、建築、招牌、電纜線、瓦斯石油等管線，都會由於經年累月、日曬雨淋而毀損不堪使用。像這一類的實物耗損，只有經由工程師現場實際的勘查，才能明白其危害的程度。企業危機管理也是一樣的道理，主管必須到第一線，才能爭取時間、了解狀況，並直接進行處理。

六、企業危機問卷調查（Questionnaire Survey）

美國管理學會（American Management Association）出版一套稱作資產的損失預估表（Asset-Exposure Analysis）。這個表格包含兩個部分，第一部分爲企業資產的調查清單，用以歸納企業有多少資產。第二部分爲企業資產的損失預估，用來估計企業各類資產的損失風險。企業主管可以利用這個表格，快速而完整的評估有關資產方面的危機。當然企業也可以設計危機管理調查問卷（Crisis-Finding Questionnaire for Risk Management），進行系統性的調查，來發掘有關企業方面的危機，這些資料可以提供決策者，作爲規避或轉嫁危機之用。

七、損失分析（Casualty-Loss Analysis）

損失分析法是一種屬於事後檢討，並從失敗的覆轍中學習，以尋求將來的改進。損失分析的眞正目的，不是在統計企業損失，而是在清查事故發生的根本原因。企圖從過去錯誤經驗或失敗的案例當中，學習如何防範未來類似事件的重演，或試著取得類似事件再次發生時的因應之道。

八、大環境的考量（Environmental Analysis）

就台灣的大環境而言，原物料普遍以進口為主，對大宗物資並無議價能力，因此國內製造業或原物料廠商只能處於弱勢，被動接受波動的價格。事實上，企業經營環境常是瞬息萬變，企業經營者若沒有掌握環境的變化，就可能會帶來企業的危機。不同學者對環境挑戰，有不同強調的重點，如 James F. Engel 及 Roger D. Blackwell 等學者，提出挑戰企業的環境因素時，強調：持續性經濟成長不再；供過於求；消費者動機與行為改變；大規模的市場不再存在；配銷商掌握經濟權等五項因素。[29] 因此，危機的考量，不僅侷限於危機的本身，而是必須觀察整個大環境的交互影響關係。這個大環境包括：

1. 企業組織內的環境（Physical Environment）。
2. 社會環境（Social Environment）。
3. 政治環境（Political Environment）。
4. 立法與執法的環境（Legal Environment）。
5. 經濟環境（Economic Environment）。

---

[29] James F. Engel & Roger D. Blackwell 著，王志剛＆謝文雀編譯，《消費者行為》（台北：華泰書局），民國八十四年十一月初版，頁 14-15。

6. 決策者認知的環境（Cognitive Environment）。

其中值得重視的是，決策者認知的環境。因爲這會涉及到決策者本身的知識、訓練與其判斷能力。換句話說，即使有卓越的幕僚與解決問題的建言，最後仍然得依賴最終決策者的擔當與判斷。

第五節　偵測經營環境的危機訊號

危機並非由單一原因所造成，很可能是經由一連串複雜因素，動態結合而爆發的。所以必須對企業經營情境加以偵測。尤其針對危機計畫中所列的重要指標，可運用特有的監控技術及良好的溝通網絡，對危機加以追蹤。

企業外在的環境，又稱爲企業不可控制的變數（Uncontrollable Variables），但它卻是企業生存發展所必須的空間。所以企業主應該對環境進行訊號偵測（Singal Detection），這是危機管理過程中，極爲重要的一部分。企業危機管理成功與否，影響企業榮枯至關重要，因爲它是企業存亡絕續的大事，當危機來臨，如果未能偵測到危機訊號，又如何能妥善因應？甚至可能因此而造成公司倒閉。一旦倒閉，包括接線生、司機、工程師、採購員、生產操作員、守衛、各級經理都可能會失業。失業危機又可能會擴散到兒女的教育經費，甚至家庭婚姻暴力等問題，所以，危機管理是企業的生死大事，《孫子兵法》〈史記篇〉記載，凡關係到這種「死生之地，存亡之道」，企業絕對不可不察。但是要如何察覺呢？從哪些地方察覺呢？基本上，政府政策、法律規定、經濟狀況、產業發展的威脅、技術變化、顧客滿意度、市場需求度、消費者忠誠度的變化、投入產出、競爭者經營戰略、通路結構的變化，這些都是企業必須偵測之處。通常來說，危機發生之前的結構，都會發生變化，這些變化會自然形成趨勢，趨勢也自然會出現「星星之火」的徵兆。若能建構有效的訊號偵測機制，就能以最小的成本，達到最大的預防效益。然而有的警報訊號時間極短，危機就升高到爆發階段，並無過多時間進行充分的準備，所以企業必須時時保持警覺性，不斷掃描經營環境，以了解目前到底有沒有發生危機，如此方能爭取預警時間來準備。

企業在危機管理的第一階段，主要是偵測與蒐集危機資訊。這項任務要團隊合作，才能完成。完成資訊蒐集後，然後再以機率等科學的方法，預測危機可能發生的頻率和損失程度，找出未來可能影響企業營運的各項不利因素。[30] 最新的危機管理趨勢，是將企業危機視爲議題，並列入管理，其具體的做法是：列出企業各領域可能出現的危機；計算可能發生危機的概率和衝擊度；進行預防與監測。在洞悉企業危機擴散的走向與強度後，則能預測未來發展趨勢，以便在危機處理時，能預先有所防範，而使危機擴散的強度與力度，相對的減弱，或控制在某一範圍，進而消弭危機。

美國學者 Steven Fink 以危機衝擊度和危機概率等兩大變數，構成四個象限，來了解企業危機所可能造成的傷害，和可能發生的機率。最後對企業提出建議，應該集中注意力來處理第一象限的危機（如〔圖 3.2〕）。就企業衝擊忍受度的方面，企業考量的不該只有金錢，諸如生產效率的減少、員工士氣不振、辭職、工會示威陳情抗議、輿論指責、企業形象破損。另外公司的利潤、投資報酬率、股本報酬率、債信，都要列入承受度的內涵。承受度的層次可分爲五種：(1) 高度可承受，(2) 中度可承受；(3) 低度可承受；(4) 不可承受；(5) 絕對不可承受。就計算危機發生的概率，可區分爲：(1) 低度發生的可能；(2) 中度發生

30 瀧澤正雄，同第 1 章註 17，頁 53。

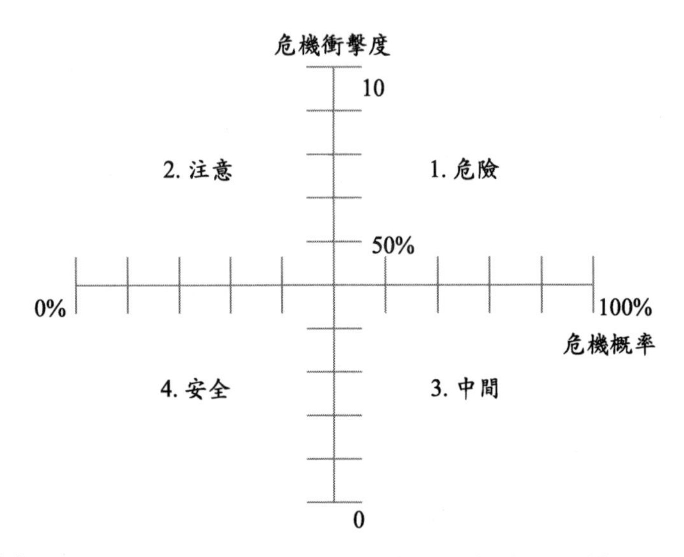

資料來源：Steven Fink, *Crisis Management:Planning for the Invisible* (New York: American Management Association), 1986 , p.45.

圖 3.2　危機嚴重程度量表

的可能；(3) 高度發生的可能。透過承受度與可能發生的機率，而區分爲不同層級的危機類別。當然不同國家企業所遭遇的危機類別，有其「一般性」與「特殊性」，「一般性」涉及國際經濟結構的變遷、其他國家產業競爭的壓力、科技快速發展的步伐及國際經營環境的挑戰。「特殊性」是因個別國家而有所差異，以我國產業爲例，由於常面臨來自中國戰略的刻意打壓，如經常大規模的軍事演訓，以擾亂我國進出口貿易及國際廠商投資的意願，在經濟戰略上也是以我國作爲競爭打擊的對象，因而使得我國產業發展的威脅，遠較其他各國來得嚴重。

第六節　驗證企業危機管理計畫

一家國內知名的高科技公司，平時擁有完整的危機應變及回復計畫，只不過從未演練。有一次該公司的企業資源規劃（ERP）系統死當，要重新上線，於是啓動回復系統。沒想到，資料錯誤百出，加上當初設計程式的員工都已離職，現場一片狼藉，公司經營陷入停擺。爲了解救這場危機，該公司高層立即拿出危機聯絡名冊，結果名冊已多年未更新，甚至有些人早已跳到對手公司任職，公司因而陷入一團混亂。所以驗證危機管理的計畫，使企業在發生危機之前，有完善的危機管理規劃，來指導各種可能發生狀況的處理，以增加臨戰經驗與抗壓能力，是非常有必要的。

從人類心理學的角度來說，當企業危機爆發後，決策中樞將處在重大壓力之下，難免會產生無法忍受的焦慮及憂鬱，嚴重的甚至可能情緒失控。經過有計劃的模擬演訓後，既可增強危機處理的信心與處理經驗，專案小組更能培養在各種混亂情況下，取一致的目標，從一致的行動，來增加團隊互信的默契。[31] 驗證企業危機處理計畫的方式有很多，例如：可以拿最近產業內，自己或其他企業曾經發生的危機作爲借鑑，或針對企業領域內可能出現的問題，或以往曾出現過的危機事件，藉以驗證企業原有計畫的可行性，並從中汲取教訓，這些都是可以降低企業危機的方式。

企業危機沙盤推演的驗證功能，其大者如：提高企業快速應變力；增加各部門間的合作默契；對全盤狀況的掌握與了解；可避免因過度分工，而對實際情形認知的割裂；計畫不足處可再檢討改進。如此則可免除精神上的緊張與疲勞，減少「初期對策判斷失誤」，增強危機處理瞬間的判斷力。再者，如果是惡意型的危機，在處理戰略採行上，會逐漸從企業轉爲對手邏輯思考出

---

[31] Simon A. Booth, *Crisis Management Strategy: Competition and Change in Modern Enterprises* (London: T.J.Press Ltd), 1993, p.41.

發，以扭轉本位主觀偏執的盲點。

在模擬訓練中，接受緊張考驗，未來在眞實危機中，就可以減低緊張焦躁的情緒，增加危機「專案小組」抵抗力，所以透過計畫的驗證，就可以發現企業最脆弱的環節，避免危機演變成災難。

危機處理需要從不斷演練中得到經驗，然而，爲何要持續不斷的演練？這主要是模擬次數愈多，經驗愈豐富，技巧愈純熟，考慮面向愈周延。過程中，也會增加處理小組更加了解彼此的專長，有助爾後合作的順利。另外，基於過去行之有效的危機管理戰略，也可能因結構性的變化，可能不再有效。例如：二〇一一年泰國淹水危機，對當地日本投資生產的汽車零組件，以及我國企業投資的硬碟廠，還有企業的交貨期延遲，都是新型的企業危機。企業處理計畫是否仍然有效？哪些是無效？就有必要深入以往危機處理的成功案例，掌握結構變化並輔以企業內外客觀環境的變化，建立與實際相符的經營假設狀況，並根據危機處理計畫來解決，找出謬誤之處加以改正。如此經過反覆的模擬演練，才能增進危機決策的品質。因此不是以演習的次數多，才算大功告成，而是必須根據變化的環境、掌握危機的本質，提出成本更低、更爲有效的處理戰略。

既然驗證危機計畫與模擬訓練有如此的重要性，那麼驗證計畫的狀況推演，究竟是根據什麼而寫成的？是單純根據學術理論，抑或根據企業實際狀況。沒有經歷過企業危機的負責人，是很難了解企業面臨存亡抉擇的難度，因此如何在敗中求勝，惟計畫是賴。而計畫的可行性，要透過不斷的驗證，才能持續改進。驗證過程中，最可慮的方式是，將驗證工作完全交給企業外所謂的「專家」，而企業卻完全不涉入。

這種方式，不但可能使企業失去主導權，更可能在危機爆發後，才知道危機計畫不合適。若此時才知道，就悔之晚矣！最主要的原因是，學者從學理與邏輯提出的假設前提，可能與事實狀況有所差距。但是企業可聘請心理學家及各種專業人員，根據企業所訂的計畫，爲專案小組設計出不同狀況的模擬訓練，以提高決策的正確性與成功機率。所以企業員工經過反覆模擬演練，才容易掌握瞬間的判斷能力，減少危機管理中，經常易犯的「初期對策的判斷失誤」。

第七節　制定企業的「危機管理手冊」

危機爆發後的企業前途，大部分決定在第一線處理危機者的手中，若能快速使這些第一線人員獲得援助，就有助於企業的「避危」與「化危」。尤其危機爆發時，身心處在極限的狀態下，理性思考早已失靈，這時只能靠平日制定的手冊，按部就班的執行。

企業危機各種狀況的模擬訓練與後續的研討，以及平時企業內部單位意見的交流，所激盪出多元化的危機思考及處理模式，這些皆是企業危機處理的重要資產與智慧經驗的結晶。企業可以根據這些累積的經驗與研討的總結，編成危機應變處理手冊，使「專案小組」及各級相關處理的人員，能減少猶疑拖延的時間。因爲企業危機發生時，可能千頭萬緒，無從判定孰輕孰重，而陷入傍徨之境，因此也就延誤搶救的有利時機。制定「危機管理手冊」，是在極困難情勢中的「判斷和行動」準則，如此才能執簡馭繁、井井有條，在千鈞一髮之間，判斷出優先處理的目標與緊急行動。以下列出美、日及我國對於「危機管理手冊」的重要精神：

1. 根據美國學者的研究經驗指出，企業危機手冊應包含下列重要部分：簡介；企業危機處理的程序；如何聯繫相關的人員；訊息的傳遞；企業可用的相關資源；大衆傳播媒體的應對；服務或產品生產的主要程序；有效的聯絡方式。[32]

2. 日本的危機處理經營研究所（位於日本大阪），爲了指導企業，而製作危機處理災害應變手冊範本。該應變手冊的重點有[33]：

(1) 保護企業與人身安全。
(2) 人身安全以公司高級幹部、員工及其家人和公司外相關人員爲對象。
(3) 製作與調整整體計畫和部門計畫。

在這三個大原則下，必須將下列七點納入考量：

①災害應變手冊必須公布，而且經常重新評估。
②與地方政府商定相互支援體制。

---

32 Michael Bland, *Communicating Out Of A Crisis* (London: Macmillan Press Ltd), p.48.

33 日刊工業新聞特別取材班編，《危機處理實戰對策》（台北：三思堂文化事業有限公司），二○○○年三月，頁14-15。

③事先決定總公司運作機能陷入癱瘓的替代場所。

④同業間的生產融通協定。

⑤讓員工都了解緊急聯絡網，並按時重估聯絡網。

⑥有關災害發生時，停工的程序與權限賦予。

⑦進行員工教育，加強員工自律、自發性防衛行動。

3. 我國台灣應用材料公司曾獲得經濟部「企業危機管理——以九二一地震危機處理」爲主題，所頒發的「品質優良案例獎」，該公司在一九九八年建置了「危機管理手冊」。該手冊定義公司可能遭遇的企業危機類型，各項危機處理流程、步驟及緊急聯絡人員。該公司的每個員工，皆可以在網上下載公司的「危機管理手冊」。公司內部風險管理部門，也會定期調整「危機管理手冊」的內容。

企業「危機管理手冊」除了可參考美、日及我國優良企業對於「危機管理手冊」的制定外，手冊內容有幾項原則必須遵守，這些原則是：目標簡單、責任明確、有效的標準作業程序，及危機發生時的優先作業順序表。最好能輔以例證及彩色相關圖片，切忌過多生硬的理論或專業術語，反而易使第一線員工望之怯步。「危機管理手冊」的制定與頒發，手冊中除針對各種情況提出處置的方式外，「手冊」中若能增加具體或虛擬的例證，以及絕對不可做的事，使第一線服務的員工更容易了解與操作。例如：美國聯合航空公司（United Airlines）在其手冊中，指出一旦發生墜機，機場人員必須立刻帶著一桶白漆，趕在攝影人員出現之前，衝到出事地點，把航空公司的名稱塗掉。[34]

第八節　企業危機教育

當產業趨勢走向「知識密集」的時代，公司最主要的戰略性資源是：員工及企業經理人擁有知識，並藉由產品技術及行銷創新，才能建立可長可久的市場競爭優勢。在全球化競爭時代，本地產業所要面對的，可能是全球一流的企業。所以企業必須發展一套組織學習的程序，才能應付動態變化的經營環境。

企業危機爆發時，臨危必亂是常態，臨危不亂才是企業眞正的需求。如何能夠達到臨危不亂的目標呢？「教育訓練」是重

[34] Steven Fink, *Crisis Management: Planning for the Invisible* (New York: American Management Association), 1986, p.65.

要的途徑。企業透過危機教育的訓練，可達成企業四項目標：一、提高快速反制危機的能力；二、培育企業無形戰力；三、強化危機意識；四、建構危機處理的共識。

一、提高快速反制危機的能力

企業危機教育可以幫助員工辨識危機、解決危機，避免危機。「九一一」恐怖攻擊事件前兩天，白宮（或）五角大廈已接獲恐怖分子，即將以飛機攻擊的情報。但是第一線人員認爲是無稽之談，就把電話掛掉，因而喪失了預防危機的第一寶貴時間。

通常工業重大危機，第一線人爲失誤（Human Error）佔了主要的部分。爲什麼有這麼多的人爲失誤？顯然企業對於危機處理的教育訓練，極爲缺乏。企業危機教育對於新進人員尤其重要，因爲了解危機管理的重要，並不能自動的使企業發揮預防危機的功能。唯有透過反覆的職前訓練，強化員工工作能力，才能有效提升反制危機的能力。職前危機教育的訓練，要使所有新進員工都知道初步的預防、危機處理各環節的配合，萬一出現狀況時的標準反應程序，並能將第一線情報，正確迅速的傳遞到危機處理中樞，如此方能提升企業總體的危機處理能力。

企業「財星集團」總裁史蒂芬・布朗（W. Steven Brown）認爲：「要等到員工能像本能反應一般，自如的運用知識，才算受過訓練。」這樣的觀念，在危機教育中更爲合適[35]。

二、培育企業無形戰力

企業要重視心理層面的精神戰力，以充分發揮人的主觀能動性，以突破恐懼的極限。股王宏達電就是以基督信仰，鼓舞公司同仁要依靠上帝，有上帝的愛與支持作後盾，何懼之有？所以企業危機教育不是單純「技術」層面的強化，而是更進一步包括在危機處理前的心理建設：在戰略上要培養員工承受危機的壓力、耐力、持久力，更重要的是提升企業處理危機的必勝必成信念，如此將有助於去除面對危機的膽怯，這股意志力就是支持員工及決策階層，對抗危機威脅的戰力。所謂「思想產生信仰，信仰產生力量」，就是這個道理。然而在實際處理的戰術上，要將公司危機管理的目標，以及企業可能出現的狀況與處理之道，反覆教育員工，在態度上則要戰戰兢兢、如臨深淵，沒有絲毫的粗

---

35 王凱竹譯，《經理人常犯的 13 個錯誤》（台北：遠流出版公司），一九九二年六月，頁 194。

心與大意。在信心的支持下，有如履薄冰的謹慎，將有助於處變不驚企業文化的建構。

三、強化危機意識

危機處理的障礙，就是在心態上過於自滿，所以企業應將「覆巢之下無完卵」的危機意識，透過企業危機教育，讓全體員工深切了解。因爲危機管理的成敗，除企業決策核心應付起的責任外，全體員工也是責無旁貸。否則企業垮了，上至董事長，下至生產線的操作員都要面對失業的壓力。

四、建構危機處理的共識

危機管理計畫實施的成敗，有賴於企業組織內部全體員工的合作。若共識的程度愈強，部門合作的意願就愈強。

凝聚組織成員的信念，建立危機處理的方法和態度，就可避免浪費時間在危機溝通上。尤其企業組織愈龐大，人數愈多，就愈有賴危機教育，來凝聚企業意志，使員工同心協力、全力以赴。因爲決策中樞的時間和精力有限，在危機爆發後，並無法對每一位同仁進行溝通與講解。如果以熱力學第二定律的原理而言，其所傳遞危機處理的方式，勢將愈來愈差，這就有賴危機之前的企業教育，以建立企業共識。

危機爆發後，若能根據企業危機教育，所傳授的標準作業程序，進行第一時間的危機處理，成功機率就大。例如：民國九十一年十一月六日中午，台中玉山銀行發生搶案，銀行員在槍枝的威脅下，仍能辨識槍枝眞僞，且能群策群力、迅速制服歹徒。這就表示第一線員工的危機處理能力，是企業趨吉避凶的樞紐，惟有經過危機教育的知識磨練，才能有效提升員工解決危機的行動勇氣。以下有兩項負面例證，可以作爲危機教育的參考：

例證一：二〇一〇年的鴻海集團的富士康跳樓危機，公司不知哪一種方式才是正確處理，這就是之前欠缺危機處理的共識。

例證二：日本雪印乳業株式會社的乳品危機，該案件造成一萬多名消費者集體中毒，大阪廠本身也因而關閉，企業股價下滑，消費者對該企業的產品失去信心。如此嚴重的危機，所造成的主要原因，就是應注意而未注意的人爲失誤（大阪廠未依衛生規定按時清洗），而使未出貨或退貨之過期乳製品，重新加工生產。如果危機爆發能夠適時適切的緊急處理，亦可將危機的殺傷力降到最低。然而第一線員工卻以爲只是一般顧客的抱怨，不僅沒有及時採取補救措施，也沒有迅速向上級反映，因而導致決策者無法掌握正確完整的訊息。所以對外的說法一改再改，反而激起輿情共憤，政府主管單位追查過失的責任，造成公司創立以來的最大危機。最後該公司竟然因人爲失誤，而使得具七十五年歷史的企業被併購。

綜合上述，吾人可以了解有完善的危機計畫，若組織成員不熟悉此計畫，那麼再好的危機計畫也是枉然。訓練的主要目的除了前述所言之外，就是讓決策者與企業成員熟悉適應危機壓力，進而降低危機所帶來的過度壓力與恐懼，而發揮有效管理功能，也是重要的目的。

第九節　危機處理的迷思

危機處理的迷思，指的是企業危機處理的主要權責單位。我國傑出公關獎的舉辦活動，將解決危機視爲企業公關的重要角色，事實上也有部分學界人士認爲，媒體可以決定危機何時結束，而公關人員對於危機處理具重要經驗與資源，因此它能在危機爆發後，提供一系列的服務，來幫助企業解決立即的危機。[36] 雖然解決企業危機是無可推諉的嚴肅議題，但並非代表這項重責大任，就完全交由公關人員來處理。

這些學者的基本假設前提是，企業危機除了來自於危機的本身外，另一部分的危機來源就是大衆媒體，因此將危機處理的責任交給公關部門。但是據實際研究，當危機爆發後，原設有公關部門的公司，復又認爲公關部門僅是針對媒體的對口單位，在實際專業上並不足以處理專業危機，尤其是技術密集或知識密集產業所爆發的危機。在這種矛盾心態與組織架構下，反而成爲企業在危機爆發後的致命傷。

根據一九九七年有研究者親自專訪英國十二家不同型態的公民營大企業，且具有危機處理經驗之公關部門的主管後，發現公關人員在危機處理過程中，最常遭遇的挫折來源，竟然不是外來的媒體或群衆的抗爭。而是來自企業組織內部，這些因素包括：高級主管不信任公關人員危機處理的專業；公關人員和組織其他部門間的衝突與摩擦；公關部門在整體組織的層級過低。

---

[36] Jane Simms, *Controlling A Crisis* (London: Marketing), Nov. 9, 2000, pp.45-46.

易言之，當危機發生後，公關人員疲於應付媒體和其他外部公眾的關鍵時刻，這些來自組織內部的挫折，讓公關人員必須承受內、外的雙重壓力與困難。倘若無法去除這些把公關人員向後拉的阻力，所有公關處理原則自然都會落空。爲什麼不信任自己企業的公關人員？爲什麼公關部門會和其他部門產生衝突？歸納研究成果，主要在於下列三項[37]：

一、高級主管不信任

高級主管不認爲公關人員是危機處理的專業人員，以致在危機處理過程中，常對公關人員掣肘。甚至在最後關頭，突然接手危機處理的公關工作。然而在各方壓力逼迫的情況下，所做的決定從專業角度來看，往往又是欠缺公關考量。

二、部門間的結構衝突

超過三分之一的受訪者，認爲部門間的結構衝突，最嚴重的

37 葉美惠，「公關人員在危機處理過程中，最常遭遇的挫折來源調查研究（上）」（台北：《公關雜誌》第三十八期），二〇〇〇年六月，頁 44-46。

是來自法務部門對危機處理方式的南轅北轍，例如：高級主管應該對記者說多少、說什麼、說到什麼程度，法務人員通常只關心公司日後所可能會牽涉到的法律訴訟問題，因此對高級主管的建議，皆傾向對媒體講得愈少愈好，甚至什麼都不說。然而絕大多數的公關人員，則是以比較宏觀長遠的角度來評估，而非侷限於企業組織的眼前利益，所以會不斷提醒高級主管，必須告知社會大眾事實的真相，或將社會大眾早晚會知道的訊息，儘快告訴媒體，表現企業誠實負責的態度。最後若企業主管仍採納法務主管的建議，自然會打擊公關人員的士氣。更有的法務人員，竟未告知公關人員，而逕行接受媒體採訪。

三、溝通系統的障礙

公關人員能否在短時間內，得到完整精確的訊息，是決定公關處理危機成敗的關鍵。公關部門如果平日就與其他部門有溝通上的問題，在此危機關鍵時刻，擁有消息的部門，可能故意不提供資訊。當然也有一種情形是，沒時間也沒有想到，要將消息提供給公關人員，甚至擔心公關人員，會把各部門所提供的消息告訴媒體，因此相關部門大都不願提供公關人員所需的資訊。然而值此關鍵時刻卻缺乏資訊，勢將使企業錯失危機處理的第一時間，而削弱企業回應危機的能力。

除非能夠掃除上述三項系統障礙，否則將危機處理的責任，完全交由公關部門實在不適當。尤其是高級主管的不信任，以及部門間的結構衝突並不容易解決。所以本書建議企業在危機處理分工的時候，公關部門僅是危機處理的重要部門，但絕非承擔總攬危機處理之責。

第四章

企業危機處理

二〇一三年日月光針對廢水的危機處理，速度太慢（十月發生的事，十二月十六日董事長才說明），欠缺誠意（譬如，恢復後勁溪的乾淨），未能提出有效解決具體方案，所以輿論批判居多。最後被判停工，是勢所必然。所以企業在危機處理時，速度、誠意、有效解決方案，必須同時注意！如此才能讓社會大眾、媒體輿論、政府部門，感受到企業對於危機，是認真的，有誠意的！

第一節　企業危機決策

危機處理是在危機爆發之後，企業被迫的緊急處理，此時是一種知識、能力和勇氣的考驗，企業危機的發生，常與缺乏危機意識與危機管理計畫有關，這種習而不察的漸進危機，待爆發之際，常予企業措手不及、資訊不足、壓力極大、破壞力極強、可反應的時間極短、危機處理的選項極有限等制約。儘管有如此多的不利條件，但是只要有正確的決策，力挽狂瀾不是沒有可能。根據企業危機處理史的經驗，危機的解決，可能是僥倖的抉擇，也可能是經由縝密思考，再透過科學化的評估，所做成的決定。前者是靠運氣，可遇而不可求；後者是透過經驗科學所達成的，這是穩健的作法，也是正確的企業危機決策。由於降低危機的戰略，因不同危機而異，因此如何善用企業資源，發揮解決危機的企劃力與行動力，來快速解決危機，這是本書重要的目的之一。

危機決策屬於「運籌帷幄、決勝千里」的學問，是決策科學中的重要一環。由於危機決策不是只有一次決策，而是多次決策，在決策與決策之間，有強烈的的因果關係，因此需要對所牽涉到的決策領域，全盤思考、謹慎思量，然後才能在企業存亡的重大關頭，做出正確的抉擇。[1] 所以這門學問的主要功能，在於幫助企業決策者，從事理性而有系統的分析，讓危機在發生時，能以最科學、最準確、最迅速的方式，達損失最小的目的。

決策（Decision-making）就狹義而言，是指各種可行替代方案（Alternatives）的選擇行爲，也就是指決定（Decision）；就廣義而言，乃是指針對問題，並就各種具不同優缺點的方案中，根據某種程序，選擇一種可行方案，加以評估和抉擇的過程。兩者之間的差異，在於廣義的決策，除了包括決定之外，還包括產生該決策的過程。解決危機必然涉及決策，因爲任何問題發生後，必定有各種不同的解決方案，而解決危機的人，必須自各種不同方案中，決定最佳方案。如果公司事前有危機意識，並設定各種危機狀況的解決戰略，那麼這種危機決策，就屬於正式化決策（Programmed Decision）。此乃運用標準作業程序，或其他規則、規定等方式作成的決策。當然，在分析危機的嚴重性、複雜性以及結果的危害時，近年來已發展成的決策支援系

[1] 鄧家駒，《風險管理》（台北：華泰文化事業公司），民國八十七年四月初版，頁 164。

統（Decision Support System），例如：作業研究、電腦模擬等計量分析、專家系統（Expert System）[2] 等，就可作爲輔助企業主，找出最佳的解決方案。

企業危機決策是處理危機的心臟，企業主多賴經驗與直覺判斷，來處理這類的狀況。然而以往的經驗，常會有誤判與錯誤的解釋。實質上，經驗只能提供資料（學習的素材），不能提供解決危機的知識，惟有了解資料背後的意涵，方能將它轉化爲解決危機的知識。

危機發生之後，爲什麼企業決策者，會如此依賴過往的經驗，來處理危機呢？就危機處理史而論，此際正是最需要危機解決的答案，卻又沒有立即可靠的解答給予決策者。這就是爲什麼決策者在危機情境中，易於依賴以往相關的經驗與直覺，來進行危機的推理判斷。[3] 無論過去的經驗是什麼，這些都會凝聚成危

---

2 所謂的「專家系統」是指將專家的知識和經驗建構於電腦上，且具有推論能力的電腦化系統，它以類似專家解決問題的方式，對於某一特定領域問題作判斷、解釋、認知、提供建議或答案，並能解釋推論結果。當此系統所能處理的問題，其複雜性、對專業知識的需求，以及其所執行的信度及效度達到標準，則可進一步協助危機決策。

3 Simon A. Booth, *Crisis management strategy: Competition and change in modern enterprises* (London: T.J.Press Ltd), 1993, p.41.

機的認知，主導整個危機的管理方式。例如：決策者把危機視為機會或一項威脅，無論是機會或威脅，都有其不同的涵義。如果把危機視為機會，就會使公司管理者增加能力，以思考不同選項、擴大危機處理的計畫。反之，如果把危機視為一項威脅，將會限制管理者對於資訊的思考。[4]

除過往經驗的影響外，公司負責人對危機認知，可能受到下列因素而有所扭曲，它包括：刻板印象；月暈效果；個人心理投射；過多的資訊，形成資訊超載；第一線人員在溝通時，輸入過多模糊字眼，而無法精確掌握實質的意義；輸入訊息差異化過大，導致事實的清晰性與可信度出現問題；企業決策者已有先入為主的觀念，而使得資訊輸入者，不願輸入違背接受者（通常是權力擁有者）認知的資訊，而這一部分被疏漏的情報，很可能攸關整體危機處理的成敗。[5] 危機期間資訊扭曲最為嚴重者，是時

4　John M. Penrose, *The Role of Perception in Crisis Planning*, Public Relations Review, Vol.26, No.2, Summer 2000, p.158.

5　「月暈效果」是指決策者在了解危機時，常根據部分資訊的概括印象，便驟下判斷或解釋危機的根源。
Alan H. Anderson & David Kleiner, *Effective Marketing Communications* (Oxford: Blackwell Publishers Ltd. 1995), p.8.

間壓力的效果，它會產生七項負面效果：[6] (1) 降低資訊蒐集與處理的能力；(2) 負面資訊的重要性增加；(3) 防禦性反應，因而產生忽略或否認某項危機處理的重要資訊；(4) 支持既定被抉擇的選項；(5) 不斷尋找資訊，直至時間耗盡；(6) 降低對重要資料的分析評估能力；(7) 錯誤的判斷與評估。

危機處理除了要避免資訊被扭曲之外，也不能忽略危機處理的速度，如此才能發揮挽狂瀾於既倒之效。回應的時間應以小時計算，而非以天或週來計算。《孫子兵法》有云：「兵聞拙速，未聞巧之久也。」決策中樞最忌議而不決，或討論些細瑣的事項，或遲遲不敢行動，這些都是危機爆發時的決策危險。[7] 因爲危機若正式爆發，危機就急速地開始向外擴散，但危機處理卻須召集相關部門或顧問專家開會研議，才能有效提出方案進行解決。所以危機處理與危機擴散之間，已經存在著一段時間的落差

---

6 Ola Svenson & A. John Maule, *Time Pressure and Srress in Human Judgement and Decision Making* (New York: Plenum Publishing Corporation), 1993, p.60.

7 《孫子兵法》有云：「用兵之害，猶豫最大，三軍之災，生於狐疑」。

（Time Lag）。[8] 所以危機發生後，在時間壓力下要解決危機，並沒有時間可以浪費在自怨自艾，或埋怨其他部門上面。因爲危機處理必須在一定時間內處理，才不會使危機擴大，而危及整體企業的生存。

就實際經驗來說，在危機壓力下，決策中樞被迫進行決策時，在多重任務與多重目標的考量下，常會出現猶豫不決（Teeter-Totter Syndrome），正反兩面優缺點不斷思考。然而此時已達燃眉之急，鑑於危機中的機會稍縱即逝，決策者切忌顧慮再三，因爲危機處理階段不比危機管理階段，尚有充裕的時間來解決。儘管決策有後遺症，但畢竟公司能生存才能夠有其他營運可言，否則連生存的機會都沒有，屆時可能連處理後遺症的機會都沒有了，只怕後續的情勢演變，會比之前更爲殘酷。所以一發現危機，就要立即作出正確的決定。否則即令經過反覆評估的決策，有時也會受到外在環境與各種變數的影響，而導致決策中途受挫、停滯，甚至被迫重新調整或制定新決策。所以在全局病源

8　《孫子兵法》〈作戰篇〉也提出：「其用戰也，貴勝，久則鈍兵挫銳，攻城則力屈，久暴師則國用不足。夫鈍兵挫銳，屈力殫貨，則諸侯乘其弊而起；雖有智者不能善其後……。」由以上的說明，可知危機處理的速度的重要性。

與病狀綜合考量後，就應當機立斷，完成決策。

尤其是網際網路時代的危機決策，與傳統危機決策最大不同點，在於危機處理的反應時間。所以危機決策最怕：企業根本就沒有設立危機處理的「專案小組」；會議太慢召開，而使危機不斷向其他領域擴散；部門互推責任，導致危機在各單位間打轉，最後危機升高，危害持續擴大。故此，危機決策會議，必須議而有決，決而速行。至於責任歸咎問題，非本階段的重心，但這並非表示找出危機的罪魁禍首不重要，而是在處理階段，解決危機才是眞正的當務之急。

危機決策不但有時間的壓力，更有其決策的困難度，來考驗決策者的智慧與解決危機的技術。所以成功的危機領導人，應遵守五項原則：充分授權；重視危機處理人才的培育；靈活應災；重視效率；勇於溝通。

美國危機處理大師 Kreit 指出，危機處理困難的原因，主要在於：[9]

---

[9] 同註 3。

一、企業內的利益團體掣肘

企業發生危機時，通常會傾全力將組織資源用於危機解決，這樣就會產生資源重分配的情形，如此極易引發既得利益者的反彈。

企業除考量應付外在危機，還要考量公司內部不同利益團體的利益，如此就可能扭曲危機處理的目標與執行戰略，而更加速企業的崩解。因爲能夠解決危機的選項，如果與公司內的利益團體之利益相牴觸，就只有被放棄的命運。

二、部分事務難以掌握

由於危機爆發後，資訊的不足，造成企業決策及執行階層，無法迅速處理。例如：二〇〇九～二〇一〇年鴻海在大陸富士康集團的跳樓危機，當時公司並不知道爲什麼跳樓，竟然以爲風水不好，找來五台山高僧到工廠做法會消災。結果愈跳愈多，愈跳愈嚴重！台塑六輕的連續大火，對於大火原因，高層卻說：「撒無（台語——就是找不到原因的意思）」

三、風險與不確定性

在危疑震撼的危機情境下，每個決策都包含潛在的不確定性，以及導致預期結果失敗的可能性。因此，管理者可能避開高危險的決策，即使這項決策屬於理性決策的範疇。

四、較難評估長期影響

通常對於短期或臨時的決策，必須以長期目標爲準。例如：決定企業目標後，才能訂立計畫，然後再根據這些計畫進行投資。但是危機爆發時，在時間急迫的狀況下，就很難完全遵此標準。換句話說，爲了短期目標的危機需要，就有可能違反長期的戰略目標。

五、跨領域合作的問題

在危機中，大部分決策需要跨領域的合作，因爲危機所牽涉到的層面，可能要有財務、生產、行銷、法律等方面的通力合作。由於危機所造成的廣範圍牽涉，自然會消耗較多的時間，這是危機決策的客觀限制。

六、價值判斷的問題

危機決策可能與以往企業內部所共有的價值，發生某種程度的衝突。如此將制約決策階層，對於處理危機策略的採行，結果可能不利於企業的生存與發展。

企業危機處理成功與否，往往和組織規模息息相關，這種現象對於中小企業（資本額 8,000 萬元以下的企業）的影響尤爲明顯。結構上，因爲中小企業人力、財力、物力等資源有限，故在處理危機時，有其先天上的困難。因此爆發危機之後，到底該如何決策？哪一種決策的效益最大？這一直是學界與企業主亟欲得知的答案。基本上危機決策有兩種，一種是個人決策，另一種是集體決策。這兩種危機決策，各有其優缺點與特質，現分述如下：

一、個人決策

樂觀型的企業決策者，與悲觀型的高階經理人，在對待同樣的危機時，處理的方式，就可能會有南轅北轍的不同決定。不過當企業面臨生死存亡的時候，最需要的，往往是強而有力的領導中心，這時候，極權領導反而可以發揮最大效果。公司高層領導人所做的決策，與設定的目標，通常與員工的個人利益相衝突，譬如：中階經理人被撤換、基層員工被解雇……，這些都是救亡圖存中，常見的手段，如果這時候還用參與式的領導方式，受到層層阻礙的機率很高。此外，在浴火重生的過程，也都需要企業領導人的威權與魄力。不過，在極權領導下，仍然盡量要在不同的階段，徵詢部屬的建議，以找出最佳的精實方案。

個人決策多屬權威性的決策，但並非代表沒有接納，下屬對危機處理的意見，也並非表示決策者不知道各種對立交鋒的解決方案，甚至也不是沒有經過企業智庫集體智慧獻策的階段，只是在聽取各種不同意見之後，最後的綜合與判斷，究竟要採取哪一案時，不是由集體決策而來，而是由企業最高領導者來決定。這樣的決策方式，能避開集體決策時，因解決危機的路線之爭，而引爆不必要的權力衝突。日本名企業管理學家土光敏夫說：「決策，是不能由多數人來做出的。多數人的意見只能聽聽，但做出判斷的只是一個人。」[10] 這一個人當然是決定企業何去何從的領導人，所以責任明確、決策迅速，且能發揮人的主觀能動性。當然個人決策也有其缺點，因為這一類的決策，往往受

---

[10] 安略，《決策22天規》（台中：好讀出版社），二〇〇一年八月，頁319。

領導者個人的性格、學識、能力、經驗、魄力等特質的制約，故有其侷限性。所謂初生之犢與久經沙場的決策者，其效果顯然不同。因爲從以往成功的經驗和失敗的教訓中，決策者會不斷加以總結，爲防止這類「智者千慮，必有一失」的盲點，建議個人決策型的企業，應有「智庫」或「研究小組」，來協助企業最高領導人。

二、集體決策

危機爆發後領導人最重要的任務，就是激發團隊的智慧。

集體決策是借衆見而謀灼見，充分發揮集體智慧的一種有力方式。雖然集體中最具智慧的個人，所做的決定，無論在速度或解決危機的能力上，優於團體決策。然而集體決策所提供的資訊較完整；可行方案較多；危機決策的接受度較高；合法性較強；責任承擔較小。故集體決策有其特殊的強點與優點，是個人決策所不能取代的。

儘管如此，集體決策也常出現一些嚴重病症，例如：消耗時間；少數人統治；責任不清。尤其是順從多數壓力，而形成集體思考時，對有不同意的人易產生心理的壓力，如將不同意解決危機方案的人，視同叛離團體，如此則更易有從衆行爲的發生。從衆行爲若是出現，危機解決的方案，不但可能不具創意，更可能不盡周詳，甚至模糊責任。[11] 集體決策之所以有結構上的致命缺點，其實與「集體思維症」大有關聯。在分析各種類似集體決策的災難後，發現造成這些災難的共同因素有：

1. 成員高度凝聚力。
2. 成員背景過於相似。
3. 決策情報資訊不足。
4. 高度壓力。
5. 服從強權領導的價值偏好。[12]

爲避免集體迷失所導致的潛在危險，有四種方式可以考慮：

---

[11] 美國心理學者 Irving L.Janis 曾以一九六一年美國侵略古巴的決策作為危機決策的心理變化，雖然當時決策成員認為甘迺迪總統（President John F.Kennedy）和其幕僚決定由豬玀灣（Bay of Pigs）登陸入侵古巴會失敗，但又深怕此異議不但不能撼動團體所決定的入侵計畫，更可能為自己帶來「麻煩」。該案不僅犧牲許多寶貴的性命，其後更為美國帶來國際間的挫敗與指責。請參閱 Irving L.Janis, *International Crisis Management in The Nuclear Age*, International Conflict and National Public Policy Issues (New Delhi: Sage Publications), 1985, pp.63-85.

[12] 同註 11，頁 286-287。

1. 鼓勵所有團體成員，對預定的問題解決計畫，提出質疑與批評。
2. 將團體分成次團體，以發展執行方案，然後讓各次團體面對面的探討彼此的優缺點。
3. 定期邀請外界的專家學者提供建言。
4. 適時提醒團體，目前內部已有「團體迷失」的現象。

爲尋求改善集體決策，學界努力的成果，有腦力激盪（Brainstorming）法、虛名團體技術（Nominal Group Technique）、德爾菲技術（Delphi Technique）、電子會議等。

一、腦力激盪法

規則是主席先將問題說明清楚，然後成員在特定時間內，提出各種方案。腦力激盪法有七項規則要遵守：

1. 團體大小大約五至七人。
2. 每個成員都有提出解決問題的機會。
3. 所有建議都被歡迎，故不要彼此批評。
4. 鼓勵不同方案的自由意志。
5. 提高數量與多樣性。
6. 激勵不同方案的結合。

7. 腦力激盪過程要有紀錄。[13]

二、虛名團體技術

較腦力激盪所發展出來的一系列可供選擇的方案，虛名團體反而較能立刻提出解決方案。虛名團體限制小組成員在決策過程中的討論。其進行的方式，小組成員都必須親自出席，但要求每位成員獨立作業。其步驟如下所列：

1. 每位小組成員能站在不同位置思索問題的解答，但不互相交談。
2. 每個人同時紙上作業，擬定可行方案。
3. 分送每位專案小組成員的方案，但彼此之間仍無交談。
4. 在反覆進行後，進行結構化的討論。
5. 小組成員開始討論。
6. 獨立給予評等，並以最高分作為最後解決方案的裁定，此種方法已被廣泛運用於工商業等領域。[14]

---

[13] A. J. Dubrin 著，錢玉芬編譯，《管理心理學》（台北：華泰書局），民國八十六年十月，頁 268-269。

[14] 同註 13，頁 269-270。

三、德爾菲技術

不要求小組成員面對面討論，其特色與進行的方式如下：

1. 界定問題之後，由主持人設計一系列問卷調查表，要求成員填答，以提供解決的方案。
2. 每一位成員不記名，且獨立完成第一式問卷調查表。
3. 主持單位回收第一式問卷調查表後，加以彙總統計，並整理成摘要報告，同時設計第二式問卷調查表。
4. 將第二式問卷調查表及前次摘要報告，分送給每一位成員。意見分歧就要加以討論，使不同意見者有充分的思考和應答，儘可能向中心靠攏而收斂。
5. 每一位成員在閱讀摘要報告後，要求填答第二式問卷調查表，以提供方案解決問題。結果成員通常都會引發新的想法或修正原先看法。
6. 步驟第 3 及第 4 將反覆進行，直到共識解決的方案出現。

此法雖然簡單，實施過程除要免除急躁之外，更要注意以下問題：

1. 不能將某種成見或管理小組的觀點，不知不覺地強加於應答者。

2. 對不同的狀況，要設計不同的徵詢意見。

3. 注意彙總與反饋的技巧。

相較之下，德爾菲法更為複雜與耗時，通常要經過三至四個回合才有結論。處於危機爆發時，時間緊迫，本法緩不濟急。

四、電子會議

此法乃是將虛名團體法，結合快速溝通的電腦科技。步驟乃是讓成員坐在有電腦終端機的桌子前，在報告完討論事項後，與會者將其意見輸入，最後總體結果與個人意見，則立即顯示在大型螢幕上，呈現給所有的人。這種允許充分表達意見，不怕和別人意見不同的匿名特性，確實符合解決危機的速度要求，所以此法將來可以作為企業危機的決策方式。

集體決策的效能，受其他團體大小的影響，集體愈大，其異質性愈大。此即意味較大團體需要較多時間的協調，以使其成員有所貢獻。所以集體決策的專案小組成員人數不能太多：最少五人，至多十五人，而最佳危機決策的規模為五或七人。因為五或七都是奇數，所以較不會產生僵局。這種規模的團體，可以允許成員角色的轉移，或離開原先立場，而同時又可使不喜公開發表的成員，有機會表達危機處理的意見或方案。

第二節　企業危機處理

企業危機處理要以顧及全局的方式，找出最小損害方案、解決危機、恢復企業商譽，並防止危機死灰復燃，再度爆發。在危機處理的過程中，必須謹慎小心，否則會失去消費者信任與既有市場。要達到這個目標，首重處理方向的正確性及速度性，如此才能解除危機可能的擴散。

國內最大的食品集團統一企業，三十多年來歷經許多大大小小的經營危機，但該公司在董事長高清愿的堅持下，認為不論用什麼方法，都要有三個重要的處理原則，就是要能夠：取信於社會、兼顧消費者權益，以及百分之百維護公司的商譽。[15] 危機處理是一項系統工程，忽視任何一項環節，都可能產生或大或小的失誤，甚至完全失敗。在面對危機複雜多變，以及決策者處於有限理性（bounded rationality）的情況下，企業應該如何解決危機，才能使後遺症降到最低？本書提出危機處理的九大步驟，以供學術界及企業參考：

15　「蠻牛下毒，保力達全面回收」（台北：《中國時報》），民國九十四年五月十九日。

一、專案小組全權處理

專案小組必須具備危機領導的應變能力，它包括權變領導能力、依正確資訊作合理判斷的能力、指揮協調的能力與整合資源的能力。另外，也必須具備危機溝通的能力、與社會大眾溝通的能力、對媒體的溝通能力及與內部同仁溝通的能力。

危機處理的指揮體系必須明確，才能上令下達、群策群力，朝一致方向來共同奮鬥，解決危機。反之，如果指揮體系不明，權責不清，則可能形成組織內衝突，彼此相互抵銷力量。至於專案小組如何編成，則請參閱前一章的危機管理（參見〔圖4.1〕）。

專案小組下達決心給各相關執行部門後，就可以分進合擊，朝既定處理目標處理。但最麻煩的是，如果未能在危機預防管理階段，就設定危機處理的專案小組，那麼企業在危機發生後，究竟由哪一個單位來處理？如果沒有單位全權負責，各單位很可能會相互推託，而造成本可避免的危機，卻持續升高。同時，一方面企業要處理日常事務，又要避免危機擴大，在這種雙重壓力下，難免臨陣大亂。此時企業要隔絕危機，就必須立刻挺身而出，組成專案小組全權處理，如此，其他日常事務才不會被妨礙，而衍生另外不必要的危機，使情勢更為複雜。

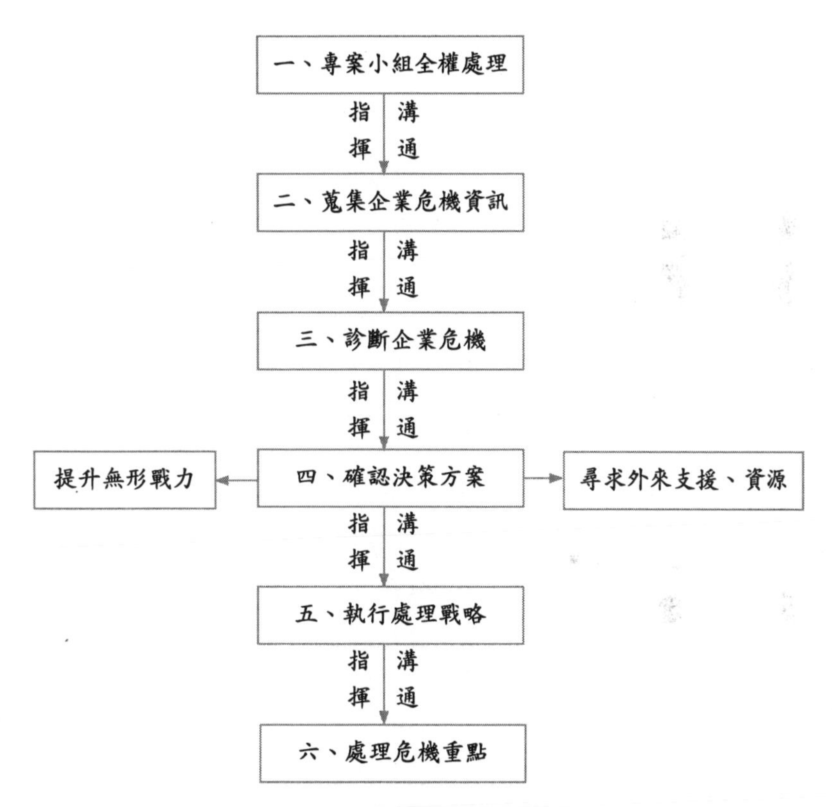
一、專案小組全權處理
指揮
溝通
二、蒐集企業危機資訊
指揮
溝通
三、診斷企業危機
指揮
溝通
提升無形戰力
四、確認決策方案
尋求外來支援、資源
指揮
溝通
五、執行處理戰略
指揮
溝通
六、處理危機重點

圖 4.1　危機處理流程表

二、蒐集企業危機資訊

環繞危機的模糊性愈高，不確定性也相對較高。由於沒有資訊就無法辨識企業危機的因子，也無法進行後續的危機診斷。所以資訊的蒐集，是危機處理成功的第一步。美國決策學專家戴辛（Paul Diesing）指出，決策者所能適用不同的資訊愈多，則考慮的方案就愈廣，忽略一項有效解決危機的機會就愈少；不同資訊統合性愈高，解決問題的妥當性就愈大。[16] 資訊對危機處理，有如此之重要性，那麼在緊急危機的情況下，如何蒐集情報資訊呢？

基本上，危機爆發後的資料蒐集模式，大致可分爲兩大系列，一是由決策者「**邊做邊學**」（Learning by Doing）中，累積經驗；另一種是有計畫的「**連續搜尋模式**」（Sequential

---

16 林水波，《政策分析評論》（台北：五南圖書公司），民國七十三年七月初版，頁 91。
Paul Diesing 與 Glenn H. Snyder 曾經以最大效用（Utility Maximization）、有限理性及官僚政治等三種理論，驗證五十個危機個案。請參閱 James E. Dougherty & Robert L. Pfaltzgraff, Jr, *Contending Theories of International Relations* (New York: Harper & Row, Publishers), 1981, p.481.

Searching Model）。就前者來說，蒐集資訊可能因環境迅速變化，而導致資訊有誤。[17] 尤其在危機爆發時，資訊不僅不足，狀況也是晦暗不明，而且危機可能會結合其他環境因素，形成危機擴散效應的結果，因而形成變幻難測的不同危機。至於「連續搜尋模式」，則是較爲可行的方法。其具體實踐的方式，可分爲兩種，第一，根據不同類型的危機，要求企業每位員工，都必須向直屬的上級報告，內容須涵蓋自己的業務，以及自己對危機所掌握到的相關情形。[18] 第二種做法是，分派不同層次級別的情報蒐集小組，以分工的方式，分別蒐集不同項目的情報。如果能在平時即建構「自動通報系統」，那麼不待要求，即行通報，就能爭取更多解決危機的時間。第三，立刻派遣相關主管，在第一時間內，前往「現場」了解，並將資訊同步輸入到「專案小組」或決策中樞。[19]

---

[17] Michael de Kare-Silver, *Strategy in Crisis* (New York University, New York), 1998, pp.40-41.

[18] 思科（Cisco）公司內部應付危機的「緊急樹」（Emergency Tree）立刻啓動，其規定每個單位的每個人都必須向直屬的上級報告，甚至自己及家人安全都包含在內。

[19] 2013 年某上市光電集團在墨西哥投資的子公司，將貨運到美國，打開貨櫃，裡面竟然是毒品，而且數量之大，竟破美國緝毒史上的記錄。

資訊蒐集非僅為危機的本體部分，亦包含可能解決危機的相關資訊。例如：多年前滿載三千多貨櫃木炭的長榮海運貨輪，在行駛印度洋時，突然遭遇不明原因的大火，長榮總部獲悉後，立刻向保險公司申請調度就難船支援，但所得到的資訊是，三天後才能到達。此時，該集團即刻透過斯里蘭卡的營業代表處查詢，結果得到的訊息是，該港口附近就有一艘正在執行任務的救難船，而且半小時就可以趕到。由於此及時資訊，才未使長榮釀成重大災害。

三、診斷企業危機

診斷要針對危機背後的原因、威脅的範圍、嚴重的程度，危機發展的方向、以及整體的結構與趨勢，有全局性的思考、有系統性的思考。

危機處理必須按照不同程度，給予不同的處理，但基本

該上市公司立即派人到美國解說，同時協調墨西哥警方，保護墨西哥廠的人，以免遭受報復。另外，台灣應用材料公司在「九二一」大地震發生三分鐘內，該公司緊急應變小組即到達公司所有可能發生災變的現場，並啓動後續救災復原工作。所以在地震發生四十三分鐘後，先完成技術研發中心初步災損評估報告，兩小時半，即向美國總公司回報災後評估報告，至於廠務設施的實體損害，在當天下午六時即復原。

上，在本章所處理的危機，幾乎都是到了危機最高點。換句話說，此時的危機處理是急診室的危機處理，與危機管理有很大的區別。因爲危機管理屬於預防階段，有充分的時間與人力，不像危機處理階段的龐大外在壓力，而且處理時間非常有限。在此階段如果不能辨認危機因子、程度及其癥結，就無法適時順利的解決危機，更可能浪費危機決策的寶貴時間。因爲不能發現危機因子及其癥結所在，就無法確認目標，並進而加以解決。

本書的期望是，既要能夠診斷危機程度，更要找出為何發生這樣的錯誤，以及其對企業所產生的傷害嚴重性，這才是「對症下藥」的危機處理。但是身處危機最前線的服務人員，與後方運籌帷幄之決策者，可能對危機嚴重性的認知、直接感受、能夠處理的選項不同，所以處理的方式可能有異。解決此決策問題，有兩種方式，主要的差異在於，表達意見是否具有匿名的效果。第一種是第一線人員直接透過網路，在線上即時提問，決策者可用文字或語音，在線上即時回答。若問題更爲複雜，牽涉的利益範圍與單位更廣，則可在線上針對特定問題進行投票，並即時觀看結果。這種方式具匿名效果，可避開企業內利益團體的糾葛。

另一種可行的方式是，指揮系統在危機爆發後，立刻採用電傳會議系統（透過衛星或透過網路），掌握第一線立刻傳回的資訊，使決策中樞能以此作爲根據，研判下一步應有的行動，並使現場危機處理的主管，能立即得到指示。世界化學大廠杜邦公司的危機處理步驟，第一步就是「危害辨識」，也就是讓員工了解所面對的危險物質，進而評估危機。

企業危機決策的中樞，在緊急診斷危機現況後，可集中力量，針對下列四種任務進行了解：

1. 辨識危機根源

危機爆發是環環相扣，就像骨牌遊戲，只要任何一個骨牌倒塌，其他骨牌就會應聲倒地。企業表面的病徵，大半皆是深層企業運作系統，錯誤的表象。根據美國管理學界的巨擘戴明（W. Edwards Deming）指出，只重視表面數字管理，很可能在公司前景出現疑問時，管理者更加重視財務數字，然而在不了解眞正問題所在的情形下，公司財務人員只能根據財務報表的最終合計，來壓低購料成本，卻忽略更重要、但卻未知的因素，如此公司利潤只會更近一步損失。[20] 所以過度輕信某單獨統計

---

[20] W. Edwards Deming 著，鍾漢清譯，《轉危為安》（台北：天下文化出版公司），民國八十六年，頁 134。

的數據，或事實所形成的意見，或對那些最現成可得的資訊，付出過多的注意，都可能忽略這些表象背後所隱藏的系統問題。爲避免病急亂投醫的孤注一擲處理法，辨識危機根源極爲重要，企業應該辨識危機，究竟是由何種「病源」所造成，以釐清部門與企業全盤任務的關係。進而在調派企業菁英支援時，能夠清楚知道應派哪一部門的人加入危機處理的「專案小組」。

2. 威脅的程度

危機程度的掌握，對於危機的組織部署、戰略的採行，是必然的要件。否則在不知危機程度的情況下，極易造成「盲人騎瞎馬，夜半臨深淵」的險狀。庖丁解牛之所以游刃自如，是因爲弄清楚了牛的結構。危機決策也是一樣，在決策之前，必須掌握危機威脅的程度。

3. 請求政府各相關部門協助

政府掌有權與錢等重要資源，又因企業倒閉會造成不同程度的社會問題，如果能夠取得政府的協助，將使企業沉重的危機負擔大爲減輕。我國一般企業在危機的關鍵時刻，常忽略政府功能，這一部分應該可以再積極努力。

4. 蒐集社會意見

危機決策小組必須每天對外蒐集大眾如何思考這個企業危機，然後逕送專案小組進行分析。如此企業在提出策略時，就不會與社會預期差距過大。對於攸關企業的生存與發展，特別是對於企業形象的維護，才會較有助益。[21]

四、提出並確認決策方案

保力達公司處理毒蠻牛事件（民國九十四年五月），決策方案最大的特色，在於能夠針對問題核心迅速回應，轉移議題，同時正確界定自己也是受害者。因此處理的過程，既受到政府主管機關的肯定，又能有效減緩消費者的疑慮，將銷售額損害降至最低。快速解決危機是處理整個危機事件的精神所在，但萬一無力解決的話，至少也不能使危機繼續擴大升級蔓延，而是要以全局性的考量，首在完成危機的包圍圈，壓縮包圍圈，不使企業危機擴散。

---

[21] Dieudonn'ee ten Berge, *The First 24 Hours: A Comprehensive Guide to Successful Crisis Communication* (Basil Blackwell Ltd), 1988, p.26.

企業危機處理的總指揮，應發揮團隊最高統合戰力，抓住危機中的任何機會，從可行的方案中，選擇較為合適的方案，這是本階段最重要的任務。若能根據危機管理期，所擬定各種解決危機的行動方案，從中擇一，宣布下達實施，此乃最理想的狀態。儘管方案雖然未必是毫無缺點，但它可能是實現決策目標方案中，成功機率最高的。但是萬一企業並沒有事前危機管理的防範措施，那要怎麼辦呢？這是一般資源不足的中小企業，較常出現的問題。如果眞遇到此狀況，企業主在無人身安全的顧慮下，應親率相關部門的負責人或幕僚人員，親赴第一線指揮坐鎮，當場討論如何處理後，立刻實踐行動方案。下達決定前的危機決策過程，應涵蓋：評估相關資訊、列舉各項抉擇方案、辯論、方案選定。方案選定的過程，以腦力激盪和樹型決策法（Tree Diagram）較佳，因為這種邏輯法是考慮到每一行動方案及其後果。在緊急情況下，前述的評估、抉擇、辯論、方案選定等過程，不應該放棄，但時間可以儘量縮短。

綜合來說，下達決心有四點須要注意：

1. 愼謀能斷

針對危機情境的混亂，資訊模糊缺乏，各種謠言與小道消息充斥，如果有生命的損失，情況則更為複雜。所以應抓住第一階段所收集的資訊，當機立斷，動員一切可拯救公司的資源，投入解決公司的危機。

2. 臨危不亂

企業爆發危機後，危機所造成的混亂，往往使決策者憂鬱、緊張、焦慮、失眠、胸悶、呼吸困難（自律神經失調），而導致決策者的身心障礙，無法冷靜思考，如此則易喪失處理危機的第一時間。

3. 目標明確

唐代大詩人杜甫的《出塞曲》中，說到：「挽弓當挽強，用箭當用長，射人先射馬，擒賊先擒王」，俗語亦說：「打蛇打七寸」，其中的「馬」、「王」、「七寸」，就是目標。

目標是決策的方向，沒有目標，決策就會失去方向，缺乏效益衡量的標準。清晰明確的處理目標，才能使處理人員有所依據。[22] 這對於爭取機會、化解危險都有助益。

[22] Philip Henslowe, *Public Relations: A Practical Guide To The Basics* (London: the Institute of Public Relations), 1999, p.76.

但是企業要如何把握決策的目標呢？其具體方法是：

(1) 確認企業眞正企圖所在。

(2) 分析妨礙目標達成的因素。

(3) 用排除法放棄枝節因素。

(4) 即時糾正企業錯誤的判斷。

4. 正確指導方針

指導方針若有誤，會更加深處理危機與危機擴散之間的時間落差。當危機處理的速度慢於危機擴散的速度，有可能危機尚未解決，又併發另一個新的危機。再加上資訊不足及時間壓力，更易使危機複雜難解。爲化解此危機，唯有針對危機根源，採行正確的指導方針與處理戰略，才能提高絕處逢生的機率。若能採危機預防措施，在危機尚未擴散到達的領域，先設立防火牆，如此更能增加危機處理的效益。

五、執行處理戰略

光有危機應變計畫，是不足以解決危機的，因爲危機應變計畫只是解決危機的工具，它還是要靠人來執行。

哈佛大學教授艾立森（Graham T. Allison）在研究美國當年的古巴飛彈危機時，曾下了這樣的斷語：「在達成美國政府目標的過程中，方案確定的功能只佔 10%，而其餘 90% 則賴有效的執行。」[23] Larry Bossidy 和 Ram Charan 兩位學者，也有同樣的看法，他們認爲許多企業主管犯了一錯誤，以爲「執行」是瑣碎的，而未加以注意。事實上，「執行」是影響成功最後的重要變項。如屏東崇愛診所及土城北城婦幼醫院因第一線護士的疏失（打錯針或拿錯藥），而造成醫院的大禍害。[24] 又如民國九十二

---

[23] 林水波，頁 165。請參閱 Graham T. Allison, *Essence of Decision: Explaining the Cuban Missile Crisis* (Boston: Little, Brown and Company), 1971, pp.102-132.

[24] Larry Bossidy & Ram Charan, *Execution: The Discipline of Getting Things Down*, Crown Business, 2002.
執行的細節到底要注意到什麼程度？舉一個例子，一九九二年美國老布希總統訪問日本前，幕僚在進行預演時，就已規劃總統行車路線每一段的附近，都有一家十分鐘內可抵達的大醫院，而且在這些醫院的裡面，都已準備好與老布希總統相同血型的血漿，每一家醫院的內、外科醫生，都已事先了解美國總統的健康史，做這些只是為了防範總統「萬一」遇刺時，各種細節的安排。請參閱汪欣寧，「風險：是危機？還是機會？」（台北：《財務人月刊》），二〇〇五年十二月，頁 32。

年在處理 SARS 危機時，台北市衛生局的兩台傳眞機故障，而使危機擴大。

危機處理的策略是，影響結果成敗最直接的因素。危機處理最忌且戰且走，見招拆招等「摸著石頭過河」的戰略，不過在這個階段已無充分的時間去測試戰略、戰術的正確與否。而且一般所謂「危機就是轉機」，並不會自動實現，端視採行何種處理戰略。Michael de Kare-Silver 認爲危機處理的策略正確與否，可能導致本可重整旗鼓的企業，卻因錯誤的危機處理戰略而一蹶不振，最後卻不得不走向破產敗亡的道路。[25] 鑑於企業危機的威脅性、複雜性、擴散性，因此企業危機的處理，須在顧及全局性（危機涉及多領域）的前提下，採絕對的主動攻勢精神，來達成企業的目標。當然，若能避免在急迫的情況下，因執行危機處理戰略的選擇，而發生決策衝突，所導致的組織危機，則更具智慧。

危機處理的方式，最重要的莫過於任務的分配，資源（人力、財力）的調度，以及處理目標的優先順序。此時最佳領導方式爲強勢的領導，因該種模式能夠針對危機，全權進行任務分配

25　同註17, Michael de Kare-Silver, pp.28-29.

與資源調度，不會受到掣肘而延誤先機。台積電董事長張忠謀也提出同樣的看法，他認爲危機領導等於強勢領導，這種方式能使部屬，即時完成上級所交付的任務。[26] 至於考量處理危機的方案時，有三個層次應特別注意：

1. 機會成本（Opportunity Cost）

既然危機已經爆發，處理是必然的，此時可能出現不同機會成本的處理方案。但是企業要付出多少的機會成本，才能平息危機。唯有經過客觀的分析後，才能找出最低成本、最大成功機率的方案。

2. 掌握社會的期望

企業危機處理戰略除了要解決危機，更要能掌握社會的期望所在，以建構企業永續經營的商譽。就社會大衆一般的心理而言，當企業發生危機，而影響到外在環境，甚至大衆的利益時，社會自然期望公司，能立即做某些具體可見的行動，來平息危機，例如：停止生產、關

26 強勢領導並不等於威權領導，威權領導是靠勢力、地位；強勢領導倚賴的是被領導者對決策中樞的信心（台積電董事長張忠謀於民國九十年十一月十日上午十點，台大管理學院地下一樓會議廳演講內容）。

廠、產品回收、宣布即刻調查（或邀請第三者等公正單位前來調查）……。[27]

3. 企業承受度

就處理危機的角度言，最能滿足社會期望的危機解決方案，並非就代表企業能完全承受。所以要保留一定程度的彈性空間，做爲企業脫困之用。

六、處理危機重點

企業危機處理的重點，要重視危機爆發的根源，究竟是什麼？然後抓住關鍵之處加以處理，處理的時候，也要注意環環相扣的細節與速度。

面對不同類型的危機，就有不同的執行重點。在千頭萬緒中，雖說要面面俱到，但總有關鍵之點，絕對不能疏漏，這就是處理重點的所在。例如：網路謠言危機與產品安全危機，所處理的著重點不同；公司行銷危機與財務危機又有區別。因此在面對

[27] Michael Bland, *Communicating Out Of A Crisis* (London: Macmillan Press Ltd), 1998, p.53.

危機時，有無處理的重點通則，可供企業決策指導之用？就實然面來說，企業常易倚賴過去危機處理的成功經驗，或失敗覆轍的教訓。但這些經驗是不是就足以支撐企業，渡過數位化時代的危機？萬一不行，怎麼辦？

故本書建議**危機處理的重點，應置於病源及外顯症狀，但在考量處理方式時，則應以全局綜合判斷**。爲什麼危機爆發時，危機處理的考量是全局性的思考，而非枝節，因爲枝節就會掛一漏萬，無法周全。處理重點應涵蓋病源與症狀等兩大層次，就病源來說，可能出現在內環境的財務、人員、產品……；外環境的災難事件、政府法律、競爭者或其他惡意型危機，但無論是哪一種，都必須針對病源、解決危機。而且病源必然會反映出某種程度的症狀，如果只針對病源處理，症狀固然會日漸改善，但也很可能進入潛伏期，成爲另一種危機，一旦結合其他類型的危機因子，勢必又可能成爲未來企業的隱患，故此，病源及外顯症狀都要同步處理，才能畢其功於一役。

不過大環境的危機，有時並不掌握在企業手裡，此時只有無奈的採取應變措施，針對症狀處理。

例證一：SARS 疫情重擊旅行業，目前已知票務旅行社帝國、華豐倒閉，多家具指標性的大型旅行社紛紛採取減工時、減薪措施，有些要求員工月休十六日或薪水減半，以因應劇變。[28]

大型旅行社應變	
旅行社	措　　施
康　福	主管減半薪，月休十二日 非主管六成薪，月休十六日
東　南	五月起，員工減工時、減薪。
鳳　凰	公開徵求員工留職停薪，下週若無好轉，發八成薪。
山　富	縮小經營規模，員工已離職 15%。
四　季	八成薪
金漢妮	半　薪

例證二：我國電子資訊大廠光寶集團在大陸 SARS 疫情擴大時，對於大陸廠區進行緊急應變。包括廠區全面消毒、限制員工外出、提供員工中藥湯劑提高免疫力、所有員工上線一律

28　周立芸，「旅行社苦撐，月休十六日，薪水減半」（台北：《聯合報》），民國九十二年四月四日，版 A8。
大型旅行社員工數，在一百多至六百人，人事管銷約六、七百萬至四千萬元。

戴口罩、取消非緊急會議，以及所有員工及訪客入工廠，一律要測量體溫。該公司也啓動全球運籌體系，調度全球十五個工廠待命支援生產，透過當地運籌倉庫就地運交客户，同時要求協力廠商提高庫存，以確保供應鏈不會中斷。[29]

七、尋求外來支援（含資源）

民國九十一年太平洋建設集團財務吃緊時，就積極尋找外援，當時就獲得國際票券公司董事長的協助。[30] 所以企業爆發危機之後，除啓動既有的策略聯盟外，更要從總體面考量，公司有哪些資源，可用來解決此次的危機。例如：企業對外的財務關係網絡、人際關係網絡，都是可用的資源，但最好還是在危機未爆發前，就能有系統的建立與鞏固這些資源。否則危機爆發後一團混亂，屆時再想建立或尋求外來支援，都是事倍功半，效果不大。但無論如何，千萬不要忘掉政府的角色，因爲政府擁有極大

29 李永正，「光寶集團不只防疫，是風險管理！」，《天下雜誌》（e天下），二〇〇三年六月，頁 12-15。

30 李娟萍，「搶救太平洋崇光六度化解跳票」（台北：《經濟日報》），民國九十一年十一月二日，版六。

的資源，而且可以對這些資源做權威性的分配。

八、指揮與溝通

老闆或總經理能否在第一時間，親赴第一線的現場，了解實情，進行相關的處理，常是成功處理危機的關鍵。從豐田汽車總裁處理汽車暴衝危機，郭台銘處理跳樓危機，王永在對於大火危機所進行的處理，就可以得到證明。

危機決策之後，爲保證每一位執行者，都知道解除危機的任務與內容，就有賴周密靈活的指揮與通信的機制。由於缺乏危機溝通而造成的錯誤，往往極爲嚴重。特別是企業危機爆發後，危機發展的路徑，可能隨著環境變化而有所不同。因此危機處理中樞，可能隨時都需要最新的資訊做判斷，所以指揮與通信，應著重在下情能上達，上令能下轉。有鑑於危機情勢詭譎多變，很可能臨時出現諸多的不測，而破壞企業的全盤計畫。所以指揮與通信，在整個危機處理過程中，扮演極爲重要的角色。若遭逢天然災難等危及企業的危機，指揮與通信可能極爲困難，故應事先加以建構並測試。爲防意外，企業應設立彈性原則，授第一線人員有臨機專斷之權。

至於各部門所獲得的資訊，除以最快速的方法，報告決策中樞並分發至所需的企業單位外，「專案小組」的負責人，應視危機的種類與需要，決定是否親臨危機「現場」，這對於「現場」的了解，可能比透過「二手傳播」更爲直接，也更能縮短溝通的時間與誤差。同時，爲圓滿達成任務，企業可能不是只動員某部門的員工，而是要調派各部門菁英前往支援，如法律顧問、公關部門、財務部門等。各部門彼此之間，如何協調與聯絡，決策中樞如何指揮與掌握，都是發揮企業總體戰力的決定因素。唯有建立指揮與通信的聯絡機制，方能迅速應變。設若處理時間過久，部分人員也可能因超過所能承受的負擔，而產生角色過度負荷（Role Overload）的現象，所以人員必須調整，預備隊（曾參與危機教育訓練）必須投入，這些都有賴指揮與通信，方能迅速達成。

爲便於指揮掌握及狀況推移，企業危機決策中樞所在也可能變動。此外，企業若遇到惡意型的危機，決策者基於安全考量，指揮中樞的位置，應有特殊的人身安全措施，以免遭遇不測，而使企業又陷入另一個決策困境。此際，可運用企業本身所選訓的保鏢，或運用保全公司所提供之安全人員。但若是運用保全公司之安全人員，在一定工作時間後，就必須替換，以避免企業或企業主的機密外洩。對於每日的行動路線，也應有多種安排，交通工具也要有安全防護設備。尤其目前台灣黑槍充斥，企業主尤需多加注意。

九、提升無形戰力

生產品牌手機 Ben Q 的明基電腦，在併購德國西門子手機部門，不到 1 年就虧損 300 多億台幣。當年年底人心惶惶之際，很多員工以送花、或寫卡片的方式，放到危機處理辦公室的門口，這種加油打氣的方式，就是提升無形戰力的一種方式。

危機有賴人的處理，人又受到情緒的制約，如何解除情緒的困擾，調動人的積極性，而有「雖千萬人吾往也」的無形戰力，實爲企業危機時刻最需要的戰力。

爲什麼危機發生後，無形戰力有如此的重要性，這可以分兩點說明：

1. 增加處理成功機率

在第一線處理危機的員工，往往吃力不討好。因爲一方面要應付許多突發狀況，而且任何地方稍有不慎，不但可能面對受害者不理性的反應，以及窮追不捨的媒體；另一方面還要忍受公司領導階層可能指責的心理壓力。

實際上，士氣高昂的企業處理團隊，相較於士氣低落的團隊，更能以最少的代價，完成公司所交付危機處理的使命。一般來說，在危機爆發後，公司主管常常不是鼓舞同仁、共赴危機。最常發生的是，直接痛責下屬。痛責的結果呢？能提高士氣者少，打擊士氣者多。其實危機大都不是單方面的個別發生，因爲每個細節都是環環相扣，最後竟然會導致整個企業陷入無法生存或發展的情況，顯然是整個系統發生問題，因此危機發生是整體共同的責任。若單單歸咎於某部門，當然心有不平，自然也無助於士氣的提升，而且部門間更加會互踢責任。尤其處在危機風暴期，情緒容易過度反應，再加上高層在選擇處理策略時，彼此也容易發生不同路線所帶來組織內部的路線鬥爭及權力鬥爭。因此身爲公司高層，絕不能在處理的關鍵期，落入情緒，開始責備並檢討責任的歸屬，而是應該把重點置於危機的解決。如果此時決策者無法控制情緒，必然會使得企業危機更形複雜難解。

2. 抗拒危機壓力

危機爆發階段的危機處理，是企業危急存亡之際，一種挽狂瀾於既倒的求生方式。究竟有多大的成功勝算，誰也不敢保證，因此心理的壓力極大。所以在危機發生後，決策者最普遍出現的情形是，危機的心理與情緒效果。生理效果包括心跳加快、呼吸加速、發抖、肌肉繃緊、冒汗、暈眩、消化系統出現問題。[31] 常出現的情緒效果，可能有：混亂、無助、情緒失控、無法對情境完全的掌握。[32] 爲什麼會有這些情形出現呢？這主要在於危機

31 Cheryl Travers, *Handling the Stress* (London: Macmillan Press Ltd), 1998, p.152. 危機爆發後，透過科學的處理，可大幅度提高成功的機率，但不表示百分之百能成功解決危機。中國人所謂「盡人事、聽天命」，其實危機處理就是盡人事，至於聽「天」命，根據聖經所云：「呼求主名，就必得救」，「祂厚待一切求告祂的人」。在我人生多次重大危機中，上帝都即時解決我的危機，國父孫中山先生巴黎蒙難，根據《國父全集》所述，他靠的就是禱告。911 恐怖攻擊事件，美國總統布希宣佈 9 月 14 日為全國禱告日，果然美國平安渡過連續恐怖攻擊的危機。

32 Ibid, p.153. 威盛董事長及總經理在報上得知判刑 4 年後，在記者會連續哽咽；立委邱毅遭「非常光碟」惡意攻訐後，在接受採訪時也痛哭，最後進入醫院治療；太設集團爆發「水餃」風波後，總裁章民強說該事件讓他難以入眠，身體狀況不堪負荷。李麗滿，「三點聲明揭開太設風波」，（台北：《工商時報》），民國九十二年十二月二十四日，版十四。

的壓力情境。然而目前對於危機心理面向的研究著作，並不多見，專攻壓力心理學的 Cheryl Travers 博士，提出危機爆發後所產生的壓力，來自於決策者對於危機情境的認知。Cheryl Travers 博士提出對於危機情境反應的心理曲線，這條曲線的變化是：先由心理震撼及憤怒；拒絕危機已發生的事實；心理癱瘓；醫療高原（Healing Plateau）；嘗試與實驗；接受；成功；自信與成就感。[33] 當然如果處理失敗，可能的結果，就不是自信與成就感，而是喪失鬥志、挫折與屈辱。其關鍵就在於，從心理癱瘓到嘗試危機處理的轉換，這就是心理醫療高原（Healing Plateau）的焦點所在。

決策者是企業的中樞神經系統，但未經訓練的決策者，常被危機震撼與恐懼所攪擾，而落入徬徨或被擊垮的情緒漩渦危機。憂鬱症輕者失眠、焦慮，中度會有悲傷、情緒低落、有自殺意念，高度會有幻覺，如聽幻覺、視幻覺。如此不但無助於危機的後續處理，更可能使這種氣氛擴散到整個公司，最後使企業同仁開始思考個人自己的退路，而不會同心協力來共度企業危

---

33 同註 32, p.150.

機。所以企業領導者自己要先勇敢跳脫出悲情的角色，以各種方式來鼓舞同仁，並激發其強烈的責任感與旺盛的企圖心，此乃危機處理眞正需要的精神戰力，同時也是企業危機爆發時的重要決勝因素。

主將需充滿信心，才能鼓舞士氣，帶領所屬團隊突破困境。那麼決策者要如何跳脫心理與情緒的制約效果，而突破「醫療高原」的階段呢？最需要的就是**鼓舞士氣的機制**。因此危機風暴期，決策者不但自己不能掉入悲情的漩渦，而且要給公司同仁克服危機的必勝信心。那麼緊接著的問題就是，企業主在給別人克服危機的信心以前，自己的信心又是從何而來？這就有賴鼓舞士氣的機制。有信仰者可以從上帝而來（如以 IC 設計聞名的威盛電子及永光化學公司）；那麼無信仰者，則可以從親朋或諍友處獲得。以撼動股市「四大天王」的國揚實業公司負責人侯熙峰的危機爲例，由於其曾因護盤太深，而導致國揚爆發財務危機。在民國八十七年十一月，面臨國揚股票交割在即，但錢仍無著落時，企業主曾一度想自盡，但經好朋友再三支持鼓勵與支持，才決定勇敢面對危機。[34] 這些鼓勵與支持，就是提振士氣的

---

[34] 蔡惠芳，「兩年償債 130 億，國揚瘦身超迷人」（台北：《工商時報》），民國九十年三月十二日，版十七。

方式。

「夫用兵之道，攻心爲上，攻城爲下；心戰爲上，兵戰爲下。」有鑑於危機爆發是士氣最脆弱的時刻，也是企業處理危機能否成功的關鍵時刻，因此要如何才能「攻心」以提振士氣、爭取員工的向心與團結，以作爲抗拒危機壓力的利器？這需要企業領導人根據不同的危機，因時地而制宜，運用不同的行動來鼓舞企業同仁。例如：激語勵志、動之以情、誘之以利、懼之以害……。一般來說，最常使用的方式，有以下三種：

一、以身作則

企業主與「專案小組」若能夠扮演帶頭示範作用，將對安定企業軍心大有幫助，軍心安定，危機擴散到其他領域的機率就會降低。

二、破釜沉舟

企業與員工的關係，就如「碗與鍋」一樣的相互依存。鍋沒了，想要盛再多的飯都不可能。所以將企業危機與員工的生涯發展，緊密地扣在一起，以激勵員工背水一戰的士氣。這可以用鴻禧企業危機處理過程中的經驗來說明。由於該公司投資台鳳股票

（已於民國八十九年八月五日下市）錯誤，遭銀行抽走銀根，以及景氣及股市一路下挫，最後不但中信銀也聲請假扣押大溪別館、高爾夫球場，還將該企業所借的 25 億元列入逾放，因而造成企業形象嚴重受損。董事長張秀政在危機處理的專訪中，就不斷強調讓該企業在逆境中仍能生存並突破危機之道的，就是內部的團結與向心力。[35] 雖然最近該公司又出現部分財務的波折，但並非代表員工的士氣與支持並不重要。

三、化悲痛為力量

悲痛可以使人無視危機的壓力，若能善用，則能激發企業同仁，解決危機的精神戰力。這個案例以美國「九一一」攻擊事件時，總部坐落在紐約世貿大樓內的華爾街知名公債交易商康多爾公司（Cantor Fitzgerald），最具典範效果。因該公司一千多位的員工，有超過六百人在短短幾十分鐘之內，即埋身瓦礫堆中。該公司在董事長及倖存員工的共同努力下，於九月十三日就恢復網路交易。其背後支持的最大力量，就是倖存員工對逝去員工的悲

35　葛珮玉，「鴻禧列逾放，緣由從頭說」（台北：《聯合報》），民國九十年十月二日，版十一。

傷，以及爲提供罹難者家屬最大的幫助，乃不眠不休地快速恢復交易系統，這就是一個「化悲痛爲力量」，而讓企業東山再起的例證。[36]

第三節　企業危機後的檢討與復原

若能在危機災難未來臨之前，先找出危機因子加以解決，此乃最佳危機管理的模式。然而若不幸發生危機，在處理完畢後，也應該加以檢討，所謂：「前事不忘，後事之師」，唯有記取危機教訓，避免重蹈歷史覆轍，這才是企業危機管理的眞諦。反之，若沒有從危機中汲取經驗，形成管理共識，企業危機很可能捲土而來。盛香珍食品公司噎死人不是第一次；土城婦幼醫院醫療疏失也不只一次（一年後又發生疏失）。

一九八四年轟動國際的印度波帕爾市（Bhopal）工廠毒氣外洩事件，就是一個具體的案例。印度波帕爾市工廠的姊妹廠，也

36　李鐏龍，「以罹難同仁為動力，快速恢復運轉」（台北：《工商時報》），民國九十年十月七日，版十。

就是聯合碳化公司設在維吉尼亞洲（West Virginia）的因斯帝特廠（Institute Plant），從一九八〇至一九八四年曾發生 107 次的毒氣外洩事件。此嚴重事件儘管受到美國環境保護署的指控，但該公司仍沒有記取教訓，以及建立有效的預防及處理措施。因而最後導致一九八四年十二月三日，發生異痙酸鉀酯毒氣（Methyl Isocyanate）外洩事件，造成當地兩千多人死亡，若包括瞎眼等重殘者，則將近 20 萬人。危機發生後，未經任何的計畫或兵棋推演，公司董事長兼總經理安得生（Warren A.Anderson）立刻飛往印度，結果直接被印度政府逮捕，不但不能處理危機，連自己和公司都陷入另一個更複雜的危機。[37] 所以每一個危機的結束，就是對下一個危機預做準備的開始。如果聯合碳化公司能夠如此檢討，也就不會發生印度大慘案。

《孫子兵法》〈謀攻篇〉開宗明義即強調：「上兵伐謀，其次伐交，其次伐兵，其下攻城」，這就說明預防危機的勝兵先勝之道是，透過「謀」，也就是透過教育及模擬訓練，或其他企業覆轍的經驗來得到，而不是用企業自己血淚的經驗來取得。當然

---

[37] Steven Fink, *Crisis Management: Planning for the Invisible* (New York: American Management Association), 1986, pp.11-12; pp.169-170.

不幸既已發生，這樣用血淚所換來的經驗，如果還不珍惜，並細心體會推敲危機發生及處理的原委，就會像前述聯合碳化公司一樣，危機一再出現，公司一再損失，乃致覆亡。故此，本書建議**在危機處理結束後，公司的危機專案小組，應透過檢討以及評估危機的整體計畫，最後並總結這些檢討與修正的經驗，將其融入新危機管理計畫。**

如果企業不能從危機中學習，並檢討改正，危機還是有可能再臨。鴻海集團的富士康公司，員工連續跳樓事件，台塑集團在麥寮的大火危機，一而再的出現，這些都是沒有從危機中，學到寶貴的經驗的個案。

當危機已得到基本控制，不再明顯產生威脅與損害時，危機處理的重點，就應移到危機後的恢復。此外，爲避免危機再度發生，在具體實踐上，專案小組應該撰寫一份完整報告，呈至決策核心及專案小組，以吸取其中的經驗。此報告的重點在於下列六方面：

一、企業危機從誕生到處理的整個過程，企業內部最好要不斷記錄，其主要目的不僅在於責任的歸屬，更是爲了注意危機的後續發展，以提防危機再度爆發。在危機的檢討報告中，對於下列幾項，應有完整的說明：

1. 背景資料：危機發生的人、事、時、地、物。
2. 危機發生的經過：
   (1) 危機類型。
   (2) 危機發生的順序。
   (3) 危機所造成的傷害程度。
3. 危機原因分析：
   (1) 直接原因。
   (2) 間接原因。
   (3) 根本原因。
4. 改善建議。

二、危機恢復的目標：恢復到未發生危機前的狀態，或借助此次危機事件，希望企業有新層次的發展。

三、企業應該在危機發生過後，全面檢討處理的成功與失敗之處。評估的重點，可置於三大方面：

1. 評估專案小組的表現，有功則應公開表揚獎勵，以建立楷模，提振公司士氣。有過則應深入檢討，以避免再犯類似錯誤。

2. 經驗傳授：成功經驗固然能使企業重新出發，但失敗之處，亦有其參考的價值。尤其是應該給予時間，讓危機專案小組以及其他相關人員，表達在危機情境下，如何處理危機的壓力，從而也樹立公司榜樣，以供未來後續者參考。
3. 從預防危機管理的疏失檢討、行政決策經過是否嚴謹，進行全面性的深入探討，因為這些處理過程，都可以作為爾後處理危機的最佳教案。

四、通盤檢視危機管理計畫，並同步充實或改進企業危機管理的手冊，以避免類似前車之鑑再度發生，或作為日後處理類似危機的指南。當然計畫及手冊修訂後，相關必要資源的配置，亦應有所調整。[38] 例如：一九七七年，英特爾在馬來西亞的檳城蓋一座測試晶圓廠，結果因為沒有裝設消防灑水系統，一場大火把晶圓廠燒得精光。這件事發生後，英特爾也從此精確地拷貝現有的晶圓廠建置，與營運的各樣細節，這

---

38 同註4, John M. Penrose, p.158.
「九一一」事件後，美國喪失了數千條的人命，以及上百億美元的代價後，美國在通盤檢討缺失，即決定成立超部會的國土安全部，隨時監控威脅美國安全的任何細微訊息。

一點讓他們在最短的時間內，能夠在任何地方都能迅速重建一座晶圓廠。

五、規劃短、中、長期對外的溝通方案，全面加快挽回因危機事件而受損的企業形象。如台北 SOGO 百貨及和平醫院，受到 SARS 疫情感染後，就極力透過不同的方式，來扭轉劣勢的形象。

六、在危機結束後，應儘速結合企業內外資源，以挽回企業及品牌在市場的接受度。

第五章

企業危機溝通

第一節　危機溝通的重要性

企業遭逢危機時，其長期所建立的形象，可能會瞬間崩解。所以危機可能是轉機的開始，但也可能是崩潰的開始，而危機溝通正是這個樞紐點。

危機溝通指的是以溝通爲手段，解決危機爲目的，所進行一連串「化危」與「避危」的過程。危機溝通可以降低企業危機的衝擊，而且透過危機溝通，就有可能化危機爲轉機。反之，如果沒有適度的對外、對內的溝通，小危機就可能變成大危機，大危機就有可能導致企業的一蹶不振。在企業遭逢重大轉折之際，危機溝通扮演一定程度的關鍵作用。

危機溝通屬於一門以科學爲體、藝術爲用的「伐謀」學問，它可增加取得危機內涵中的「機會」成分，降低危機中的「危險」成分。有鑑於受到危機衝擊時，不僅具客觀的威脅，同時也涉及人的主觀情緒，因此危機處理不僅要針對危機來源加以處理，同時對於如何緩和，危機涉入者的情緒、企業利益關係人的心理變化，都要納入總體考量，如此危機處理才能更有勝算。爲達此目的，任何一項危機處理，都要表現出公司掌握全局的能力，以及對未來已有的具體規劃，方能鎭定人心，減少事件的負面影響。一九八二年嬌生公司處理的泰力諾膠囊事件（The Tylenol Poisonings），成功之處就是能夠恢復消費者的信心；英特爾對於晶片瑕疵的危機處理失敗，亦在於未能安撫消費者不安的情緒。

儘管企業危機溝通具有如此之功能，但有部分企業遇到危機時，一種直接反應是置之不理，或是心存僥倖的心理，希望不要被傳播媒體知道。危機溝通眞正目的是，協助困境中的企業東山再起，而不是幫助違法的企業，逃脫應付的企業責任與法律責任。[1]

1 本書的真意是，如果企業因傷害消費者、社會生態等無辜的第三者而涉及刑責，自然應該根據法律來判決。

企業是人所構成的，人爲解決危機，必須同心協力，才能日起有功。然而人要如何團結，共滅危機呢？**惟溝通是賴**。總結研究企業危機處理的經驗顯示，「危機處理的第一要務是溝通，第二要務是溝通，第三要務還是溝通。」因爲沒有溝通，就無法在危機爆發前，了解危機、掌握危機、消弭危機；也無法在危機爆發後，動員內部、解除危機；更無法在危機處理後，徹底解決危機所遺留的後遺症。既然溝通有如此之重要性，且會滲透到每一個危機處理的領域，並隨著不同的危機，而出現不同的危機溝通對象。那麼就應該對這些涉入的各造（包含任何與企業利害相關者皆屬之），有更深層次的研究。

企業溝通的對象，大致涵蓋四大方面：被危機所影響的群眾和組織；影響公司營運的單位；被捲入在危機裡的群眾或組織；必須被告知的群眾和組織。[2] 根據這樣的理則，Alan H.Anderson 及 David Kleiner 等兩位英國著名的管理大師，具體提出企業危機的關係人，包含 [3]：工會、雇員、股東、消費者、

---

[2] Michael Bland, *Communicating Out Of A Crisis* (London: Macmillan Press, 1998) , p.31.

[3] Alan H.Anderson & David Kleiner, *Effective Marketing Communications* (Oxford: Blackwell Publishers Ltd. 1995), p.42.

企業所在的社區、政府、供給者、交易商（Dealer）、競爭者。企業如果無法與多造之間進行溝通，必然會產生企業不同類型的危機。例如：有些財務健全的公司，曾遭到虧損或不實謠言的困擾，結果造成企業股市市值的縮水。又如，以往很多產品的品牌，都曾盛極一時，如今卻有許多已從市場消失，究其原因乃是，無法和新一代的消費者溝通。當偏好公司某種口味或服務型態的消費者，逐漸凋零後，公司危機自然就會爆發。[4]

企業的危機溝通，不僅對外更要對內，尤其當外部發生危機，在內外緊密的互動的情況下，必然會影響到企業的員工與家屬。如何有理有節、穩妥的處理，而不會使危機情勢，動搖到員工的意志，則爲企業危機溝通必要重視的課題。一個好的領導者，利用這個危機的壓力，來凝聚組織的共識，強化組織戰力，如此的確有可能讓危機變成轉機的起始點。以鴻禧企業爲例，該企業因投資台鳳股票（已於民國八十九年八月五日下市）錯誤，遭銀行抽銀根，同時大溪別館、高爾夫球場也遭到

---

[4] 可口可樂在全球化過程中，雖然也曾經歷過印度撤資的失敗，但整體而言，可口可樂可以行銷一百多年，主要就是因為這項產品能與不同時代的消費者進行溝通。

假扣押，企業形象受到嚴重的衝擊。該企業能夠東山再起的契機，根據董事長張秀政的專訪顯示，就在於企業內部的向心與團結。[5]另外也有兩個例子，可以作爲旁證：

例證一：東隆五金

台灣第一家遭掏空後，重整成功的東隆五金，根據該公司董事長陳伯昌對重整成功的緣由說明時表示，關鍵乃在於公司百分之八十五的股權，皆集中在法人手中，而這些股東及債權人，對重整公司的董事，充分信任。同時授權專業經理人整頓公司，復又得到員工、研發人員及范氏兄弟（原有的公司所有人）等高度的配合，才促成東隆五金的東山再起。企業重整成功背後的關鍵，是諸多因素所共同完成，但危機溝通獲得員工及股東的支持，則爲順利重整的必要條件。[6]

5　葛珮玉，「鴻禧列逾放，緣由從頭說」，（台北：《聯合報》），民國九十年十月二日，版十一。

6　丁萬鳴，「三年整頓東隆五金成功」（台北：《聯合報》），民國九十一年一月十八日，版二十四。

例證二：屈臣氏

前立委林瑞圖指控屈臣氏，自行毀損逾期或滯銷商品，而向保險公司詐領保險金，造成公司商譽受損。該公司立即在三月十九日發出致全體同仁的信函，進行對內的危機溝通。溝通內容主要分爲七點，來表明公司立場。畢竟唯有澄清事實的眞相，才能讓員工能夠更勇敢地面對外界的譴責，及消費者質疑的眼光。這五點澄清是：

一、公司從未向保險公司詐領保險金。

二、從未向政府申請急難救助。

三、公司確實有自受地震影響之分店，移走包含受損和自貨架上掉落之貨品，以及因停電而耗損之貨品，如此作法係爲確保所有銷售予消費者之商品安全無虞。

四、要求所有員工不擅自對公司外之第三者透漏公司訊息，所有一切來自媒體的詢問，請一律請其洽詢總經理辦公室。……

五、同仁對上述事件如有疑問，請聯絡總公司×××，分機×××。

另外兩點就是鼓舞同仁受挫的士氣，第六點是「我們很遺憾那場可怕的災變，又因媒體報導而讓我們再度憶起，我要在此再一次感謝同仁們在災變發生後，在極短的時間內，迅速幫助公司恢復營運」及第七點「我們以同仁的表現爲傲，也不希望有任何一位同仁，因最近媒體的報導而感到挫折，這件事不會影響到我們的工作及生活。」

危機影響到員工及家屬生活程度愈高，就愈易產生員工不安的情緒，兩者是呈正相關的關係。當危機威脅到企業的生存與永續發展時，企業內部就會人心惶惶，員工情緒及公司的整體氣氛，也必然影響到企業的生產力。例如：一家擁有一萬名員工的公司，假設這些員工覺得自己工作不保，於是他們每天用三十分鐘在閒蕩、猜測、相互閒話企業及自己的未來。如此，公司每天的生產力損失就達五千小時，每週損失兩萬五千小時，每月損失十萬小時。爲什麼會造成企業龐大生產力的浪費，最關鍵的因素就在於，他們對企業及自身的前途充滿惶惑和不安。

危機溝通雖不是危機處理的充要條件，但從上述的例證當中，可以發現企業若是善加運用危機溝通，就可以凝聚企業向心，提振員工精神士氣，使其成爲解決企業危機的動能。但實際上能夠掌握並克服危機溝通的種種障礙，最後達成這個目標者卻不多見。儘管如此，企業絕不能因困難重重就懷憂喪志，反而更應該研究如何運用這股化危機爲轉機的機制，使其成爲企業反敗爲勝的工具。

第二節　危機溝通的準備

企業在面臨危機時，媒體在企業及利益關係人間的溝通傳遞，扮演著舉足輕重的角色。根據「莫非定律」（Murphy's Law）指出，只要有危機發生的機率，危機終究可能發生。既然危機有可能發生，那麼就應該準備危機溝通的相關事宜，以免危機發生後，企業措手不及，而影響生存發展。

在危機爆發前，企業可透過危機溝通，來避開危機、化解危機；危機爆發時，可藉危機溝通，來降低危機的衝擊、緩和危機對企業的破壞、修補企業破損的形象。同時並可藉此團結內部、凝聚共識，從混亂的情境中建立秩序。在危機過後，更可以快速地調整步伐、重新出發。由此顯見危機溝通的龐大工程，並非僅是對外召開記者會，或在各大媒體澄清，或運用一些公關手腕而已。那麼要如何才能協助企業化險爲夷、轉危爲安？國際著名的學者對危機溝通，提出實際應準備的事項，可作爲實質的參考。

一、喬馬可尼

根據國際著名危機行銷的作者喬馬可尼（Joe Marconi）的研

究，企業對於危機溝通，應有九方面的預備[7]：

1. 挑選一位發言人。
2. 不要透支信用，要誠實有信。
3. 率先公開承認問題，並坦誠以對。
4. 告知已經採取的危機處理措施。
5. 預期最壞的情況，並事先做好計畫。
6. 透過新聞稿及廣告來宣傳企業的立場，並且開放發言人時間，供媒體發問。
7. 有聲望的發言人固然好，但也不能讓發言人的光芒，蓋過所要傳達的訊息。
8. 居安思危——隨時增加經營公司信譽。
9. 接受專業人士的建議（如網路專家、心理專家）。

二、莫非

華盛頓大學商學院教授莫非（Herta A. Murphy）提出五項有效溝通的準備：

---

[7] 喬馬可尼（Joe Marconi），《危機行銷》（台北：商周出版社），一九九九年七月，頁 62-63。

1. 確認溝通的目的。
2. 分析溝通的對象。
3. 根據傳輸訊息類別、情境、文化，選擇溝通的主要精神。
4. 蒐集資料來支持溝通的主要精神。
5. 組織所要溝通的訊息。[8]

三、拉賓格

波士頓大學教授拉賓格（Otto Lerbinger）在《危機管理》一書，提出十項危機溝通的重要步驟：

1. 察明並面對危機事實。
2. 危機管理小組應保持積極與警覺。
3. 成立危機新聞中心。
4. 找出事實眞相。
5. 對外口徑一致。
6. 儘快召開記者會，並以公開、坦承的態度，準確地告訴

[8] Herta A. Murphy, Herbert W. Hildebranton & Jane P.Thomas, *Effective Business Communication* (Singapore: McGraw-Hill Book Co.), 1997, pp.140-141.

媒體事實。

7. 直接溝通：與政府官員、員工、消費者、利益關係人以及其他相關人士直接進行溝通。
8. 採取適當補救措施，使傷害降到最低。
9. 忠實記錄危機日誌，作爲評估危機處理的表現、團隊學習以及職務交接時使用。
10. 形象彌補。[9]

前述這三位學者，對危機溝通的側重面有所不同，但都指出有效溝通是需要充分準備，企業才不會束手待斃。Michael de Kare-Silver 更進一步提出企業要能夠將危機轉變成爲轉機，不是只有僵化的處理步驟與程序，而是要在處理過程中，透過適當的溝通，讓社會大衆對於公司處理達到「感動」的層次，才能將犯錯的企業形象，扭轉爲勇敢負責的企業。[10] 由於溝通必然受到特定的時空、文化、個人經驗及所發生的事件所制約，因此如何處理，才能達到「感動」的地步，勢須將溝通的學問，融入危

---

[9] Otto Lerbinger, *The Crisis Manager: Facing Risk and Responsibility* (New Jersey: Lawrence Erlbaum Associates), 1997, pp.31-49.

[10] Michael de Kare-Silver, *Strategy in Crisis* (New York University, New York), 1998, pp.185-186.

機的時空背景當中，並進行各種相關計畫與模擬演練，否則難竟其功。另外，當危機發生時，人云亦云的謠言，容易很快地被傳播，因此如何正本清源、有效駁斥，也是危機溝通重要的課題。

既然危機溝通既複雜又具重要性，企業就應對危機溝通有所準備。爲避免大意失荊州，在危機處理的專案小組下，就應設有專門負責溝通的小組。危機溝通小組的主要成員，可由專案小組領導人、發言人、資訊來源的過濾者、安排記者會相關事宜者、秘書等組成。其他部分參與人員，可因危機事件不同，而涵蓋不同成員，包括法律、公共關係、壓力諮商、受害者的安慰員等。[11] 這些小組成員的任務，主要在危機爆發前，負責擬定危機溝通計畫（Crisis Communication Plan, CCP），達「多算勝」及「勝兵先勝」的企業目標，以及在危機爆發後，進行處理。

危機溝通計畫是整體危機管理計畫（Crisis Management Plan, CMP）的一部分，計畫旨在針對可能發生的諸種危機，進行「化危」與「避危」的應變準備（參見〔圖 5.1〕）。如果將

---

11 Michael Bland, *Communicating Out Of A Crisis* (London: Macmillan Press), 1998, pp.36-37.

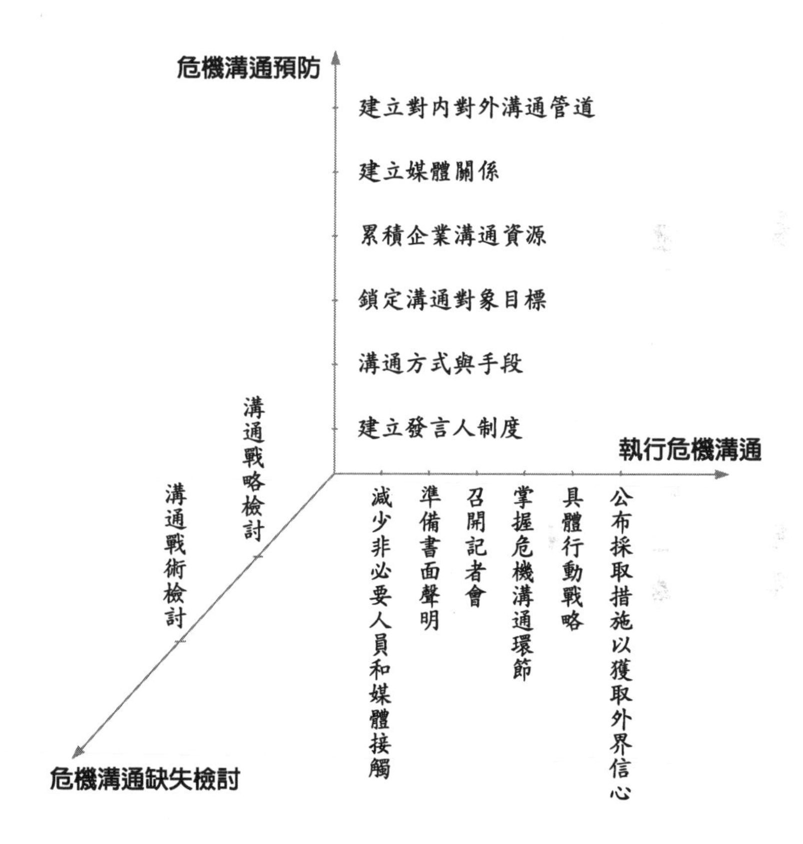

圖 5.1　危機溝通計畫（CMP）結構概覽

危機溝通與整體危機管理計畫斷裂開來，甚至對立，以為危機溝通才是最重要的，這是絕對錯誤的看法。此外，公司的危機溝通計畫，受到公司哲學、公司文化、價值觀、態度、假設、規範等影響。但無論如何一定要切記，計畫的本身必須簡單扼要、易讀易懂，否則即使再精深博大的計畫，於危機的重大外在壓力與恐慌下，企業決策者也很難有時間去了解或思考，而且可能會浪費許多寶貴的時間在非關鍵的事務上，而失去危機溝通的先機。Kathleen Fearn—Banks 認為這份計畫應包括：

一、鎖定溝通的對象目標

危機爆發後的情緒到沸騰的地步，如何降低危機關係人的情緒，首要之務就在於弄清楚，溝通的對象到底是誰，進而充分掌握溝通對象的資訊，包含彼此之間的立場、想法、實力、條件、優勢、劣勢、可用資源，以及過去對方接收到的訊息後的解碼（Decoding）歷史。若能如此，則更容易去揣摩對方的心理，將傳送訊息轉變成易於達成目的的編碼（Encoding），以降低彼此的敵意與不信任感。

如果連對象都無法掌握，溝通的內容，自然如無矢之的，難以發揮其應有的功能。因為危機不同，所需溝通的方式與對象，自然不同，例如：罷工危機的溝通對象與方式，必然與企業財務危機的溝通不同。因此企業完善的危機溝通計畫，必須有不同類型的危機溝通計畫，而不是以一種危機溝通計畫，來應付各種不同性質的危機，如此才能達到眞正的有效溝通。[12]

二、建立內外溝通管道

溝通分爲兩部分，一部分是將當地新聞媒體及廣播電台等平面與網路媒體記者的緊急聯絡電話，予以建檔並隨時更新。另一部分是設立專線電話供媒體查詢（24 hour 免付費），當然也需要針對一般民眾，設立專線查詢電話。

在企業遭逢外環境的急遽變化，如金融風暴、或市場對本公司產品的相關謠言，若能及時透過對外的溝通管道，則有助於化解或降低企業危機的殺傷性。對外，最主要的就是顧客，沒有顧客企業就無法生存。廣義的顧客指的是，與企業利害相關者，包括：顧客、員工、業主、股東、社會大眾。狹義的顧客（消費者）指的是，接受企業所提供的產品或服務。但此時也不能忘記

12 Kathleen Fearn-Banks, *Crisis Communication: A Casebook Approach*, Lawrence Erlbaum Associates, Publishers, New Jersey, 1996, pp.23-33.

對內溝通的重要性，因爲內外其實是一體的兩面，唯有能及時動員生產、研發、行銷、財務、人事，以及上下游企業利益關係人，整合並掌握各項資訊，才能有效對外進行溝通。

三、累積企業溝通資源

企業重視「能見度」、「可信度」的同時，更要積極建構公益的形象，以使企業在客戶、社會大衆，以及掌有價值權威性分配的政府眼中，具正面的定位。若未來情勢有變，企業需要對外駁斥謠言或澄清事實，也較容易獲得外在的信任與奧援。例如：統一超商曾經在每月第一週的週五下午，推動「社區清潔日」，發動員工在商店或辦公室商圈打掃；統一企業每年都會提撥一部分預算，作爲公益活動之用；IBM 過去十年都有舉辦爲兒童罕見疾病患者的慈善音樂會；有的企業對「九二一」地震災區的學校，伸出援手，這些都是累積企業溝通資源的例子。

四、建立媒體關係

新聞媒體是企業處理危機時，與社會大衆溝通最重要的利器，危機究竟是否能轉變爲生存的契機，或企業最後致命的一擊，皆與媒體脫離不了關係，因此有必要對媒體有更深一層的了解。

每位記者每天都要負責一定的版面，在「跟著新聞走」的原則下，負責經濟版的新聞記者，必然關心企業危機的訊息。然而在不能「獨漏」及截稿的雙重壓力下，常易增加媒體「不實」報導的機率，媒體「不實」的報導，又會引起企業要求更正。但是沒有媒體希望被更正，故此，企業與媒體間的互動，會更加緊張、惡化。

另外，在追求利潤的特質下，收視率、發行、廣告，已成爲生存的重要條件，於是編輯在下標題時，爲求銷售率的突破，常有聳動的字句出現。企業的小危機，常被強勢的電視新聞媒體，渲染成大危機。因此在企業出現危機時，對外常有否認的心態。實質上，報導一經發布，傳播效果就已出現。儘管內容可能有誤，但已經扭曲閱聽人的認知，所形成錯誤的社會輿論，對企業又將造成另一方面的危機。因此新聞媒體和接受採訪的企業之間，基本上，就存有敵對關係。尤其在危機爆發時，這種矛盾與不信任更加嚴重。此時雙方都面臨不同類型的緊張壓力，對記者而言，必須趕在截稿之前，將危機事件的來龍去脈，形諸於文字。對企業而言，希望大事化小、小事化無，能躲就躲的心理壓力下，雙方存在客觀的衝突。這種現象不是只存在於我國，像鄰近的日本企業，也有這種「家醜不外揚」的企業文化。危機爆發時，整體決策階層在時間壓力下，幾乎都是處於緊張狀態，這種緊張程度愈高，就愈不容易傾聽對方所要傳達的訊息；無法傾聽，就難以了解其眞正的意圖。溝通意圖無法理解，誤判的程度就可能升高。

爲建立和諧的媒體關係、化解先天缺乏信任的關係，就應在危機沒有發生之前，和媒體建立良好關係。其具體做法：如與媒體定期見面溝通；安排新聞媒體等從業人員，聽取公司簡報，訪問公司主管，參觀工廠等活動；主動關心並掌握主要負責該領域的媒體記者，在精神上，等於將這幾大媒體的相關新聞從業人員，納入企業的本身，予以照顧。

五、溝通方式與手段

新科技如 LINE、Facebook 等群組性的溝通工具，應該試圖納入危機溝通的建制體系。

溝通方式基本上有三大類：在書面領域可包括信、便條、報告、手冊、表格、非正式交談；在口語方面可分爲非正式交談、工作有關的意見交換、團體討論、正式演講；非口語方面有互動、肢體語言、面部表情、情境要素、辦公室設計、建築物設計等。無論是用哪一種方式，成功溝通的基本必備條件，是要有同理心，站在對方的角度思考；符合情境的正確信息；肯定的表達（讓外界感覺有信心，若無信心又何來信任）；能夠聆聽對方。在危機時，通常是透過記者會的召開，進行雙向的互動過程。一個企業若發生危機，以經濟版和社會版爲中心的記者，甚至各種週刊、雜誌、電視或自由撰稿人等，必會蜂擁而來競相採訪。此時企業可以在有準備的前提下（研判可能無法迴避記者會的召開），主動召開記者會。

六、召開記者會

在危機爆發後受到社會輿論的強大壓力，及媒體緊迫盯人的採訪攻勢，企業有必要召開記者會澄清。一般來說，記者會溝通的過程，包括八項要素：訊息來源；譯碼；訊息；溝通媒體；解碼；訊息接受者；反應回饋；干擾。其中有三項是危機溝通的核心要素：一是譯碼（Encoding）：這是將企業對外溝通的理念，轉換成符號的樞紐，若能善用溝通語言，則可有效扭轉人心；二是解碼（Decoding）：視聽衆對企業所傳遞之符號與資訊刺激，以其固有的解碼機制，對這些符號與資訊賦予意義。三是干擾：在危機溝通過程，任何可能影響閱聽衆正確解碼，以致與原信息來源有所出入者，皆謂之干擾。就應然面而言，新聞媒體的主要責任是，追求事實眞相，以及訊息來源的可信度。然而爲求銷售率的突破，新聞媒體卻常常以，煽情的報導方式，來引起讀者的注意。爲免去不必要的誤會，企業在溝通過程中，尤其是高科技廠商在面對媒體時，更應該注意：在說明專有名詞時，應回到人性基本面（人的內心深處是感性的），宜採大衆化、平民化的手法，使媒體易於了解；避免中英文夾雜，以致記者無法全盤了解；準備素材亦不要過於艱澀，以免媒體無法理解，最後只能憑想像報導；儘可能用舉例的方式說明，以增進記者的了解；以可信度較高的事實與績效，來爭取消費者及社會大衆的信任。

七、掌握危機溝通的環節[13]

溝通成敗與否，在較明顯處，大都不會疏忽或遺漏。容易疏忽處，大都出現在一些溝通的細節，雖說是細節，卻攸關著整體溝通的成敗。這些通報系統的環節包含：

1. 誰負責通知相關員工？是否掌握這些員工最新的緊急聯絡電話？
2. 誰是通知人的代理人？

---

13 Steven Fink, *Crisis Management: Planning for the Invisible* (New York: American Management Association), 1986, p.60.

3. 誰負責通知新聞媒體？
4. 誰是通知新聞媒體人的代理人？
5. 要通知哪些地方或中央主管部門？由誰通知？[14]
6. 各類相關的資訊，由誰過濾？要向誰報告？
7. 記者或一般大眾打電話來時，電話總機要如何回答記者和一般大眾的問題？
8. 公司有設立關謠專線的電話嗎？
9. 接聽顧客抱怨專線或闢謠專線的人員，是否能通雙語（以我國為例，國語、台語，甚至客家語都是需要的）？
10. 電子郵件在大型組織中，可以被用來當作快速溝通的工具，但是否已掌握相關人員的電子郵件信箱？收音機及電視具有共通性，但誰來錄製？報紙可以一讀再讀，但是誰來撰稿？公司內誰具有快速寫作的能力？這些溝通的環節，可由公關部門協助草擬完成後，交由決策核心來管理。[15]

---

[14] 我國資本額在 3,000 萬元以下的主管單位，是各縣市政府負責；3,000 萬元以上至 2 億元，則由經濟部負責；2 億元以上公開發行之上市、上櫃公司，由證期會負責。

[15] Kathleen Fearn-Banks, *Crisis Communication: A Casebook Approach*, Lawrence Erlbaum Associates, Publishers, New Jersey, 1996, pp.23-33.

八、具體實際的行動

最實際的行動有兩方面，一是集中資訊發布，二是成立 24 小時對外溝通小組。

危機溝通計畫僅是建立有效危機溝通的必要條件，而非充要條件。唯有在平時就整合公共關係、媒體宣傳、行銷等企業的訊息，以創造有利的外部輿論（消弭不利輿論），才能發揮溝通計畫的優勢。至於在危機發生後，則需要以具體的行動，才能落實危機溝通的計畫。在實踐時，應格外注意三方面：

1. 以誠實態度提供重要且正確的訊息。
2. 對不實謠言儘速駁斥。
3. 避免過早或不必要的公開。

此處有七項準則，應該加以注意：

準則一：率先提出危機的相關說明。

準則二：對危機爆發的嚴重性表達關切。

準則三：保證在政府及社會相關具公信力團體的指導與監督下解決危機。

準則四：負責任、除危機。

準則五：對社會說明公司將如何處理危機。

準則六：就危機發生的大環境架構，提出公司對危機管理的準備，以及以往對社會的貢獻。
準則七：如果錯誤就勇於認錯。[16]

溝通常被誤認僅有口頭的「言」，其實溝通的成功，在於落實到具體實際行動的層面。僅有語言的溝通，若無行動的配合，可信度就難以提高。可信度不高，其他單位配合的程度，自然會隨著降低。以我國長億集團爲例，民國八十九年十一月中旬，該集團因短期周轉資金缺乏，緊急尋求銀行團紓困，包括在銀行貸款本金展延，貸款利息降低、部分掛帳。然而該集團一方面要求展延貸款、利息調降，另一方面卻大肆投資長欣電廠及機場捷運 BOT 案。因此債權銀行團就認爲既然有錢可以投資，卻要求銀行降息給予紓困，顯然長億有錢不還款，缺乏誠意。[17] 有鑑於該集團對外的語言溝通，與行動溝通有落差，所以無法達到該集團的預定目的。

---

[16] Joe Marconi, *Crisis Marketing: When Bad Things Happens to Good Companies* (Chicago: NTC Books), 1997, pp.154-157.

[17] 柏松齡，「債權銀行不紓困，長億：沒的事」，（台北：《自由時報》），民國八十九年十一月十八日，版二十一。

第三節　組織溝通的危機

溝通有三種不同的重要面向：從心理觀點的角度而言，溝通是雙向或更多造之間，經由訊息傳送交換的過程；從社會建構主義的角度而言，溝通是一個團體了解世界的過程；從務實的層面觀察溝通，它是一種互賴行爲的形式。[18] 相對於一般較無時間壓力的溝通而言，危機溝通的特殊性，就在於負有解決危機的重任。此種溝通強調高速度、多面向、多層級的溝通。要達到危機溝通一定程度的品質，需視企業平時溝通機制的建構而定。所以近來研究危機管理的趨勢，已從溝通戰略的理論層面，升至更深層的溝通機制（含角色、功能），並企圖透過此溝通機制，來預測企業危機處理是否能夠成功。[19]

企業組織爲發揮其服務社會的功能，溝通確是不可或缺的橋樑。因爲溝通能帶來幫助了解的「資訊流」，以供正確的

---

[18] John Naylor, *Management* (London: Financial Times Pitman), 1999, pp.596-597.

[19] John M. Penrose, *The Role of Perception in Crisis Planning*, Public Relations Review, Vol.26, No.2, Summer 2000, p.161.

判斷。溝通的資訊流，包括「內向流」與「外向流」兩種。前者的功能是，自外部環境流向企業的訊息，譬如：市場需求、顧客、競爭對手情況、原材料供給狀況、能源供應、消費者收入、市場景氣等等。後者則是企業提供給外界環境，諸如：消費者、競爭廠商、行銷通路、供應商、銀行、債權人、政府機構、社會大衆等單位提供訊息。企業就是由這兩種「流」，交叉而形成的溝通系統，在這種系統溝通下，乃企圖達到四項目的：(1) 功能的：企業為完成某任務，所進行的溝通。(2) 操作的：說服對方做企業想做的事。(3) 教育的：對方準備能夠面對未來實際的需求。(4) 社會的：期望維持非工作性的人際關係。當企業內或外出現溝通障礙時，就可能阻礙這四項目的的達成，結果也必然影響企業的發展。

組織溝通有正式管道和非正式管道，在正式管道方面，有自上而下的溝通，自下而上的溝通，以及平行溝通等三方面。這三方面只要出現任何的溝通障礙，就可能產生企業組織危機。這類的危機，必然影響企業競爭力。有效的溝通，必須從單向溝通的信息循環模式，轉換為雙向溝通互動，這也是一般從中小企業轉型為大企業，最常見的組織溝通危機。但只要在制度面變革，增加由下往上的溝通管道，並測試之，就可以減少這種問題的發生。

然而眞正麻煩的是系統溝通障礙，基本上這類的障礙，可區分爲三大類：

一、任務系統障礙

大企業在高度分工及部門化的機械式組織內，可能一項任務同時被分割給不同的工作部門，而使部門間無法宏觀整體任務的精神，造成同一層級的部門，無法協同處理。當各執行單位皆無法掌握總體的企業目標時，就可能出現溝通上文字內涵的障礙、語意障礙、語調障礙與認知不協調的障礙。最後再各自追求其部門的績效目標，結果卻妨礙整體目標的達成。例如：民國九十一年十一月基層金融改革，所引發農漁民反彈，而出現農漁民在台北的大遊行，根據陳總統所說明的「決策錯誤」，就在於財政部、農委會間溝通出現問題。[20]

20 陳秀蘭，「林信義適時避開火線？」（台北：《經濟日報》），民國九十一年十一月二十四日，版二。

二、指揮系統障礙

指揮系統障礙會使得企業高層指令，無法貫徹到所有第一線執行任務的單位。由於組織龐大、層級過多，而使最高主管到最低階員工間的命令鏈，增加溝通的困難。同時，也阻礙企業組織部門上達決策部門的資訊，而使決策階層可能產生應注意而未注意的過失。最後往往因上位者與下屬間缺乏溝通，以致發生獨斷的戰略決策，而釀成企業危機。

除了上述客觀因素外，造成此種溝通危機的原因，在於：

1. 上下層級之間有心理距離，因此不願主動進行溝通：有些上級人員剛愎自用，無法察納部屬雅言，不但不願處理下屬所呈上的問題，而且認爲那些問題應該自行解決，無須上級研判，因而促使下級不願再把問題呈給上級知悉，以謀求解決。
2. 中間階層的企業主管，具強烈的自保精神，對自己有利的就向高層報告，對己不利的則予保留，缺乏企業家精神與職能。[21]

[21] 企業家精神與職能，指的是發現新需求，為滿足消費者新需求，而開

3. 基層員工擔心被追究責任，以致情況有變時，仍不向上級報告，或存僥倖之心，待大禍已成定局才報告，但為時已晚。[22]

三、合作系統障礙

以日月光高雄 K7 廠的廢水處理，牽涉研發、採購、工程、生產工程等部門。平時基於分工與分層負責，相互溝通的機會並不多。所以企業組織部門彼此之間，很可能出現問題，例如：彼此排擠、無法溝通，不信賴，或缺乏決策階層的指導與協助，這些都可能使企業總體戰力受到挫折。例如：研發部門所研發的產品，製造部門無法製造；製造部門所生產的產品，行銷部門無法在市場售出。

企業組織的溝通障礙，猶如人體中血液被阻塞一般，隨時有發生危險的可能。針對第一項溝通危機，應將各部門目標與組織目標，建構成因果關係，以及環環相扣的績效指標，而非部門

發新產品的構想，並賦予實際行動，此將為企業帶來利潤。不同的企業家精神，為企業所帶來的企業格局亦不盡相同。

22 伍進坤譯，《危險的公司》（台北：志文出版社），民國七十五年，頁 101-104。

個別的單獨指標。同時應該使各部門皆了解企業目標的精神，使各部門有共同的理想，而從不同的方向，取一致的目標，共同奮鬥。針對第二、三項溝通危機，企業決策者應徹底從制度面加以改革，強化企業內網路溝通，將組織扁平化，以突破人際與層級間的溝通障礙，確立報告的責任制度。若能更進一步地樹立企業正確溝通文化，才能爭取快速應變的時間，加大企業成功的機率。

在協調各部門的衝突時，手段上就要避免讓兩部門競爭，強與勝的一方給獎勵，敗的一方，只有委屈求全的接受結果，如此則易形成衝突。

第四節　裁員的危機溝通

市場有榮枯，企業有興衰，當企業遭逢營收難以爲繼時，爲了降低成本，公司常會裁除冗員、減少支出、進行組織改組，以增強企業競爭力。自民國九十年全球經濟萎縮以來，大量裁員已成爲企業渡過危機的慣用手法。然而，裁員應該是企業爲求生存，所盡諸般努力措施後，仍無法達成目標時，在不得已的情況下才決定裁員。因爲裁員會對個人信心造成重大打擊，甚至產生自卑的心理。

儘管對企業而言，裁員具快速下降成本的功能，但是對於遭到企業資遣與勸退的員工，在高失業率的情況下，面臨不知何時才能找到工作的窘境，這些員工會有何心理變化（對家人、生存、未來等）？這些變化會對企業產生哪些衝擊？爲避免對企業帶來負面的衝擊，企業應該設身處地思考員工所可能遇到的問題，盡力協助解決這些問題，並使其有尊嚴的離開企業。

首先在告知時，辦公室內就要放點紙巾，給被裁者倒杯水，然後再運用一些同理心、鼓勵等心理技術，表達這是企業不得不然的決定。不過千萬不要拖泥帶水，而給被裁者還以爲有希望繼續留下來。例如：企業可以爲這些被裁員工書寫推薦函；對已有身孕的同仁，如何不影響其生產的勞保、醫療權益；對接近退休年齡同仁，協助處理退休金及遣散費的差距問題；主動推薦到相關產業謀職；不影響工作情況下的簡短道別儀式⋯⋯；此舉都可緩和離職員工對企業的怨懟及焦躁難忍的情緒。在態度上，辭退人員時更要禮遇，以免去不必要的困擾、衝突、報復。目前有愈來愈多的美國企業，主動設置離職員工網站，來與離職員工保持聯繫，如安捷倫科技（Agilent Technologies）公司與瑞輝（Pfizer）製藥公司等，都曾透過此管道，在景氣復甦時，重新僱用前任員工，以便能及時抓住市場機會。[23]

然而，絕大部分公司卻反其道而行，早上通知，員工中午就要離開。更狠的是一小時走人的快刀斬亂麻，而且不當面告知，其宣布要裁員方式，卻是被裁者回去看電子郵件才會知道。過程中並由相關人員陪同至出納處，領取遣散費。不准再使用電腦及接觸相關業務，當然相關電子郵件也被立即停用。這項做法的主要精神，是防備離職人員備份辦公室電腦內客戶等重要資料，以免未來可能的破壞。但是當事人若在毫無防備的情況下，被告知裁員的訊息，很可能懷恨在心。公司若未能妥善處理離職員工的情緒與憤怒，這些員工有可能以行動來傷害公司、打擊公司，或導致大規模的抗議事件。例如：天揚科技公司於民國八十九年裁員逾 127 人，由於裁員幅度高達二成，因而引爆員工的抗議事件。[24] 除了抗議之外，還可能有下列的行動。

---

[23] 張秋康，「美企業歡迎遭裁員員工鳳還巢」（台北：《工商時報》），民國九十一年三月四日，版二。

[24] 該公司為解決此裁員危機，乃召開重大訊息會說明，首先是因添購不少自動化機器設備，致對人力需求降低，而且裁員後對公司的效益，每月將可節省 400 萬元的薪資支出。另外年終獎金的發放基準日，依

1. 直接攻擊雇主

民國八十九年十一月底，轟動一時的台商林泰洲、黃慶智命案，經大陸公安部門查出，這起殺人強盜案命案，就是工廠離職員工（被辭退的警衛）所爲。

2. 提出強烈的批判

企業在營運過程，或多或少難免都有其「陰暗面」，由於離職員工對企業內部知之甚詳，因此所提出的批判（無論在網路或其他媒體），所爆發的殺傷力尤爲強烈，因此對企業形象及永續經營，都有一定程度的負面影響。

3. 帶走客戶

客戶是企業經營的基礎，沒有客戶，何來利潤？離職員工可昭告往來客戶，強調公司「惡劣」對待客戶的秘密，進而將這些客戶帶到新的公司。

公司的規定是十二月三十一日仍在職的員工為主，因此被裁員的127名員工，不需支付年終獎金。

4. 影響該企業工作情緒

向在職的其他員工，散播不實消息，企圖報復公司，影響或破壞仍在公司就職人員的工作情緒。

5. 交接不清

離職前，不願將當前關鍵性的工作交代清楚，因而使企業運作難以銜接，輕則降低公司利潤，重則影響公司營運。

6. 蓄意對抗

離職員工進入競爭對手的公司，回過頭來和原企業競爭。如當年艾科卡被迫離開福特公司，不願接受每年 100 萬美元的條件，而進入競爭對手的克萊斯勒公司服務，是如出一轍的精神。

爲避免不必要的抗爭衝擊，而破壞企業競爭力及形象，裁員之前，該注意下列幾點：[25]

---

[25] 李港生，「從法理情思考化解裁員爭議」，（台北：《工商時報》），民國九十年十二月二十一日，版三十四。

1. 成立委員會取得共識

由各部門成立共同委員會來討論，以便產生如何及何時裁員的共識。

2. 制定清楚易懂的裁員規則

以績效爲準，並具體的書面資料，否則易生爭端。

3. 公司須依法行事

解僱是否合法，目前實務是採取所謂的「解僱的最後手段性」原則來做判斷，也就是說員工犯錯除非已到「終極、無法迴避、不得已」非得解僱的地步，否則仍應以其程度給予適當處分，不能動輒以解僱員工爲要脅。即使要解僱，也要根據法律，依據就業服務法第三十四條規定「雇主資遣員工時，應於員工離職七日前，列冊向當地主管機關及公立就業服務機構通報」。[26]

---

26 依據勞基法第十一條規定，雇主可以在幾種情況下資遣員工，包括：(1)歇業或轉讓時；(2)虧損或業務緊縮時；(3)不可抗力暫停工作一個月以上時；(4)業務性質變更，有減少勞工之必要，又無適當工作可供安置；(5)勞工對所擔任之工作不能勝任。

4. 站在同仁立場思考

雖然裁員是解決公司生存不得不然的做法，但作業的細則，必須考慮人性的需求，如提供員工自願優退方案，就是方法之一。民國九十一年十一月十六日以生產筆記型電腦爲主的英業達，因關閉林口廠的生產線，該廠五百多名員工沒有任何的抗爭活動，就是因爲優渥的離職條件，甚至超過勞基法的規定。該公司規定只要工作滿一年，就可領到十個月的薪水，年資愈高，領得愈多。[27] 另外全球最大的電子量測設備廠安捷倫科技，在資遣員工時，除坦誠溝通外，都是由直屬主管告知，同時幫離職員工介紹新工作，公司也委外安排課程，教離職員工如何撰寫履歷及面試技巧，同時遣散條件也不錯，以致離職員工沒有太大的時間壓力。[28]

27　吳修辰，「英業達給你十個月薪水，請你走人」（台北：《商業周刊》），民國九十一年十一月二十日。

28　張戌誼、劉湘文，「不景氣更須要對員工坦誠溝通」，（《e 天下雜誌》），二〇〇二年十一月，頁 153。

5. 簽訂勞動合約

在員工進入企業時，要簽訂勞動合約，其中一定要強調洩密補償費的規定，以有效防止離職員工洩密，並遵守競業條款。

裁員的實際危機溝通步驟，主要需注意下列四方面：

1. 取得信任、建立和諧氣氛：如表達員工對企業過往的貢獻，以減少對方的敵意、增加對方的信任。
2. 表明企業目前的困難，裁員是不得已的做法。
3. 主動提供協助：如寫推薦函、介紹信等，好讓員工知道企業肯定他們。
4. 給予時間離開，而不是無預警的解僱。只要懂得運用溝通的方法，絕對可以有效化解勞資衝突，降低對企業的傷害，建立溝通的雙贏。

除對被裁員工進行溝通外，也不要忘記仍留下來的人員。如何對這些人進行溝通，則同樣不能忽視。此時掌握到企業生產、營運及客戶等相關重要秘密的幹部，如果未能有效溝通，這些階層的幹部，對於企業的忠誠度與可信度，就有可能產生變化。所以危機發生後，在對外溝通的同時，正確的做法是，給予他們更多的的資訊，因為支撐企業及恢復的力量，絕大部分是來自於員工。反之，如果員工不知道企業實際立場，而處於尷尬局面，那麼，就很難期待所有員工的忠心支持。實際上，應付重大緊急事件及重建營運，沒有員工的支持與承諾是不可能達成的。爲求員工衷心支持，則應儘早讓員工了解公司的立場。

要確保這些員工處變不驚、遠離浮動不安的情緒，其實際的方式，首先就要避免消息過早曝光，或只說明裁減員工的數量，卻沒有明確的日期，否則大部分的員工就會無心上班、士氣低落。其次，可依企業文化與性質的不同，選擇下列的方法：高階主管親自用網路，召開線上視訊會議，安撫員工，向員工說明企業的未來與管理戰略；以 Intranet 讓公司員工了解危機最新狀況，不要讓員工只能從謠言耳語或報章雜誌，來獲得公司危機的相關訊息；對員工精神激勵講話；張貼啓示提供員工正確訊息。當然也可設計活動（如各類的球類活動、戶外郊遊）來轉移緊張不安的組織氣氛。例如：元碁科技在民國八十九年十一月裁員 6% 後，立刻由總經理致未被裁的員工一封電子郵件。又如安捷倫科技爲了讓員工在經過減薪 10% 的衝擊後，能夠儘快平復情緒及回復向心力，特別設計趣味的辦公室明星人物，如紳士與美女的選拔，來緩和緊張不安的浮動情緒。

第五節　網路的危機溝通

謠傳往往是有意圖的，所以能否迅速採取有效措施，將成爲決定勝負的關鍵。尤其在數位化時代，網路溝通已扮演相當重要的角色。一方面是企業、投資人及一般大衆，透過網路接收最新企業訊息的比例，逐年攀升，因此網路已成企業訊息的及時通路；另一方面，也是企業訊息傳播的重要通路。在危機處理方面，儘管網路能提供最新或必要澄清的資訊，如透過公司網頁提供相關資訊，供媒體及網友了解企業立場。不過網路的及時性、互動性與匿名性，卻早已成爲謠言的溫床。無論謠言眞假，對企業總是傷害，而且嚴重的，甚至可能導致企業從此一蹶不振。

網路謠言指的是，在不確定或混淆的情境下，作出好像「合理」的解釋，但結果卻可能損及企業的名譽。所以企業有必要持續關心網路及相關 BBS 站的議題，並考慮回應某項議題，以及回應的對象。例如：美國製藥廠 Quigley，一九九六年有人假冒其總裁，在美國線上（AOL）的聊天室，散布該公司產品存量不足的問題，謠言立刻被流傳開來。由於該公司無法有效控制謠言的傳播，結果 Quigley 的股價，瞬間跌到 10 美元以下。

網路危機處理的失敗案例，大多是企業疏忽流言的議題及傳播的速度，直到危機從網路擴散到報紙等平面傳播媒體時，才知道事態的嚴重，但先機已失。[29]

既然網路謠言危機具有如此之破壞力，那麼究竟要如何處理呢？國內學者吳宜蓁女士提出六項危機的處理原則，可供參考：[30]

一、危機診斷

網路言論對企業傷害不大，亦無其他人的附從，那麼這樣的言論，就會消失在網路言論的大海中。企業可繼續收集相關資料，及觀察後續行動，可暫不迅速採取行動。設若情況有趨於嚴重的趨勢，企業則可適時在網站上，提出辯解及說明。

二、立即在企業網頁澄清

在網路討論區或聊天室，出現對公司惡意攻擊或嚴重誤解

29　吳宜蓁，「即時回應，預防網路危機」（台北：《工商時報》），民國八十九年十一月二十四日。
30　同註 29。

而中傷企業，此時無論是何者所爲、謠言爲子虛烏有或眞有其事，都應在網頁上及時明確的說明，以消除大衆疑慮。另外如果需要，也可以主動用電話、電子郵件或拜訪發言者，甚至以開記者會的方式回應。過程中雖要誠意溝通、化解誤會，但千萬不要忽略法律證據的蒐集，這是備而不用，以免要用時卻沒有準備（此可作爲控告的證據或相關談判的籌碼）。

三、隨時更新企業網頁資料

網路謠言所引爆的危機，可能會有各種詢問電話、傳眞與上企業網頁找答案者。當這些人蜂擁而至時，企業卻沒有準備資料澄清，這是危機溝通一大致命傷。職是之故，網頁上的資料，務必保持隨時更新，以化解危機的升高。在網頁上，應提供進一步聯絡的方式（電話、電子郵件）與聯絡人姓名。另外，將大衆可能產生的疑慮，加以整理，以 Q&A 的方式說明，便於民衆掌握重點。

四、建立有利於公司立場的其他連結網站

設法讓公司網站建立連結到其他相關網站，做進一步的資料提供。讓記者、員工、股東、顧客乃至於政府等上網查資料

者，了解公司已盡所能地提供最正確、迅速完整的資訊。

五、避免謠言繼續擴大

謠言一旦擴大，就會變得複雜不易處理，例如：當北京 SARS 危機擴散時，根據民國九十二年四月二十五日電視新聞發現，城內人心惶惶，於是出現北京即將封城的謠言，超市貨物被搶購一空。

群衆對事情眞相不確定，或充滿疑慮的時候，就容易輕信謠言。企業在處理謠言時，若能得到具公信力的第三者支持，自可降低民衆對謠言的相信程度。除了可信度外，處理的速度也極爲重要，因爲謠言一旦變成新聞報導時，要再澄清誤會，複雜度與難度都會較高。

六、採取法律行動

企業未到最後關頭，絕不輕易採取法律訴訟，否則極易增長對方氣焰，並成爲對方新聞炒作的目的，如此恐將使企業受傷更深。除非散布謠言者一意孤行，繼續做出傷害企業聲譽及形象的作爲，公司才將所蒐集到的證據，交由司法機關並提起告訴。不過法律行動畢竟是最後一步，因此除非言論已嚴重危害企業及品牌形象，絕不輕易爲之。

第六節　危機溝通的代表

喬馬可尼（Joe Marconi）在其《危機行銷》（*Crisis Marketing*）一書中指出，危機事件發生後，發言人是企業對外溝通的橋樑，因此發言人的人選考量，對企業的生存發展極具重要性。[31] 事實上，危機溝通的代表，有許多必要完成的任務，例如：確實掌握媒體採訪的方向；了解媒體記者討論的重心；表明企業的立場，並適時發布最新消息；讓企業發言人成爲媒體追逐的目標，以免擾亂到企業內部的其他員工；建立企業發布新聞的遊戲規則（例如：多久發布一次，地點在哪裡，使新聞記者安心不會「獨漏」某項重要訊息，而造成其工作上的危機。）；主動發布內容正確的新聞稿或提供資料，而且新聞稿或資料內容，最好超過這些記者所需填寫的版面，以避免資訊不足，造成記者必

31 Joe Marconi，《危機行銷》（台北：商周出版社），一九九九年七月，頁170。

須以印象來自我「創造」，而發生不必要的錯誤。

危機溝通代表既然有如此龐雜，且重要的任務要完成，那麼究竟由誰來擔任較為合適呢？有一派的學者認為，危機處理的第一步驟，應該與媒體直接對談，以表達誠意，故以企業主管為宜。企業領導人親自在記者會說明，有三大優點：

1. 可以給社會留下有責任和有誠意的企業姿態，例如：台積電董事長張忠謀先生或台塑董事長王永慶先生對於危機事件，常會召開記者會，親自對外界說明。
2. 對於記者的質詢提問，能及時做出負責任且穩定大局的權威性回答。
3. 能使記者從危急的情況中，獲得事件的整體背景及其他相關的資訊。[32]

但另一方面的意見是，管理階層最好保留到最後再發言，否則萬一出錯，易失去公信力。因為調查剛開始，企業最高主管很難擁有足夠的信息，並提出強而有力的處理方針來安撫人心。發言人則不然，他們不會被認為無所不知，因此可以做出「待查明

---

[32] 霍士富編譯，《危機管理與公關運作》（台北：超越企管顧問有限公司），民國八十五年七月初版，頁67。

眞相後，再提供說明」的反應。實際上，危機溝通的重點，並不在於由誰出面解釋，民衆要的是對危機事件，提出具體合理的說明，以及相關處理的對策。實質上，由領導人親自出面，反而縮減企業迴旋的空間，若是出錯，可能使企業陷入更大的危機。例如：民國八十九年六月日本雪印奶粉的社長出面召開記者會，就在記者會上，由於受到記者咄咄逼人的追問中毒事件，社長竟回過頭來問其他人：「有這種事嗎？」，結果記者會不但不能澄清事實，反而更引起社會對該企業更大的質疑與反感。所以問題的癥結，並非由誰出面，只要有足夠的授權與企業代表性，並嫻熟於企業相關資訊，就可以代表企業出面。

在迫切的危機處理情況下，既要處理危機，又要應付大衆媒體的壓力，如何兼顧得宜，才可從「出錯」的企業，被社會解讀爲「勇於負責」的企業。這一段轉換的過程，非有正確的危機溝通，難以竟其功。重大的危機事件，經由大衆傳播媒體及網路迅速的持續散播，使之形成社會共同的「情緒」，倘若侵犯此共同情緒，必成衆矢之的。發言人設若使用劣質的言辭，經由電子媒體呈現在大衆眼前，可能會遭到企業不負責任、無所擔當的嚴厲批判。職是之故，慎選發言人及其使用的戰略，則是危機溝通勝敗的關鍵。

一、發言人的基本條件

危機溝通所有幕前及幕後的準備，其最後的決戰點，完全在於發言人。發言人乃企業形象之所繫，更是代表公司對外召開記者會說明，在記者會上，若無法提出合理解釋，不但無法平息危機，更可能使公司形象造成更大的破裂。所以企業對外發言的代表，是危機處理成敗，重要的關鍵。

在遴選企業發言人時，必須格外注意以下三點：

1. 雖然發言人極端重要，但絕不能因其個人的光芒，而蓋過企業所要傳達的訊息。否則媒體焦點不在企業澄清的要點，如此將無助於企業危機之解決。
2. 必須熟悉公司業務，並深入危機議題等相關面向，這是選擇發言人的基本條件。發言人的專業知識，應涵蓋公司的歷史、規模、生產製程、營業額、獲利數字、產品發展、公司財務會計等領域。
3. 具發言人特質：此特質包括：誠懇；頭腦清晰、反應機敏；態度從容；能掌握新聞媒體；能精確、快速、清楚的溝通；台語流暢度（在台灣它是極重要的溝通工具）；面部表情、服飾要與訊息內容一致。

二、發言人應遵循的法則[33]

企業對外發言的代表，在用字遣詞、穿著、口氣態度、陳述內容要點等，都需要經過鉅細靡遺的推敲討論，以避免對外傳遞，讓人產生誤解的訊息，而降低外界感受到，企業解決問題的誠意[34]。此外，企業必須充分授權發言人，才能使發言人充分發揮，達到精確溝通的目的。但是發言人亦有其要特別遵循的法則：

1. 掌握公司所要傳達的訊息。
2. 駁斥不實謠言。
3. 勇於面對於記者所提出的問題，即使不知道答案，也要強調會努力儘快去得到答案。
4. 儘量減輕危機引發的不良反應與疑慮。
5. 強調企業採取符合大衆利益的因應措施。

---

33 Herta A. Murphy、Herbert W. Hildebranton & Jane P. Thomas, *Effective Business Comunication* (Singapore: McGraw-Hill Book Co.), 1997, pp.140-141.

34 鍾榮峰，「日月光事件企業正視危機管理」（台北：中央社），民國一〇二年十二月二十一日。

6. 定期舉行記者會。
7. 建立及時取得危機訊息的相關檔案紀錄。
8. 決定可供媒體採訪及開會的場地（通訊設備）。
9. 若危機時間延長，可指派代理人分勞。
10. 對採訪記者的身分作確認。
11. 儘量不要讓媒體和其他企業成員接觸。
12. 避免用煽動口語和口氣來作答。
13. 溝通內容必須簡單扼要，以免模糊溝通訊息的焦點。
14. 企業在危機結束後，應檢討發言人角色是否稱職，並進行換人、補強或再訓練。[35]

三、發言人戰術

戰術是指發言過程中，針對媒體記者各種可能的提問，以及社會大衆的心理變化，所採取的對應措施。在擬定戰術之際，尤應注意的要點有：

---

35 邱毅，《危機管理》（台北：中華徵信所企業有限公司），民國八十八年，頁37。

1. 預期媒體可能提出的質問，並準備答案

通常這些問題是：[36]

(1) 發生什麼危機？是什麼原因導致危機？
(2) 有多少人傷亡？
(3) 對財產與周圍環境造成多大傷害？
(4) 對大衆健康是否造成影響？
(5) 如何執行救援或彌補行動？
(6) 在法律及經濟面，會造成什麼後果？
(7) 誰是危機中的英雄與始作俑者？
(8) 還有哪些目擊者、專家、受害者會接受訪問？

2. 避免使用學術術語或行話

要用清晰易懂的語言，告訴社會大衆，企業關心所發生的危機，並採取行動來處理危機。尤其是科技產業的相關學術用語，一般民衆都不易了解。

[36] Otto Lerbinger, *The Crisis Manager: Facing Risk and Responsibility* (New Jersey: Lawrence Erlbaum Associates), 1997, pp.41-42.

3. 避免使用負面言詞

負面言詞很容易引起反感與駁斥，容易引發新的爭論，就顯然有違該記者會的宗旨。

4. 同理心的哀兵姿態

無論在言詞或臉部表情或音調，千萬不要高亢。總統陳水扁先生在擔任台北市市長任內，處理「快樂頌 KTV」事件，就是抱著與悲者同悲的心情。最後不但未受家屬責難，反而受到家屬的感謝。

5. 感謝相關人員的協助

感謝是化解敵意的最佳導言，因此無論當時情形再混亂，都不要忘記表達感謝採訪記者、工作人員及政府等單位的辛勞。

6. 表達企業造成社會或消費者不安的歉意

如果錯在企業，道歉非但不損威信，反而會贏得尊敬。千萬不要等到不可抗拒的壓力後，才肯開口認錯；在危機溝通過程中，立即道歉所受的傷害最少，付出的代價愈低。

7. 說明事件背景、不要談過程

由於危機事件的複雜性，爲避免治絲益棼、節外生枝，且在短時間內難以澄清，容易加深反感與不耐。故對外發言時，應說明事件背景，不要談過程。

8. 控制時間迅速結束

在危機溝通的記者會或說明會中，最好在抓住要點、懇切說明危機事件之後，立即結束，千萬不要拖延，或詢問各位還有什麼問題等類的語辭，而給社會大衆造成問題愈問愈多的感覺。《孫子兵法》所謂「兵貴勝，不貴久，久則鈍兵挫銳」，就是這個道理。因此記者會應該以快刀斬亂麻的方式，速戰速決，讓社會大衆或相關利益關係人，感覺到企業爲了要趕緊解決危機，所以不得不結束，以免浪費寶貴時間。至於結語的方式，如下列就是一種不錯的方式：「我知道各位跟我一樣痛心此次事件，也同意現在最重要的是掌握時效、儘速處理，若有新的消息必定以最快的速度通知各位，所以我們今天的記者會到此結束。」

9. 再次致謝

對相關媒體記者、社會大眾及政府相關部會的協助，再次表達感謝，以減少敵意。[37] 多用正面肯定的語言，例如：「我們一定……，我們盡最大的努力……」，少用負面言語，例如：「那是不可能的……，請不要亂加揣測……」。

---

[37] 洪秀鑾，「用同理心化解危機」（台北：《工商時報》），民國八十七年三月九日，版三十八。

第六章

企業危機溝通的戰略與戰術運用

第一節　企業危機溝通戰略

惟有了解企業危機溝通的目的，才能適當運用溝通的戰略、戰術。一般而言，溝通的終極目的，是要了解危機、化解危機，維護企業的信譽，修補企業破損的形象，將後遺症減到最低。要達到這個目標，就要把因危機而沸騰的情緒及不滿的情緒緩和下來，並使企業的處理行爲，符合公衆的期望，如此才能贏得輿論及民意的支持，增強社會對企業的信心。

William L. Benoit 發展出一套形象修補（Image Repair）的危機溝通戰略，目前是形象修補戰略的文獻中，較完整的研究架構，所以現已成爲該領域最具影響力的理論家。但是危機溝通的目的，只在補修企業形象嗎？顯然不是，因爲有的企業危機溝通，僅在澄清事實、避開責任，有的則著重謠言的駁斥，有的則可能爭取外界對公司產品或服務的信任，所以溝通的目的繁多，不勝枚舉。但是在深究 William L. Benoit 所提供的溝通戰略後，發現這些戰略不僅可以用來修補破損的形象，其實同樣可以用來作爲危機溝通的戰略。

William L. Benoit 發展修補企業形象（Corporate Image）戰略，所指的企業形象是，消費者對企業的產品、品牌、機構、企業的主觀感受，易言之，就是企業在社會大衆及企業關係人眼中所佔的地位。決定這種主觀感受與地位的因素很多，因此要塑造良好的企業形象並非易事，相較之下，要破壞它就相對容易許多。從消費者變化的趨勢分析，今天的消費者，已不是單純的購入商品，同時也關心到所購商品廠家的企業商譽及經營方針，所以企業應該格外重視商譽這項重要的資產。危機發生之時，難免會損及企業的商譽與形象，而商譽修補涉及說服、轉移譴責等複雜過程，因此如何修補企業形象，已成爲危機溝通領域重要研究議題。

根據 William L. Benoit 所建立的保護企業，免於受到傷害或攻擊的五項危機溝通（形象修補）戰略，並非都是放諸四海皆準的法則，而是必須根據危機情境，以及公司所擁有的資源，在綜合判斷後，才能提出適合自己公司的戰略。另外，第六點，則是從實際經驗對該溝通戰略進行補充。在實踐戰略的過程中，應時時對照兩項指標，以調整溝通戰略。指標一是：危機管理機構被引爲主要消息來源的程度；指標二是：媒體報導給予危機管理機構正面或負面評價。

透過以上這兩個指標，得知企業整體戰略成功與否。以下對 William L. Benoit 危機溝通戰略，逐一予以說明。

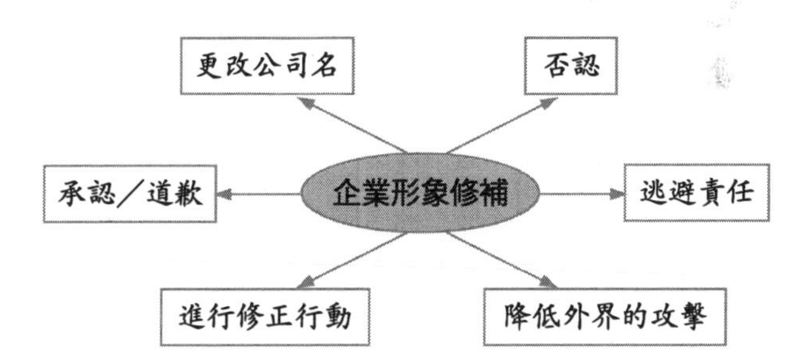

資料來源：William L. Benoit, *Image Repair Discourse and Crisis Communication*, Public Relations Review, Summer 1997, pp. 179-183.

圖 6.1　企業形象修補戰略圖

一、否認（Denial）

表示該事件對社會所造成的危害，並非該公司所爲。當然在溝通說明會上，最後都會附加一句：若該事件是因公司所引起，必然會負起相關的責任。William L. Benoit 於一九九七年的研究中指出，「否認」戰略通常有兩種形式[1]：

1. 簡單否認（Simple Denial）

針對企業遭指控的危機事件，明確表達否認之意。譬如，在民國一〇一年三月禽流感 H5N2 爆發疑雲之際，傳聞某養雞場爆發流感病毒，此時若養雞場對外直接明確表達，沒有該事件，就是屬於簡單否認的戰略。

2. 轉移責難（Shift the Blame）

企業在危機爆發後，立刻採取其他行動，以轉移閱聽衆及利益關係人的注意焦點，有點類似西方的「待罪羔羊」，或我國我國三十六計中的「金蟬脫殼」再加上「李代桃僵」的綜合戰略。其戰略精神乃以「犧牲

---

[1] William L. Benoit, *Image Repair Discourse and Crisis Communication*, Public Relations Review, Summer 1997, p.179.

打」的方式，來承擔所引發危機的責任。例如：將危機責任推到員工個人行為，而與公司意圖或經營指導無關。既然與公司無關，當然就不用負責任，連責任都沒有，又何須修補形象！針對前述這兩點，後來 William L. Benoit 在二〇〇〇年的《溝通季刊》（*Communication Quarterly*）中，更深切的表達，如果錯在企業，責任本該在企業，而運用這種否認及轉移責難的戰略，只是在逃避責任，並無法修補受難者心中的「痛」，與該企業的形象，但是對其他無直接牽涉到的社會大眾而言，仍為一有效的溝通戰略。[2]

例證：民國八十七年八月，國內傳銷業龍頭的美商安麗日用品公司，爆發十六年來首次涉嫌吸金案，原因是該公司翡翠級的直銷商，五年多前開始涉嫌以老鼠會的手法，向直屬下線會員，違法吸金達 7 億 2,000 萬元。復因這對夫婦資金運用不當，最後周轉不靈，隨即避不見面，被害人數達 170 多人。美商安麗日用品公司對此事，在民國八十七年八月二十四日

2 William L. Benoit, *Another Visit to the Theory of Image Restoration Strategies*, Communication Quarterly, Vol.48, No.1, Winter 2000, p.40.

召開記者會，表示此事件純屬直銷商個人行爲，與該公司無關，而且公司也是上週才得知，所以在週一就召開記者會澄清此事件。[3]

二、逃避責任（Evasion of Responsibility）[4]

危機發生之後，企業企圖逃避危機事件中，應擔負的責任。這種做法是否符合道德原則，是探討形象修補時，另一值得深入研究的課題。否則即使能逃避法律的責任，能逃避良心的譴責嗎？如果連良心都喪失麻痹，但能逃掉最終上帝在白色大寶座的審判嗎？Benoit 提出四種修補企業形象的戰略，其具體的做法是：

1. 被激惹下的行為（Provocation）

公司所爲僅僅是反映外在挑釁的防禦行爲，因此公司的行爲，是被迫的、是可以諒解的。這種溝通戰略，基本上就是將一切責任，歸咎於對方的挑釁。

3　藍凱誠，「五年吸金七億」（台北：《聯合報》），民國八十七年八月二十五日，版五。

4　同註1, William L. Benoit, p.180.

轟動一時的日人友寄隆輝毆打運將案，友寄指出是Makiyo 經紀公司享鴻娛樂，教他在記者會上講，爲什麼要……幾乎致死，原因就是運將「襲胸」，所以是被激怒下的行爲。這樣不道德，不符合事實的言詞，引來更多社會輿論的痛批，根本無助公司旗下藝人，甚至整個公司都陷入危機之中。所以運用「被激怒下的行爲」，前提是誠實的，是事實，否則將更重創公司形象與相關人。

2. 不可能的任務（De-feasibility）

這是以非公司能力所能控制，而非公司不願處理，所以不應以此歸咎公司。尤其當公司欠缺對狀況處理及掌握相關資訊的能力時，藉此以逃避應擔負的責任。

以新東陽在民國一〇〇年十二月針對產品生產日期，被竄改的危機爲例。在聲明稿中指出，中國媒體關於「上海新東陽食品公司」，任意改「肉鬆及八寶粥」產品日期，與台灣新東陽完全無關，因爲兩家雖然都叫新東陽，但分屬不同的公司。聲明稿最後面附上，在中國地區要到哪裡買，才能買到眞正新東陽的產品。新東陽的溝通戰略，就是「不可能的任務」。

3. 事出意外（Accident）

強調危機事件純屬意外，非本公司「企圖」或「有意」之舉。此戰略的精神在於該危機的確是公司所爲，然非刻意所爲，而且是在非控制意外的狀況下發生，故僅擔負極小的過失部分。

4. 純屬善意（Good Intentions）

危機發生非但不是公司意圖其發生，而實質上，此舉原是出自公司一片「善意」。因此，所要擔負的責任應降至最低，既將責任降到最低，自可減輕企業形象的破損程度。

三、降低外界的攻擊（Reduce Offensiveness）

公司因錯誤的行動，所造成本身的危機，可透過下列六種不同戰略，來嘗試降低外界對其負面的評價。

1. 支援與強化（Bolstering）

對於受害者表示願意承擔責任，同時也可以用過去的績效，與即將對社會的貢獻等事實，來抵銷社會大衆對此負面的不良評價。

以新東陽在民國九十四年六月的「紅麴燒肉粽」，因被台北市衛生局驗出苯甲酸事件。公司在對外聲明稿中，即表達歉意，並表示這是單一偶發事件，而且已請公正單位檢驗，且已合格。聲明稿中更重要的是，免費贈送公益團體五萬顆粽子，也提供顧客服務專線。

2. 趨小化（Minimization）

降低社會對公司錯誤行為，所產生的批判性情緒及負面感覺，同時以事情不嚴重來將危機淡化。

例證：嘉裕西服為結束中壢廠的女裝生產線，結果引起廠內員工的抗爭。透過電視媒體播報，在電視鏡頭上，出現許多在嘉裕西服工作數十年的年長女性，潸然淚下地表示，一生的青春都給了嘉裕，即將到領退休金的年齡卻領不到，不禁令人同情。媒體效應導致嘉裕西服的企業形象，立刻受到某種程度的衝擊。但嘉裕西服卻能迅速針對問題根源化解，並用感謝啓事來對外進行溝通，希望大事化小。

嘉裕西服除對內協商處理，並立即在當月（十二月）五日於《聯合報》一版，以啓事的方式，對社會大眾進行溝通，以便修補形象。

〈嘉裕股份有限公司感謝啓事〉

原本公司中壢廠外銷女裝生產線因營運上的調整，已於十一月三十日正式停產，勞資雙方已經圓滿達成資遣協議。

本公司桃園內銷廠之生產線及銷售業務仍然一切正常營運，並繼續爲消費大眾提供高品質的服務，敬請舊雨新知繼續惠顧、指教。

爰謹感念社會各界對本公司的關懷，特此深表謝忱。

嘉裕股份有限公司敬啓

3. 差異化（Differentiation）

區分自己與競爭對手對危機事件處理的差異，而本公司的處理方式，較競爭對手更有利於消費者與社會大衆。

4. 超越（Transcendence）

展現公司對社會的貢獻，遠遠超過對社會或消費者無意的傷害。

例證：民國八十九年立法院將勞委會所提出之「每週四十四小時新工時制」，三讀通過改爲「兩週八十四小時」，因而造成業界人力成本遽增。以紡織業爲首的傳統產業，乃相繼提出陳情書。陳性書的內容，就是運用「超越」的溝通戰略。十二月十四日，透過各大報進行危機溝通。在陳情書的第三點，就是強調該產業對國家的貢獻，希望能扭轉「兩週八十四小時」的立法。

紡織業在民國八十九年十二月十四陳情書的內容，如下：「目前擁有五千五百家工廠，從業人員約 28 萬人，產值達新台幣 5,500 億元。在所有產業中，紡織品的出口成績始終居於前三名。以民國八十八年爲例，出口金額高達 141.9 億美元，而進口值僅爲 28.7 億美元；因此，全年貿易順差達到 113.2 億美元。而去年我國整體順差爲 109.4 億美元，如無紡織業的貢獻，我國將淪爲貿易逆差國。若工時 44 小時修正案未獲通過，則將加速紡織產業歇業、關廠及外移，進而造成產業空洞化、貿易逆差擴大、失業率上升……。」[5]

5. 攻擊原告（Attack Accuser）

此舉乃是運用以攻代守，攻擊就是最佳的防禦原則。如

[5] 「緊急陳情書」（台北：《工商時報》），民國八十九年十二月十四日。

果配合以拖待變的戰略，不但可減少原告所帶來的衝擊，更可模糊狀況的嚴重性，而使焦點轉為孰真孰假；待真假分辨出來的時候，時空背景早已轉變。

享鴻娛樂公司旗下多位藝人因涉及毆傷計程車司機案，根據新聞指出，該公司如何對付這位孤苦無依的受傷司機，就是攻擊原告「襲胸」。這是公司極不倫理、極不道德的作法。本書所提「攻擊原告」，必須是有這個事實存在，否則是很不道德的。

6. 補償（Compensation）

誠實面對問題，勇敢承擔責任，「是就說是，不是就說不是」的溝通，這是最符合誠實及道德原則，也是本書最支持的一種戰略。儘管公司可能要對受害者付出補償費，但正由於公司勇於承擔責任的誠實表現，對公司長久形象與永續經營必然有其幫助。

四、進行修正行動（Corrective Action）

公司表達要採取恢復危機狀態前的行動，並承諾或預防該錯誤再次發生。對所發生的錯誤，表示負責與道歉外，還需在語言或行爲上做更正（Correction）。

五、承認／道歉（Mortification）

這是指公司主動認錯、承擔責任，並乞求原諒。但是這項戰略可能會產生另一項不利的後遺症，那就是可能會面對法律訴訟。但是誠實負責的企業，在渴求原諒後，可以透過賠償，來降低法律訴訟。即或不然，因勇於承擔責任，而遭到法律制裁，雖有其弊，但對企業永續經營而言，也是一面永不再犯的鑑戒。至於具體道歉函的內容，則應包含五項要點：(1) 表明歉意；(2) 說明現狀；(3) 查明原因；(4) 防止再發生類似事件的對策；(5) 主動承擔責任。[6]

我國企業文化與西方不同，幾乎很少有主動承認或主動道歉。絕大多數都是被動的確認責任後，才願道歉並接受相關賠償要求。例如：民國九十年李長榮化工被動式的否認，旗津兩千多位民眾身體不適，是由該公司停港船隻漏氣使然。待民眾集結至公司大門口抗議後，才被迫表達若是李長榮化工所爲，一定

6　霍士富，《危機管理與公關運作》（台北：超越企管），民國八十五年七月，頁 101。

會負起責任。如果社會出現大規模受害群衆，正受危機煎熬，企業若能在此關鍵時刻挺身而出，表達非己所爲，但因眼見同胞受害，而生發憐憫心腸，復因從事相關化學行業，故主動提供資訊、協助醫院醫療受害群衆，並收集相關證據表示清白。所以從這個案例可以發現，別的公司危機，可以看到自己企業的責任，貢獻社會的機會，以及提升企業形象的契機。

六、更改公司名字

此舉在放棄公司過往污點的歷史，此戰略同時可搭配促銷、廣告、通路的轉變等措施，來重建公司的形象。以一九九六年五月十一日，Valujet 航空公司 592 班機墜毀失事爲例，美國政府當局調查該機失事，結果顯示，公司內部安全管理鬆散，而導致電子控制系統失效有以致之。所以該公司無法使用逃避責任的戰略，來抹去已造成的飛安污點，也無法降低外界對飛機失事的攻擊，因此，該航空公司在修補形象方面，有其客觀上的限制。在綜合研判後，乃在一九九七年將航空公司更名爲 AirTran 航空公司，當時也搭配多項措施，諸如：降低乘客票價、遵守政府飛航安全標準等各項規定。[7] 我國嘉義地區也有旅館失火，將人燒死在內，最後也將旅館的名字，加以更改。明基併購德國西門子手機部門失利後，也改名爲佳世達電通。

儘管 William L. Benoit 修補形象的危機溝通戰略，有其一定程度的貢獻，但也不可忽視其先天性的盲點。這個盲點主要在於，**形象修補的時間點**，因爲企業形象不是一天造成的，而是經年累月構築而成的。具高度優良品牌形象的公司，偶有產品危機發生，社會大衆仍會給予高度機會，來恢復形象。反之，如果只一味著重危機發生後，而忽略危機發生前，企業應盡的努力，不注重企業形象的經營，爲形象累積資源，待危機發生後才來彌補，其成功的機率並不高。但是 William L. Benoit 修補形象的危機溝通戰略，對於我國企業仍有相當大的參考價值。然而若能**補充在危機爆發前，增強企業形象的各項努力**，那麼修補形象的成功機率才會提高。

企業進行修補之後，眞的沒問題了嗎？是否一次的溝通就能

---

[7] Donald A. Fishman, *Valujet Flight 592: Crisis Communication Theory Blended and Extended*, Communication Quarterly, Vol.47, No.4, Fall 1999, p.365.

完全恢復形象，在沒有百分之百的把握情況下，企業需要繼續關切危機事件各關係人的反應，如有必要，則應主動聯絡媒體，告知公司後續相應的作法，並將整個危機溝通過程，列爲下次危機預防與處理的考量。在長期持續的努力下，公司受損的形象，才能有效挽回。如果狀況許可，在危機事件結束後，企業不妨用廣告展開對外溝通，因爲它有四種理由：

1. 表達公司「東山再起」的決心，希望消費者支持並接受。
2. 廣告能讓公司內外的人們都看到，而產生一致的共識。
3. 提高員工士氣。
4. 洗刷危機期間，媒體報導對企業所塑造的負面影響。

第二節　企業危機溝通戰術

企業危機溝通戰術是發揮危機溝通戰略的實際工具，若僅有正確的危機溝通戰略，而無支持危機溝通的戰術，那麼很可能將功敗垂成。因爲戰略是建立力量，並藉以創造與運用有利狀況的藝術，俾得在爭取企業目標時，能獲得最大成功與有利效果。但是若無實際執行的戰術，來實踐具體戰略，就很難使戰略發揮眞正功效。「戰術」在本節的界定是，為爭取企業溝通目標，實際進行短兵相接的運用之道。

表 6.1　組織發生危機後的形象修復策略

	策略	定義	子類目	子類目定義	案例
組織發生危機後的形象修復策略	否認	否認發生該事件	否認發生該事件	組織否認發生該事件	A公司針對同業指控其非法併購其他公司的事情，加以否認。
	逃避責任	雖然問題確實存在，但組織逃避於事件中所應該或被認爲應該擔負的責任。	責任不在我	聲稱事件之責任不在自己，而在他人。	E公司在Alaska漏油事件發生，指責州政府官員及海岸巡防人員有行政疏失。
			自衛（因應）行爲	聲稱（或意指）組織的行動，是爲因應他人的不當行爲或政策而產生。	B公司用「州政府通過對其不利的法案」，作爲其遷廠的理由。
			不知者無罪／非能力所及	以「缺乏相關資源」或「非能力所及」的說詞逃避責任	錯過會議的理由：「沒有人通知我開會改到今天！」
			事出意外	組織強調事件的發生純屬意外	S公司總裁表示，錯誤是「事出突然」而非有意。
			純屬善意	組織強調其作爲純屬善意	C航空公司認爲ATR機師的罷工是因爲薪資減少，而薪資的減少是公司爲了提升航空服

表 6.1 組織發生危機後的形象修復策略（續）

	策略	定義	子類目	子類目定義	案例
組織發生危機後的形象修復策略					務的安全及品質所做的決策。
	形式上致意	組織以遺憾、痛心等字眼，表達其對於事件發生的感覺。	形式上致意	組織以遺憾、痛心等字眼，表達其對於事件發生的感覺。	C航空公司對於機師罷工對旅客造成不便，表示其深感遺憾。
	降低外界之攻擊	組織嘗試降低外界對其負面之感覺。	運用正面形象（行動）/正面記錄，轉化為負面形象。	組織強調正面特質、正確行動，或以往正面的記錄，以降低外界之攻擊。	B航空強調該公司爲服務業，一直致力於提供乘客安全、舒適的飛行服務，且是第一家來台營運的航空公司，已達48年之久。
			沒那麼嚴重	聲稱或意指情況不如外界指稱的那般嚴重	E公司在Alaska漏油事件後對NPR表示，該事件僅造成300隻海龜及70隻海獺的死亡，非如外界所指稱的有上萬的數量。
			使用比較或區辨	用相似或較嚴重的事件來與此事件進行比較	A先生宣稱，B先生喝花酒的次數較C先生少。
			轉換框架	將行爲放在對組織較有利的內容框架中	(1)核電廠對於居民的抗議強調，核能發電不僅安全，甚且對國家經濟發展相當有益。

表 6.1　組織發生危機後的形象修復策略（續）

	策略	定義	子類目	子類目定義	案例
組織發生危機後的形象修復策略	降低外界之攻擊	組織嘗試降低外界對其負面之感覺。			(2)A陣營表示他們是要求新聞事實，並非干涉新聞自由。
			對指控加以攻擊	對指控者本人、指控的標準，或指控的內容進行攻擊。	A先生對於B小姐的指控表示，她以最嚴厲的方式指控別人，對於自己的言行卻說是「憑感覺」、「不需要證據」。
	承認／道歉	組織承認指控，並／或請求原諒。	承認	組織承認相關指控，包括組織的責任及錯誤。	B先生對於其喝花酒的指控加以承認
			道歉	組織道歉並／或請求原諒	A公司於紐約的長距離服務失敗後，總裁道歉：「我對所有直接或間接受到影響的人們道歉」。
	進行修正行動	組織承認採行修正措施，並／或承認或防止該錯誤再發生（對於修復或預防的工作不以受害者爲限）。	對受害者進行損害補償（或賠償）	對目標對象進行金錢或非金錢補償	B公司對於一群不願進入戲院者，提供下次免費入場的補償措施。
			採行修復（善後）工作或預防措施	組織對於所造成的傷害，進行金錢或時間上的修復工作。	A公司對於受到原油污染的海域進行清理工作。
			修改企業本身的公共政策	組織對其企業公共政策進行修改。	B化學公司因應環保團體的抗爭，修改公司的環保政策。

表 6.1　組織發生危機後的形象修復策略（續）

	策略	定義	子類目	子類目定義	案例
組織發生危機後的形象修復策略	提供資訊	組織對於大眾或目標對象提供心理與行爲層面的訊息	提供指示性的資訊	組織提供公眾行動上可遵循的資訊，即組織提供行動方針。	C製藥公司發表聲明，希望大眾暫時不要服用疑似有問題的藥。
			提供心理調節性的資訊	組織提供公眾心理調節或適應該事件的資訊	(1)A化妝品公司表示，適量使用其疑似具毒性的物質，不會對人體產生負面影響。 (2)政府在921地震提供「受創心理重建」資訊。
	提供資訊	組織對於大眾或目標對象提供心理與行爲層面的訊息	提供事實資訊	組織提供有關事件的相關訊息	(1)L先生對外公布其跳票及可能的債務數字。 (2)針對某媒體報導台北市長陳水扁上任四年來出國64次，陳水扁競選連任總部表示，阿扁市長上任以來，因公出國15次，私人出國4次，總共出國19次。
	建構新議題	組織創立新議題，企圖分散被攻擊的焦點。	建構新議題	組織透過創立或建構新議題，企圖模糊焦點。	A先生於B先生喝花酒事件爆發後，提出競選團隊辯論的議題。

資料來源：黃懿慧，「淺談形象修復策略：危機回應」（台北：《公關雜誌》第四十二期），頁41。

既然企業危機溝通戰術，能左右實際危機情勢，故此，就應該建構實際溝通的戰術。溝通戰術可視不同的危機加以運用，例如：要爭取時間等待奧援，就可以用以攻代守，直接威脅對手的戰術；期望爭取目標群衆的諒解，則以觸動溝通對象憐憫之心的戰術；溝通目標若僅是讓社會相信企業所言爲眞，溝通內容則應合情入理，並輔以具體行動；溝通前應正視雙方立場與利益的差異，並擬定計畫，使這種差異縮減。實質上，所有溝通戰術，都離不了核心四原則，一是溝通內容與實際行動的可信度；二是要有站在對方立場思考的同理心，才不會忽略他人的利益；三是態度誠懇，讓人更容易接受企業的說詞；四、溝通整合。任何溝通離此四原則，都將使溝通大打折扣。

一、可信度

古有明訓：「民無信不立」；孔子亦曾經強調「足信」的重要性，遠超過「足兵」和「足食」，可見建立目標群衆的信任和信心，具有不可抹煞的重要性。企業在致力於進行危機溝通之際，如果缺乏可信度，儘管企業動員再多的資源，結果都難獲目標群衆的支持。可信度的判準，主要是展現在溝通的內容，是否有實際的行動，配合溝通的言論。兩者若相合，可信度則提高；反之則低。當然，以往企業對外溝通的言論，若都能信守承諾，亦能增加目前危機溝通言論的可信度。

其次，另外影響可信度的兩點變數是，發言人對危機的深入程度，以及企圖與實際目標的關係。發言人對危機掌握程度愈深者，在回答危機相關問題時，則可信度愈高；企業的企圖與實際目標間，不能有過大差距，例如：溝通內容僅有低度的企圖，卻提出高度危機處理的目標，如此則易引起懷疑。懷疑的結果，就會影響溝通的成效。[8]

二、同理心

危機必然涉及相關的關係人，因此必須先認清關係人是誰，才能以對方的立場去思考。被溝通群衆的認知與關切處，在

---

8 增進可信度的戰術：違逆效應。企業可以運用人「反其道而行」的違逆心理，來增強信息的可信度、改變人的態度。例如：愈是短缺的商品，人們愈是千方百計的買；某篇文章被批判、某本書禁止發行，人們愈是爭相傳閱，以求先睹為快；告誡青年人不要喝酒、抽菸，反而會促使他們偷偷的抽菸、喝酒。所以可以根據人的違逆心理，把某種訊息以不宜洩漏的方式，讓被勸説者獲悉，或以不願讓人們多得的方式出現，就可能使被勸説者更加重視這一訊息。請參閱楊君編著，《精妙攻心技巧》（台北：漢欣文化有限公司），民國八十八年一月，頁 47。

危機溝通決策時，一定要納入考量，溝通才易成功。以企業任意傾倒廢棄物，而造成河川、水源的污染爲例，關係人最少有五方面：一是保護環境起而對抗企業不法行動者；二是採取規範行動的政府；三是發動抵制公司產品的消費者；四是阻止企業未來投資發展的地區投票者；五是股東。由於危機通常需要外在的配合，才能順利解決危機。所以要完成危機溝通的使命，就必須站在這五方面關係人的立場（利益）來思考問題，進而扭轉這些關係人的認知。如果企業只站在自己的立場，僅表達企業想要表達者，而忽略關係人想要聽什麼，這之間的差距若過大，而超過關係人所能接受的程度，溝通即算失敗[9]。

三、態度誠懇

態度誠懇雖不足以力挽狂瀾，但它卻是對社會勇於負責的表現。危機爆發時候的狀況，常是晦暗不明、謠言四起，究竟以何者的言論做爲判準，實屬非常主觀。如何建立有利於企業的主觀認知，尤賴企業對外溝通的發言人，爭取建立良好的第一印象，如儀容、言談舉止……等，都可以塑造對方認知企業態度

---

[9] Lundgren, Regina E., *Risk Communication*, Ohio: Battele Press, 1998, p.86.

誠懇的整體印象。例如：飛機失事的危機，發言人的穿著，就應該以表達哀悼的黑灰服裝爲主。回答記者質詢時，聲音亦不可高亢，而應以低沉哀調爲主。在選擇發言人時，亦應注意其外表，是否給人態度誠懇的刻板印象，若能符合此精神者更佳。[10]

四、溝通整合

溝通必須經過整合，不只是所有不同溝通管道的整合，還包括公司內部與外部的整合。在危機發生時，每種溝通形式都必須有重複的主題與一致的訊息，從行銷到公關、到廣告、到網站的內容都須如此，公司內部員工亦需了解公司的溝通重點，才能發揮整體溝通優勢。

在說明危機溝通戰略、戰術之後，並不代表一種戰略或一種戰術就要執行到底。它須要在環境變化時，亦能有所權變。所以企業要邊溝通，邊收集社會輿論的變化。對大衆市場的部分，可以從有線及無線電視、廣播、全國性的報紙（如《中國

---

10 刻板印象的概念，通常被認為是實質與內容不符的一種過度簡化錯誤，然而此處所強調的是，給人初次印象即被歸類為忠厚實在的那一種人，以利企業危機處理的進行，而不在於強調兩者的差異。

時報》、《聯合報》）、網路等處加以收集；對分眾市場的部分，諸如廣告信函、專業報刊與雜誌、電子郵遞；對小眾市場則可以透過電話訪談人員來了解。

所有針對本企業採訪的內容，都必須加以錄音、錄影，以利比較核對。若發現媒體所公布的訊息有誤，或是嚴重損害組織形象時，可由發言人出面提出更正。

第三節　危機溝通的成功案例分析

能夠在第一時間正確的對外溝通，就可增加危機處理的成功機率，化解對立或沸騰的情緒。尤其在全球化過程中，企業成功與否，溝通已成決勝的重要關鍵。許多我國企業在 ODM 客戶或商業聯盟之間，雖然形象大都深受肯定，但是超出國境範圍，我國企業能在國際上打出名號者不多。深究其原因，問題既不在我國的技術或品質，也不在全球運籌管理的能力，而是尚欠全球化的溝通能力。在八〇年代，我國產業已歷經品質革命，許多企業因而採行全面品質管理（Total Quality Management, TQM），爭取 ISO 認證。但是在二十一世紀，我國在加入世界經貿組織之後，則需要另一場溝通革命，以提升我國國際企業溝通能力。溝通在全面品管中，一直是扮演隱藏性的角色。但它對於公司或產品形象的重要性，絕不亞於生產線上的品管，或對研發的投入。因爲無論是行銷、業務、人力資源、公關、廣告、或是內、外部，溝通都是公司全球營運及全面品質管理系統中，不可或缺的一環。如果少了它，就會產生溝通危機。

一般而言，成功的危機溝通，不一定能完全解決危機，但卻可以使危機的嚴重性大爲降低，因爲危機的根源，可能不在溝通層面。然而失敗的危機溝通，卻必然導致處理危機的失敗。從下列危機處理成功的個案，可以發現溝通成功之處在於：周延的處理、溝通的速度、針對危機根源，以及能符合溝通戰術四原則。下列的案例，分爲國內及國外等兩大類。不過在說明成功與失敗案例之前，要特別強調，溝通成功可能不是只有一次，所以必須根據媒體所反映的輿情，不斷有所調整（含行動與言論），才會增加成功機率。

一、國內危機溝通成功案例

1.「立大農畜」財務危機溝通模式

民國八十九年十二月二十二日，老牌飼料大廠立大農畜爆發跳票危機事件，該公司在民國七十九年左右，還是速食業者領導品牌的主要供應商，但因經營不佳，使得幾家主要速食品牌，都不再採用立大的食材。再加上民國八十六年豬隻口蹄疫事件後，因而使得飼料生產與加工肉品的價格狂跌，營運雪上加霜，最後陷入困境難以自拔。導致立大對外負債，達 17 億之多。

爲解決此危機，該公司積極與銀行團及原料供應商溝通，最後獲得十八家主要往來銀行的支持，辦理展延貸款的手續。其與銀行的協議是，將債務分九年攤還，前三年僅付利息，從第四年起開始還本。

其溝通成功之處，在於能夠展現誠意，使銀行團支持。首先，該公司透過農委會肯定立大對產業的貢獻，並行文銀行提供 1 億元的低利貸款。其次，公司表達要強化組織功能，加強應收帳款的回收與保全措施，並將部分董事提出改組計畫。最後，同意銀行團派員監管，使公司的經營運作完全透明化，避免銀行團不必要的疑慮。[11]

---

11 農委會行政作業太慢，營運資金銜接不上，該公司才會爆發 700 萬元的跳票事件。

2.「倚天資訊公司」危機溝通模式

一九九九年倚天資訊公司所遭遇的危機是，巴拿馬查獲五百萬片仿冒影音光碟中，被清查出部分光碟為倚天資訊公司所製造，而剛好美國正在檢討是否對我國運用三〇一條款。在此同一時間，倚天資訊公司的上櫃申請案，才獲得財政部證期會批准，正等候敲定掛牌的日期。爆發此事件後，證期會表示，將請櫃檯買賣中心了解全案，該公司若未能妥善處理，將引爆公司無法上櫃的危機。

倚天資訊公司處理過程，從內部員工到對外的社會大眾、媒體、同業等，都有清楚的交代。最後不但將危機順利解決，同時也提升公司的知名度和形象。其處理的方式如下[12]：

(1) 對外：

①會同中華民國資策會及反仿冒聯盟等具公信力的

陸倩瑤，「資金緊，立大跳票」（台北：《聯合報》），民國八十九年十二月二十七日，版三。

12 「最佳危機處理獎：倚天資訊公司」（台北：《公關雜誌》第三十八期），二〇〇〇年六月，頁29。

單位，共同召開記者會，聲明廠商接受代工生產（Original Equipment Manufacturing, OEM）壓製光碟片，實際上無法檢查壓片內容，是否構成侵權行爲，因此並無智慧財產權方面的問題。

②說明國內資訊業接受委託代工的流程，聲明委託代工的客戶，才是眞正侵權盜版光碟內容的源頭。

③強調倚天資訊公司全力配合檢調單位偵辦，並提供技術協助，建立取締仿冒機制。

④與中華民國資訊軟體協會、中華民國資訊產品反仿冒聯盟、美國商業軟體及台北市電腦公會等團體，共同呼籲政府應強化監督與抽查機制，並協助爭取「來源識別碼」技術授權，以扶植國內相關產業發展，遏止仿冒及使用盜版軟體歪風。

⑤說明公司將以國內首開軟體智慧財產勝訴的毅力，累積過去的努力與經驗，與政府及同業共同杜絕盜版。

(2) 對內：倚天資訊公司同時告訴員工該公司誠信風格，與穩健經營方向不變。結果，倚天資訊公司的危機溝通，不但成功化解危機，且各界皆肯定其立即面對問題及處理危機的能力。所以溝通的結果，不但解決本身危機，提升企業形象，更獲當年度的危機處理獎。

3.「訊碟科技」危機溝通模式

市場有時會謠傳某公司出現何種問題，因而鑄成該公司股價跌跌不休或其他傷害。爲粉碎市場謠傳計，企業幾乎都會主動說明目前接單狀況良好、初步估計又是如何。但這樣的溝通模式，是不是眞的立刻有效，値得深思。若能正本清源，找出謠言的關鍵，針對此疑點加以解決，則其溝通的可信度，相對來說就會較高。民國八十九年十二月初，飽受美國華納先進（WAMO）大廠抽單的傳言，爲解決此市場流言的困擾，訊碟科技爲求斧底抽薪，乃邀請美國華納先進母公司總裁柯恩（Ellis Kern）共同召開記者會。由於該公司是全球接單量最大的DVD影音光碟片業者，在市場頗具動見觀瞻的影響力，所以可信度高。訊碟科技與華納先進雙方共同在十二月七日召開記者會，會中將重點置於WEA與訊碟的合作關係，並表示無抽單等疑慮；訊碟科技所從事的DVD產業，在明年仍是持續成長的趨勢，而華納先進與訊碟科技合作關係良好，並無生變計畫。[13]

---

[13] 蔣國屏，「華納先進稱許訊碟科技值得仰賴」（台北：《工商時報》），民國八十九年十二月八日，版三十四。

由於謠言中所謂的抽單公司，都能親自參與說明會，這樣的危機溝通模式，由於故具高可信度，所以能扭轉市場不利的傳言，強化市場對公司的信心。

4.「吉祥證券」危機溝通模式

民國九十一年一月初，前立委羅福助返台，台灣高檢署查緝黑金中心立即偵查羅福助涉嫌冒貸、掏空案。檢調連續兩天約談吉祥證券高級職員及羅氏旗下營造、顧問公司等負責人。吉祥證券由於前董事長羅福助個人案件，而損及企業整體形象，更導致證券股在上漲行情時，該股股價仍持續逆勢下跌。該公司危機溝通模式是，對外發表正式聲明、澄清事實，並防止謠言擴大，結果公司股票開始止跌回升。

吉祥證券實際運作的方式，乃是在一月十日的《工商時報》頭版，發表嚴正聲明，其重點有四：

(1) 公司資金正常運作：「該公司還本繳息正常，從無逾期之情形發生，而且借款資金係全數用在公司業務之營運，完全與董事長羅福助個人財務無涉」。

(2) 無不法情形發生：「該公司與銀行間之授信額度，均是羅董事長到任前即已存在，並未利用羅董事長之關係，增加額度，更無外傳所言超額貸款之事情。」

(3) 證明公司財力，並再次強調無銀行超貸的情形：「吉祥證券本身資產雄厚（擁有館前路、開封街及信義計畫區之不動產），針對檢調以及部分媒體捕風捉影，登載吉祥證券利用羅氏家族名下土地，向銀行超貸乙事，純屬子虛烏有，並非事實。此有證交所定期查核報告得以佐證。」

(4) 防範媒體效應繼續擴散：「本公司嚴正聲明：對於媒體未向本公司求證之前，任意對於本公司之商譽做不實之報導，或做惡意扭曲，或中傷之一切卑劣行爲，本公司必將採取法律追溯，絕不寬貸。」此溝通能針對冒貸及掏空等市場疑慮，進行詳細公開的說明，所以能獲得市場的信任。

5.「華隆集團」危機溝通模式

民國八十九年八月底，股市大盤一路下挫，十大集團股中有三家減少市值達一半以上。在此財務壓力大環境的架構下，實爲避免該集團受到衝擊，華隆集團主動邀請銀行參觀海外廠，其目的乃是讓銀行實地了解華隆海外投資現況，以凸顯海外投資效益、強化銀行投資信心、紓解財務壓力治標之道、取得銀行信心、降低貸款利息成本。

6.「台灣雪印公司」危機溝通模式

日本雪印危機於民國八十九年六月二十七日爆發危機後，台灣雪印公司爲避免被日本雪印危機所拖累，則積極備戰、準備相關危機資訊。至七月初，日本受害人數直線攀升時，台灣雪印乃在七月十日開始在各大媒體，連續以台灣雪印公司「安全性」與「關心您」等訴求的新聞稿，表達台灣雪印產品與日本雪印不同。[14] 如七月十日的《勁報》的四十版、《星報》第十五版、《大成報》第十二版、《經濟日報》第二十八版；七月十一日的《自由時報》；七月十二日的《中國時報》；七月十四日的《聯合報》及《民生報》。

台灣雪印公司並未在危機正式進入台灣後才溝通，反而在危機初起之際，即掌握危機發展情況，並進行預防性

[14] 安全性的澄清方面，著重在台灣雪印的產品非大阪廠所造，另一部分的嬰幼兒奶粉，其原料來自澳洲而非日本。

的溝通，所以台灣雪印公司並未被隔海的危機所波及。

7.「力霸集團」危機溝通模式

台開信託向更名爲「遠森網路科技公司」的遠倉公司，購買楊梅土地的弊案爆發後，據檢方聲明指出，自八十六年「林肯大郡」倒塌案之後，山坡地價格滑落，因而懷疑遠森購地案有「灌水」之嫌。[15] 台開購地弊案，使力霸集團的企業形象及士氣受到重創。

王令麟先生有四方面的危機處理：

(1) 召開記者會澄清台開購地弊案，並以《中時》及《聯合》兩大報的頭版下方，用顯著的大篇幅方式澄清。
(2) 爲避免員工因危機爆發，而出現人心惶惶、自亂陣腳的場面，故由掌有決策大權的董事長，親自以電子郵件爲員工打氣，並澄清事實的眞相。[16]

---

15 張國仁，「台開購地爆案外案，王令麟遭檢方聲押」（台北：《中國時報》），民國八十九年八月二十六日。

16 東森集團董事長王令麟在民國八十九年八月底，經檢察官聲請羈押的事件發生後，立即發給集團員工的一封公開信，內容強調自身清白及尊重司法的立場。除去司法判決層面的問題，這封信不啻有助於達到

(3) 維護企業經營形象，王令麟先生決定主動向檢察官說明購地過程，並提供所有相關資料，以降低台開購地案對遠森網路科技公司的衝擊。[17]

(4) 澄清眞相：台開向遠森購地過程中，遠森公司在民國八十七年一月以素地價格 8 億 4,500 萬元，購入楊梅二萬二千坪土地，經過水土保持工程費用 3 億 3,200 萬元、利息資本化 1 億 1,000 萬元、建築設計與企業管理費用 1 億 5,100 萬元等，共計 7 億 2,100 萬元開發加工費用，所以遠森公司總成本爲 15 億 6,600 萬元，

「安內」的功能，同時在危機處理的溝通實踐上，亦有值得學習之處。該公開信在媒體所透露的是：「在人生的歷程中，正當事業攀向高峰的時候，遭遇到這次的衝擊，確是始料未及，事實上，早在半年前，遠森公司出賣老坑土地的事，因為台開公司發生官股和民股之爭而受到牽連開始，就要求相關同仁做了全盤的檢查，確認一切都在合法的程序下完成，買賣也沒有什麼瑕疵，因此對此事問心無愧，而且泰然自處，即使案情發展到今天的地步，也還是認為自己並沒有貪贓枉法或罪大惡極，相信法律也終會還給清白與公道。」
周克威，「努力的腳步絕不可停止」（台北：《工商時報》），民國八十九年八月三十日。

17 台北訊，「台開信託購地弊案，王令麟決主動赴檢說明」（台北：《中國時報》），民國八十九年八月二十一日。

並在八十八年十一月，以 18 億 2,700 萬元價格，出售予台開信託（以每坪約 3 萬 8,000 元的生地，經開發爲熟地後，以每坪約 8 萬元並無不妥）。[18]

8.「台塑」危機溝通模式

這是國家「戒急用忍」的安全政策，與企業全球化佈局之間的衝突，其中以《自由時報》於民國八十九年十一月二十四日用〈社論〉的方式，「以八個問題向王永慶先生請教」最具攻擊挑戰性。該篇社論充滿對台塑企業，投資中國大陸的不滿，尤其質疑王永慶主張政府，應解除戒急用忍政策，全爲一己之私，並指出台塑集團用盡台灣政府資源，卻赴大陸投資，棄台灣產業於不顧。該篇社論已造成台塑集團形象嚴重受損，如果台塑形象危機不除，必然會影響企業的長治久安。

爲解決此危機，台塑集團於十一月二十九日在《中國時報》、《工商時報》等大報，以半版的幅度發表聲明，反駁《自由時報》所發表的社論。台塑聲明有幾項重點：

---

18 陳志賢、周克威，「王令麟：一切預料中」（台北：《中國時報》），民國九十年一月十五日。

(1) 質疑該報的公正性：台塑的戰略是，先瓦解《自由時報》的客觀公正的立足點。該報如果缺乏公正性，那麼連基礎都不穩的偏頗之言，自然無須計較。所以台塑集團危機溝通的重點乃是強調「媒體應爲社會公器，但是某報卻將媒體當成私人發洩情緒的工具」。

(2) 台塑集團對政府的任何批評或建言，都是站在產業以及經濟發展的基礎出發，基本上乃是著眼於國家的整體利益；至於政府的大陸投資政策，本來就屬於可受公評之事，民間企業提出建言，姑且不論內容如何，大家可以見仁見智，但《自由時報》社論卻以「政府對你的協助還不夠仁至義盡嗎？」台塑對此質問回應的溝通戰略，是以非公司能力所能控制，也非公司不願，所以不應歸咎公司。「台塑企業在下游加工客戶大量外移至大陸的情況下，爲了企業發展，不得不將部分已逐漸失去競爭力的產品外移大陸，以避免失去商機。」

社論質問台塑企業，「這麼多年來，台塑除了加速資金移往中國外，到底在台灣進行了多少的對等投資？」台塑企業則回應，目前赴大陸的投資金額，爲所屬的台塑、台化及南亞三家公司，以大陸的投資情形而言，台塑在大陸尚無任何投資，南亞投資金額爲39 億元，台化爲 2 億 8,500 萬元。台塑企業最近三年期間，合計投資達 1,911 億元，與大陸投資金額不到42 億元相較，台塑企業對大陸投資金額僅及國內的2%，因此台塑企業仍是以國內爲發展重心。

台塑企業對於國內鉅額投資，資金來源除了來自本身設備折舊及盈餘轉增資外，不足部分向國內銀行貸款支應。以六輕聯貸案而言，貸款合約均規定，所有貸款金額均限六輕建廠使用，不得移作其他用途。若說台塑企業利用六輕聯貸移作大陸投資，這根本是子虛烏有的指控。

9.「愛買」危機溝通模式

在民國九十二年五月二十六日 SARS 疫情正嚴重時，爲了讓消費者安心，愛買特別以全篇幅廣告在大報刊出，並以醒目的大紅字「愛買用心，換您安心」的字樣，配合消毒的圖片，及已經採取的措施。這些措施涵蓋：提早至打烊（犧牲兩小時營業），執行全店消毒；員工上班先測量體溫；所有工作人員全面戴口罩；顧客進入賣場前先測量體溫；賣場於各入口處提供顧客手部消毒噴霧器；賣場內服務台、收銀台、入口門把、電扶梯扶手及手推車等，每天均進行三次以上的清潔消毒；空調濾網完成清洗，確保環境衛生。

由於目標明確、說明清楚，且能針對消費者疑慮，提出具體有效措施，的確可以讓消費者與社會感受到公司的用心。[19]

二、國外常被引述的危機溝通典範

一是嬌生公司危機溝通模式，另一是百事可樂危機溝通模式。兩者的差異點是，前者回收產品，後者並不採取回收的手段。兩者溝通的相同點是，透過溝通來穩定市場及消費者對公司的信心。故特將此兩種危機溝通典範，分述如下：

1.「嬌生公司」危機溝通模式

一九八二年嬌生公司（Johnson & Johnson）處理的泰力諾膠囊事件（The Tylenol Poisonings），始終被視爲危機

19　《聯合報》，民國九十二年五月二十六日，版A十二。

溝通的典範。其原因是有人將氰化物放進泰力諾膠囊，然後再放回芝加哥地區的九個超級市場和貨架上，結果有七名消費者，服用該公司泰力諾膠囊而喪命。這些泰力諾膠囊經政府檢測，證明含有氰化物，當時泰力諾膠囊在止痛藥市場佔有 10 億的銷售額業績。董事長柯林斯（David E.Collins）得知消息後，立刻從嬌生公司總部，搭乘直昇機趕到賓州藥廠。總結其具體顯著的溝通努力共有八項：

(1) 採取行動，消弭大衆潛在危險：對該產品採取全國性的回收行動。
(2) 取消所有關於泰力諾膠囊的廣告。
(3) 該公司配合政府刊登廣告，籲請民衆不要服用泰力諾膠囊。在喪命消息隔日早晨，已有 45 萬張的郵遞電報，送至醫院、醫生、經銷商，以及五百名推銷員手中。
(4) 建立免費熱線電話（在前十一天內有十萬三千六百通電話）。
(5) 對接線回答人員的訓練。
(6) 新聞記者會宣布止痛劑的免費折價券（Refund Cou-

pon）。

(7) 政府負責單位對企業績效努力的證明。

(8) 危機處理之後，在媒體上密集廣告並向消費者推薦新包裝的產品，而且另外製作長達四分鐘的紀錄片，在電視台介紹新的包裝形式。危機處理的結果顯示，該公司銷售成績持續攀升，同時也被視爲以消費者福祉爲優先的優良廠商。[20]

2.「百事可樂」危機溝通模式

一九九三年百事可樂被發現內含針頭，使消費者心生恐懼的危機。事件發生的第二天，美國北區董事長暨總裁就帶著一卷介紹可樂裝瓶過程的錄影帶，出現在全國電視通訊網的新聞節目裡，觀眾可以清楚看到瓶罐是怎樣被倒轉過來，然後在瞬間裝滿。因此根本不可能有機會，容許他人放入其他物體。事件兩天後，原告因爲提

[20] Otto Lerbinger, *The Crisis Manager: Facing Risk and Responsibility* (New Jersey: Lawrence Erlbaum Associates), 1997, p.50.
Dieudonnee ten Berge, *The First 24 Hours* (Cambridge: Basil Blackwell Inc), 1988, p.22.

出不實檢舉而被告發，同時從科羅拉多州一家零售店監視錄影器所拍下的錄影帶，發現一名顧客，企圖將一隻針筒，放入一瓶已開罐的百事可樂。這卷錄影帶與相關報導顯示，該公司是惡作劇的受害者。總裁在事件發生之初，即出現在電視機前，態度從容、充滿自信的回答所有記者所提的問題。如此溝通的結果，更增加消費者對該公司的同情與支持。

第四節　危機溝通的失敗案例分析

危機溝通戰略的運用，必須符合社會的期待，因爲社會期待的背後，是包含政府的政策、社會關切的事項、總體的文化。[21]我國企業集團似乎對於危機溝通的戰略，並未能給予高度的重視，所以在溝通時，常未能眞正抓住溝通的重點。

究竟要如何評估企業形象受損的情形，這可以透過危機前

---

21 波特著，周旭華譯，《競爭策略》（台北：天下文化公司），一九九八年，頁7。

後的形象調查數據、媒體報導量，以及利益關係人反應等三大指標。透過這些指標，就可以有效評估危機溝通成敗的判準。不過最重要的還是避免，錯誤的對外溝通的方式。因為它不但可能造成，媒體批判性的態度，更可能把企業近幾年來，所有的相關過失，皆以表列方式列出來，以喚醒社會塵封的不良印象，對該企業形象的打擊莫此為甚。所以前車之鑑的失敗案例，有助企業遠離溝通的陷阱，就功能而言，甚至超越成功案例所帶來的啓示。

一、食品大廠統一企業之危機溝通

二〇一三年五月三十日晚間，台南地檢署查獲立光農工產品有限公司，在洋菜粉內違法添加工業級原料「乙二胺四乙酸二鈉（EDTA-2Na）」，而立光農工正是統一企業原料供應商之一。五月三十日，統一企業緊急宣布統一布丁，及瑞穗蛋捲冰淇淋95g、冰戀巧克力雙旋冰淇淋 100g、ColdStone 愛戀巧克力 320g及 92g、ColdStone 摩卡馬卡龍 100g 共 7 項產品下架。同時在二〇一三年五月三十一日發佈統一聲明稿：

「經政府及司法機關於一〇二年五月三十日晚間，調查並發現立光農工股份有限公司（地址：台南市仁德區保安村開發2路27號）產品成份有品質疑慮之嫌，因該公司亦爲本公司原料供應商之一。當接獲檢調單位通知後，雖經內部再度檢驗，所有產品均安全無虞。但爲保障消費大眾權益，本公司即時主動將使用該公司原料之產品，先行下架回收（如下）並暫停銷售，配合司法機關調查，釐清事實眞相，待本公司確認產品原料安全無虞後，始恢復正常業務；若立光農工股份有限公司涉有違法情事，本公司將依法追訴，對於這段期間，所造成之消費者不便及社會不安，也深感遺憾及致歉。」

產品明細及條碼代號：

1. 統一布丁100g（4710088430915）
2. 統一布丁180g（4710088430755）
3. 瑞穗蛋捲冰淇淋95g（4710088490193）
4. 冰戀巧克力雙旋冰淇淋100g（4710088061836）
5. 爲COLD STONE品牌代工，針對量販超市通路所開發的3款杯裝冰品：愛戀巧克320g（4710088062819）、愛戀巧克92g（4710088062772）、摩卡馬卡龍100g（4710088062802）

統一企業公司　敬上　2013/5/31

統一企業在民國一〇二年五月三十日，遭毒澱粉波及的危機，但因處理速度極快，在民怨尚未成型之前，已處理完畢，而且也消除消費者的疑慮。統一企業在五月三十一日在四大報第一版下方，將所有危機處理的要點摘要，告訴社會大衆，以平息疑慮！自六月十五日起連續四天，統一布丁重新上市，並在量販、超市、超商等通路展開促銷活動，力圖挽回消費者信心。針對此次危機處理來說，統一並無太大的錯誤。

但是統一沒有交代，所使用的焦糖色素，是否有致癌的危險？爲什麼統一布丁裡，沒有眞的蛋？而且危機一爆發，就把責任推給別人，難道自己都沒有把關的責任嗎？因此，有人在網路上，將統一遭逢危機，就把責任推給別人的案例，歸納出來。譬如「二〇一二年統一生機，被驗出含有超標的塑化劑，統一企業聲稱是，上游廠商的問題。二〇一三年統一超商販售之關東煮黑輪產品，遭檢出有毒的順丁烯二酸酐，統一企業再度聲稱是，上游廠商的問題。（http://blog.udn.com/anny8686/7724857）」所以二〇一三年「宅神」朱學恒，讓網友票選出，二〇一三年最具代表性的「十大惡人」，統一企業竟然票選，被列第五！這對統一企業的永續發展與企業形象，是莫大的傷害！

（陳信榮、陳惠珍，「食在不安　統一、開喜、愛之味、依蕾特也中槍」，《時報》，二〇一三年六月一日；李鴻典，「新聞追追追／布丁爆摻過期原料、拒融冰……統一「食」件簿」，Nownews，二〇一三年七月五日）

二、封測大廠日月光之危機溝通

在《看見台灣》紀錄片中，已清楚高雄後勁溪被污染的極爲嚴重，除了顏色之外，刺鼻惡臭已傷害了農田，嚴重影響附近水體品質，危害公衆健康。十月一日全球半導體封測龍頭的日月光，已經知道自己嚴重闖禍，但遲至十二月九日危機見報，才開始緊急處理。而且時間一直拖到十二月十六日下午，董事長張虔生才親自出來，召開記者會澄清。爲什麼拖這麼久？難道是有恃無恐嗎？

十二月十六日，此時社會對此案已有定見，批判與憤怒的聲浪，非常的強烈。在這樣的氛圍下，張虔生的危機溝通：「當十二月九日知道 K7 廠事件，在第一時間，就要求同事釐清整個事情的來龍去脈，如果確認有失職及違反法紀，絕不護短，如果有應承擔的責任，絕不規避。明年是日月光三十週年，所以從明年起，每年至少捐出 1 億元，至少三十年每年都捐 1 億元，總捐獻金額至少 30 億元，用在台灣相關環保工作。」

雖致上最深的歉意，並強調絕無私設暗管排放廢水，果如其所言，那廢水是怎麼來的？管子是誰接的？公司處理廢水的設備夠嗎？而且也沒有談到，如何恢復被污染的後勁溪！然後再說，什麼一年捐一億，誠意更是不足！因爲該公司已取得政府補助達十億元以上，所以即使他捐，也真不成比例！更何況二〇一三年義美食品用了九千公斤的過期原料，也說要捐一千五百萬，但似乎沒有哪一個團體聲明已經拿到，也沒有聽到義美宣稱已經捐助哪個團體。所以這一招，普遍被認爲是拖延，不眞誠！因爲危機溝通失敗，所以高雄環保局在二十日下午 4 時 30 分提出，日月光違反《水汙染防治法》73 條第 6、7、8 款屬情節重大，違規也未曾改善，因此勒令高雄 K7 廠即日起停工。

台灣 Facebook 使用率十分普及，人均 SNG 車（SNG 車數量對比總人口數的密度）高居世界第一，因此更加速了醜聞傳播速度。以往危機處理有 24 小時的黃金時間，如今因科技的創新，已被迫縮短至「1 小時」。像日月光這種以爲有所恃的，而拖延溝通時機者，是自己把自己害了。

（簡永祥，「在台最大危機　張虔生連夜回台：10 天滅火　在台最大危機 張虔生連夜回台：10 天滅火」，《聯合報》，二〇一三年十二月十一日；林政鋒、簡永祥，「日月光停工案 電子業恐斷鏈」，《經濟日報》，二〇一三年十二月十一日；原住民電台，「後勁溪底泥重金屬超標　日月光涉嫌」，二〇一三年十二月十七日；社會中心，「日月光K7廠停工！」，華視）

三、連惠心與菁茵荒公司的危機溝通

（一）二〇一三年十月二十三日

1. 國民黨榮譽主席連戰長女連惠心代言的「威力纖」，在二〇一三年十月二十三日被台北市衛生局，檢驗出含有禁藥，依法可對負責人、代言人處十年以下有期徒刑，一千萬元以下罰款。
2. 連惠心透過委任律師方文萱表示，連惠心只是「形象代言人」，代言時間原定只到二〇一三年十月底。若確定違法屬實，會立即終止代言身分，向輸入、製造該產品的廠商求償，至於依法該負的責任，她也都會承擔。

（二）二〇一三年十月二十四日

1. 北市議員阮昭雄批連惠心，是販售該產品菁茵荒公司的執行長，應道歉。
2. 連惠心透過律師強調，自己僅代言公司形象，非產品，掛名執行長只是行銷考量，為何有禁藥，她和消費者同樣不解，已經解除和菁茵荋的合作關係。

3. 二十五日連惠心說二十六日要召開記者會說明。

（三）二○一三年十月二十六日

1. 連惠心取消記者會
2. 立委李應元二十六日上午召開的記者會，質疑連惠心，不只是代言，而且還是公司的負責人，呼籲連惠心不要卸責，應道歉賠償。
3. 針對立委李應元的指控，連惠心二十六日上午，透過律師方文萱，發布新聞稿澄清。新聞稿指出，「政治人物不應見獵心喜，為了民調而顛倒黑白，以不實指控對連惠心窮追猛打。連惠心並未經營或管理菁茵荋，沒有從菁茵荋公司拿過薪水或報酬，如果李委員或有關單位，有與此事實相反的資料，請直接提出。」目前正盡全力向國外廠商追查，一旦眞相明確，應負的責任絕不推托逃避。

（四）二○一三年十月二十七日

立委李應元召開記者會，斥責連惠心一再硬拗，毫無歉意，還企圖將問題政治化，李應元要求檢調盡速將相關人員約談到案，以防湮滅證據、進行串供。

李應元進一步公布中國東南衛視的新聞影片，內容顯示連惠心在二〇一〇年十一月十五日，以集團總裁身分，與中百集團簽訂合作協議，影片還顯示連的頭銜，就是生物科技公司執行長。「長江商報」與國內「中天新聞」都有報導；此外，二〇一二年五月四日連惠心，更以菁茵荋生物科技總裁的身分，參加「第五屆海峽兩岸李時珍醫藥文化與產業合作發展論壇」，李應元說，他要試問「連老闆」，怎可風光簽約，出事了就閃避？

連惠心的危機溝通，犯了致命的「擠牙膏」錯誤！也就是，別人說一點，她才承認一點。別人沒說的，幾乎都不承認，甚至還辯駁。結果之前，她說的，竟然是謊話！導致社會對其誠信，完全抹滅。

四、全球速食大廠肯德基之危機溝通

二〇一三年二月肯德基推出的 79 元套餐，廣告 DM 上的漢堡和雞肉捲的模樣，厚實又飽滿，連麵包都快要蓋不住。看起來各個眞是配料豐富的模樣，因此有消費者被廣告吸引，買套餐來吃。但是實際買來的模樣卻有落差，實品麵包只有雞柳條加上少許醬汁，跟廣告照片上豐富的感覺不太一樣；另一款雞肉捲也有相同情形，翻開餅皮只有一片雞肉和生菜，讓消費者花錢買套餐，卻有被騙的感覺。因此消費者指控肯德基廣告不實，對於肯德基形象有重大損害。

肯德基的危機溝通，強調消費者看到的廣告圖片，全部都是用實際商品進行拍攝，絕對沒有誇大效果！消費者若是覺得不滿，可以向服務人員反映。您滿意肯德基這樣的解釋嗎？當然不滿意！公平會則表示，廣告也算契約一部分，過於誇大則明顯違反公平法。肯德基的之前為了推廣產品，竟然不惜以犧牲我國軍人形象，將其描繪成因得不到雞腿，而在地上打滾！無論是廣告不實，或是犧牲他人成全自己，都說明肯德基很缺德！

五、「雪印乳業株式會社」危機溝通模式

民國八十九年日本雪印乳業株式會社，發生日本史上最嚴重的食物中毒事件。該公司為一家具有七十五年歷史的企業，全日本 20% 的乳酪品是由雪印乳業株式會社所承接，民國八十九年六月二十七日，雪印乳業株式會社所出產的乳製品，因使用過期乳品來製造新貨，結果低脂肪乳遭黃金葡萄球菌感染，而造成超過一萬名消費者的集體中毒。

危機爆發後，該企業並未有實際的危機處理措施，直到數

日後，才說明可能是生產線的活塞未定期清洗而造成，而且對產品也未能回收或有效迅速處理，因此七月初受害人數直線攀升到達一萬三千人。直到七月十二日，雪印乳業株式會社才正式承認，大阪廠重複利用過期商品，並願意將全國二十一家牛奶工廠，無限期的停止生產。此時危機影響的範圍，包括：該股票總跌幅達 34.6%；超市及便利商店已將雪印產品下架；股東財產減少一半（股價由 619 日圓跌到 382 日圓）；工廠停工至少造成 110 億日圓的營業額短收；雪印品牌的其他產品，被通路拒絕銷售，所產生的損失粗估達 220 億日圓；雪印品牌破產，信用墜地。[22]

為什麼會使危機不斷升高，而造成雪印重大的企業危機？這主要是因危機剛爆發之際，第一線人員誤判以為是一般的顧客抱怨，不但沒有及時採取必要的行動，也並未向上級呈報。等到決策中樞由外部了解危機嚴重時，又因為掌握不到正確而完整的訊息，使得社長石川哲郎對外所發表的說明與道歉說辭一改再改，最後引起輿情的激憤。七月十七日鑑於危機惡化的情勢，雪

22 王文欣，「雪印乳品危機事件處理省思」（台北：《統一雜誌》），二〇〇〇年九月，頁 33。

印乳業株式會社不得已才向消費者致歉，其在《產經新聞》所刊登的訊息概要是：

「雪印火腿、香腸、果醬均嚴格檢驗無虞。對大阪廠的污染品事件謹致歉意，並將繼續追求產品安全性。」

但是不久，該公司的相關產品又出現事故，因此讓摩斯漢堡在日本的一千五百家分店，均停止製銷以雪印乳製品爲材料的漢堡。此時日本相當於我國衛生署的機關——厚生省，也因社會輿論壓力而進入檢查，七月二十六日厚生省的檢查報告出爐。雪印乳業株式會社此時同步在報上，登出全版的致歉文，內容說出「對產品回收與資訊公開太慢」及「事故原因的說明顛三倒四」。[23] 但因未能立即公開承認事實，誠實說明發生緣由；在面對媒體，回答問題時發生致命錯誤，而使得事情擴大。故總結該公司在危機溝通最大的錯誤是：

23　劉典嚴，「掩蓋真相只會導致經營危機」（台北：《工商時報》），民國八十九年八月三十一日，版四十三。

1. 事前未傳遞情報，使得社長與大阪廠長於重要記者說明會上，未能澄清事實，反而凸顯不知危機的根源。若不知危機根源，又何來正確的處理？

2. 記者說明會的功能是表達歉意、說明調查報告、分析中毒原因、報告如何改善、如何處置失職員工；但在雪印記者會中卻未說明如何改進，卻表示「只有一個工廠不合格，相信大家能體諒、原諒」。

例證：雪印危機事件發生過程

6/27　雪印西日本支店接到消費者抱怨電話，指出喝下雪印大阪廠6/23至6/28間製造的盒裝低脂乳後，出現上吐下瀉等症狀。

6/28　雪印高階管理幹部召開內部會議。

6/29　二百人中毒，此事件才呈報石川哲朗社長。

6/29　早上雪印接受大阪市政府的回收商品指示。

6/30　三千人中毒，雪印發表第一篇新聞稿。

7/1　四千八百人中毒，第一次召開記者會，在記者追問下，雪印暴露出內部溝通不良的狀況。

7/6　中毒人數超過一萬人。

7/6　下午5：30召開記者會，石川哲朗社長表達辭意。

7/7　雪印股價由每股619日圓跌到405日圓。

7/10　雪印宣布全面回收三十萬盒此種低乳脂品。

7/11　奈良一位八十四歲老婦中毒身亡。
7/12　受害人數超過一萬四千人，雪印宣布關閉全國二十一家工廠進行檢查。
7/12　雪印股價再跌爲382日圓。
7/13　日本7-11全面停止銷售雪印生產的十三種產品，包括乳酪、布丁、冰淇淋。
7/22　雪印又被查出使用過期兩年的起司，作爲飲料原料。
7/27　於《產經新聞》刊登道歉啓示。

六、「台塑」危機溝通模式

汞污泥事件爆發後，台塑似乎並無立即的危機處理，對外始終保持低調沉默，並未具體澄清。這種「零動作」的危機溝通模式，既未能針對危機、解決危機；也未能正本清源、有效駁斥，殊爲可惜。

例證：危機事件原委

民國八十七年十二月下旬所爆發的汞污泥事件，是因台塑汞污泥的承攬商環福貿易公司，輸往柬埔寨有毒廢棄物之後，引起當地的社會動亂。根據當時外電報導，台塑輸出的汞污泥含汞量達到675 PPM，含量已超過國內標準的三千多倍。

台塑既沒有出面主動澄清，並及時解決柬埔寨地區的傳言與恐慌。結果不僅造成國家形象受損，也造成當地民眾受害。台塑卻被動等待，最後竟對外表示，等事情處理告一段落後，找適當時機再向外界做一完整說明。[24]

七、「國豐集團」危機溝通模式

民國八十九年八月三十一日，國豐集團負責人林學圃二位兄長，爆發 3 億 7,000 萬元鉅額違約交割。九月一日上午，立法委員簡錫堦召開記者會，指控林學圃惡意掏空集團旗下國豐、楊鐵、南港等三家上市公司資產。當天下午，林學圃假證交所，召開上市公司重大訊息說明會，以進行危機溝通。

該集團修補形象的戰略，主要以「轉移責任」爲目的。所以危機溝通重大訊息說明會一開始，林學圃將國豐集團乃至於個人財務問題，皆歸咎於政府長期漠視國內傳統產業，以致經營

[24] 謝蕙蓮，「環保署要台塑派人赴柬」（台北：《聯合晚報》），民國八十七年十二月二十六日，版一及版四。
陳金章，「環福公司：適當時機外說明」（台北：《聯合報》），民國八十七年十二月，版三。

困難；其次，又將責任轉移到銀行界，因爲銀行對傳統產業抽銀根，將企業質押的股票一一斷頭，造成股價崩盤。他直指：「國內銀行業者沒有擔當！」危機溝通說明會上，一連串的砲擊，彷彿集團財務危機的所有過錯，都是別人造成的，國豐集團的企業負責人，絲毫沒有一點責任。事實上，根據《商業周刊》九月一日對說明會現場報導的描述，林學圃給媒體記者的印象是「不誠實」，因爲旗下各公司交叉持股狀況、負債數字，都是媒體記者一再追問，在逼到不得已的情況下，才公布的數字，而且這些公布的數字，還讓當場的媒體記者，感覺訊息不知是眞是假。[25] 九月八日財政部對此事件的反應是，國豐集團經營者要讓出經營權，才符合「救企業不救個人」的原則，同時也有利於集團申請紓困。[26]

總結國豐集團化解財務危機的溝通戰略，本在安撫銀行、爭取銀行的支持，亦希冀政府來協助集團，暫緩危機的壓力。然而國豐集團召開記者會，卻將責任歸咎於能救它的政府與銀行。由

---

25 范姜哲寶，「林學圃困獸之鬥，如何解套」（台北：《商業周刊》），民國八十九年九月十四日。

26 陳信仁，「國豐集團將解散重整，引進新團隊」（台北：《自由時報》），民國八十九年九月八日，版十九。

此可知，國豐集團危機溝通的戰略與結果，將難如預期。

八、「洪氏英科技公司」危機溝通模式

民國八十七年獲得中華民國傑出企業領導人「金鋒獎」的洪登順，民國九十一年順利上櫃的洪氏英科技公司，民國九十三年十一月中旬就出現企業財務危機。當月十二日董事長洪登順表示要在十五日上午在櫃檯中心舉行記者會，說明公司的財務危機，所以十五日上午櫃檯中心擠滿記者，沒想到空等一小時後，公司發言人卓聖淦才發現洪登順滯留中國大陸未歸（結果洪氏英科技高掛五萬多張賣單）。十一月十六日洪氏英董事長洪登順，本身並未親自現身說明危機爲何發生以及如何解決，而僅是透過越洋電話對外說明。十七日洪氏英科技公司董事長洪登順，未能正式出面說明所募資金流向，導致股價持續跌停。

民國九十三年十一月洪氏英因洪登順個人財務危機，進而引爆公司財務危機，營運資金遭銀行無預警凍結，導致跳票，短期周轉金匱乏，致公司無法順利運作。十一月十六日洪氏英董事長洪登順因債務躲藏到大陸，僅透過越洋電話對外說明，強調：「危機是因個人資金超過 10 億元用在護盤及認購現金增資上，至今沒有賣出一張股票。洪登順並指控作手利用媒體，發放

不實消息打壓公司股價，媒體未確實查證即發布不實消息，以致股價連續暴跌感到相當憤怒。」由於溝通重點與利益關係人期望相差過鉅，故屬於失敗的危機溝通。同時，公司未如預期就現金增資的增資款流向，提出相關資料及說清楚，因此財務危機開始擴散。首先，股票自十一月二十二日起被列爲全額交割股；其次，銀行帳戶開始遭到凍結，該公司合計到期之應付票據及應付帳款，還有一億零五百萬元，雖有部分金額已協調展延，但扣除可用資金，整體缺口仍有約九千萬元。此外，勞資爭議的資遣費議題也浮上檯面。台北市政府勞工局協助洪氏英公司員工，寄發存證信函到位於嘉義的總公司，並要求公司儘速召開勞資爭議協調會，處理後續事宜。

九、「瑞穗金控集團」危機溝通模式

日本瑞穗金控集團名列民國九十一年《財星》雜誌「全球五百大」的第八十二名，它是日本第一勧業銀行、日本興業銀行與富士銀行三家金融機構於二〇〇〇年九月二十九日合併而成。該集團總帳戶數高達三千多萬及十七萬企業客戶。

在民國九十一年四月一日上午，瑞穗銀行自動提款機出現故障（日本有一萬一千台），其中有提不到錢、無法轉帳，也有的被重複扣款（約有三萬帳戶被重複扣款），情況極爲混亂。該集團四月二日已知道出問題，但該銀行直到四日下午才首次對外宣布，五日才舉行記者會。由於溝通過於延遲，使得民衆所期望的與該集團實際的表現，出現期望落差（the Expectational Gap），因而嚴重破壞顧客信任的關係，同時也摧毀該集團的品牌形象。[27]

---

[27] 曾茹萍，「資訊整合，整出 17 億日圓大烏龍」（台北：《e 天下雜誌》），二〇〇二年十一月，頁 72-73。

第七章

企業危機處理實務

一九一九年美國克萊斯勒公司（Chrysler Co.）在美國底特律市宣告成立，到了一九四〇年克萊斯勒逝世時，公司的產量和營業額，已超過福特公司，成爲僅次通用汽車公司的全世界第二大汽車公司。但後來卻因經營不善，盲目發展，營運每下愈況，到一九七八年，開始出現公司歷年最嚴重的年度赤字——虧損 1 億 6,000 萬美元。當時外部有日本強大的競爭對手，以及因伊朗引發的石油危機；內部則是結構鬆散、各自爲政。由於公司部門多、分工細，以副總經理一職，就有三十五個之多，但各部門只顧維護本部門的利益，整個公司沒有一定的工作制度，也沒有聯繫公司各部門的制度，更沒有召集各部門負責人開會的溝通制度。在缺乏可信賴的情報資訊收集和傳輸系統的情況下，某一部門若出錯，公司決策階層根本就無法得知。故此，傳輸的信息常常相互矛盾，致使公司根本無法做出正確的決策判斷。結果工程部門設計的車輛，製造部門無法生產；製造部門造的車輛，行銷部門無法在市場順利銷售，因此庫存不斷增加。在如此混亂的系統環境下，又正值美國進入經濟衰退期，國際石油輸出國組織大幅提高油價，因此克萊斯勒公司所生產高耗油量的大型汽車，市場持續急速萎縮，銷售量僅有正常狀況的一半，僅艾科卡就任前的十八個月裡，就虧損 4 億 6,000 萬美元。所以危機爆發時，克萊斯勒公司是債台高築、資金短缺、士氣低落。[1]

一九八七年七月底特律傳出轟動輿論界的新聞，亨利二世將才華出衆的艾科卡（Lee Iacocoa）從公司總裁的位置趕下去。於是克萊斯勒董事長李嘉圖立刻親自出馬拜託艾科卡重整該公司。如果身陷困境的公司，聽天由命，不「借」由著名企業家艾科卡，或許克萊斯勒公司早已不存在。

艾科卡採取危機處理的措施，是多方面的同時進行，這些措施包括：[2]

1　唐允策，《不景氣時代的成功啓示錄》（台北：紅蜻蜓文化事業有限公司），二〇〇一年九月，頁 97-99。

2　同註 1，頁 100-104。

1. 組織結構改組。把幕僚群縮到最小範圍，並解僱 33 位領導階層的副總經理。
2. 提升快速反應能力。組成公司四人決策小組，來決定公司所有關鍵性的事務。
3. 降低還債壓力。出讓有穩定營收來源的坦克事業部門。
4. 減少支出。艾科卡要求公司最高管理階層，減薪 10%，同時也將自己的年薪，調爲象徵性的 1 美元。
5. 減少虧損關閉虧損的工廠。
6. 增加營運資金。不斷與國會議員進行危機溝通，以爭取政府貸款擔保，最後獲得 12 億美元的貸款。
7. 快速推出新產品。公司加速研發新車，並在一九八四年上市。有鑑於該車性能強，所以立即佔有 12% 的小型車市場。

結果使得公司在一九八四年，取得 23 億 8,000 萬美元的純利，而且使資產升高爲 90 億 6,000 萬美元，最後得以購回質押股票。公司的體質與實力，已大幅度的轉變。

從艾科卡處理克萊斯勒公司的危機，可以看出危機處理，必須面面俱到，才能日起有功。但如何能使企業扭轉乾坤、脫離死蔭幽谷呢？克萊斯勒公司危機處理的成功經驗，說明必須要有總體性的系統思考，才能掌握病源、標本兼治。但為了便於說明企業每一種主要病症、預防及處理之道，所以從下節開始，對企業競爭戰略、人力資源、財力及資訊危機等管理等，逐一分開說明。

第一節　企業競爭戰略危機

員工要的不僅是噓寒問暖，更重要的是找出企業生存的方向。這種方向所塑立的目標，就必須靠戰略來達成。它是根據趨勢來擬定，而不是某時刻的片段資訊。若是企業開始往錯的方向走，動能有時會大到停不下來，這就是企業的危機。例如：市場機會可以使企業迅速發展，但如果沒有加強自己企業的能力，一旦機遇過去，大環境開始惡化，企業就難逃危機的厄運。

同樣的企業資源，執行不同的企業戰略，對企業的整體發展，就會有不同的結果。因為戰略是企業生存的大政方針、組織發展的方向，方向不清就會使得企業一直在原地踏步；若是錯誤，對於企業有限資源的投入，以及人力的配屬，都會產生嚴重的問題。公司對外的商業行動，若按照此經營戰略持續下去，如果沒有外在變數干擾，正確或錯誤的假設與競爭戰略，遲早都會顯示其具體的結果。儘管企業總體資源的強弱，制約了企業在商場中，主動或被動的客觀基礎，但主動或被動的實現，還必須透過戰略的實踐。企業若有正確的戰略指導，就可以轉劣勢爲優勢，指導不正確，則可能轉優勢爲劣勢，從而改變企業與競爭者之間的戰略態勢。那麼何謂正確？又如何辨識企業競爭戰略的危機呢？

《孫子兵法》〈謀攻篇〉有云：「知己知彼，百戰不殆。不知己而知彼，一勝一負。不知彼，不知己，每戰必敗。」[3] 兵聖孫子從「知己」、「知彼」等兩大層次，提出不戰而屈人之兵的謀攻戰略。此處有必要加入敵我雙方角逐所在地的市場特性，然後總結這三者（知己、知彼、掌握市場特性），以作爲判斷競爭戰略危機的基準。凡掌握此動態變化精神者強，相離者弱，相悖者亡。下列分析的架構，重點置於掌握「市場」的能力、競爭對手及產業外來威脅，最後並提出捍衛市場佔有率的戰略，以及避免三大戰略危機。經營策略是企業運作的大政方針，此方針會牽動後續作業流程與組織架構，更與企業競爭力與核心職位有密切關係。

3　此處的「殆」，是危殆、危險的意思。

一、就掌握「市場」的能力

規劃競爭戰略最重要的，就是把公司放到「市場」環境中去考慮。因爲市場就是戰場，如果不了解市場特性，戰略必然有盲點，評估當然有誤，所以企業經營者不可不察。以「自創品牌」爲例，企業皆知此舉會使企業利潤大幅提高，但如果不了解市場特性，而貿然投入舉世知名品牌的必爭之地（如美國市場），尤其剛開始自創品牌，就直接和世界一流品牌硬碰硬，失敗的機率自然較高。這就是爲什麼有許多案例顯示，自創品牌的企業，到了美國後，常有鎩羽而歸的現象。這也就是波特（Michael E.Porter）在《競爭戰略》（*Competitive Strategy*）一書強調：選擇進入競爭壓力較小的產業，以提升獲利潛力；要挑出競爭者最沒有準備、最不熱中或最無意競爭的市場，而己方勝算較大。如果此精神是正確的，那麼企業可以從成功機率較大的「未開發國家」和「開發中國家」的市場開始著手。成衣界的台南企業（衣服品牌爲「TONY WEAR」）就是先銷售到中國，進而擴展到全球市場，因而不但使產品毛利提高，每股盈餘大幅成長，而且企業也變得更爲茁壯。

市場需求變化快，企業戰略的反應就要跟著快，如果慢，就失去先機，甚至造成不必要的庫存、資金積壓與資源浪費。過去台灣很多中小企業最大的優勢，還是在於速度，因它能很快轉換生產線上的產品。例如：爲因應市場的變化，做小家電起家的燦坤企業，則結合台灣的製造優勢，和來自世界各地的設計師（包括日本、法國、義大利的設計師），轉型做國際化的設計，企圖規劃出具世界級競爭力的產品。面對瞬息萬變的市場，有必要能深入市場結構特性及其遊戲規則，才能建構企業「致人而不致於人」的有利戰略態勢。

皮古（A. C. Pigou）及凱因斯（J. M. Keynes）等兩位世界級的經濟學家認爲，廠商在投資之前，必須對市場未來發展進行評估，進而作爲企業競爭戰略的基礎根據。但是市場預期常會出現經濟學上兩種典型外生理論（Exogenous Theory）的錯誤。一種是「樂觀的錯誤」預期，另一種是「悲觀的錯誤」預期。前者錯誤的預期是，以爲景氣繁榮會一直持續下去，而大量增加資本支出等相關投資。後者錯誤的預期是，當經濟表現不如原先預期的繁榮，而開始步入衰退期時，誤認市場蕭條會一直持續下去，而減少資本支出等投資。[4] 企業之所以會犯主觀判斷上的錯誤，乃

[4] 楊雲明著，《總體經濟學》（台北：智勝文化公司），一九九九年五月，頁337。

是導因於市場訊息不完整。爲避免這樣的錯誤，企業主必先了解市場的特性。

經濟學從研判個別需求出發，並以此來判斷市場的趨勢走向，這五項因素是：產品本身的價格；替代品本身的價格；輔助品的價格；所得水準；個人的偏好與品味。[5] 然而若僅從價格等個體經濟的角度來做總和判斷是不足的，也是危險的。惟有整合性的總體思考，才能掌握市場脈動，才有助於擬定正確的企業競爭戰略。總體思考應著重下列五大方面[6]：

1. 分析市場的規模與需求、所屬產業生命週期的特性、該產品的替代性與通路特性、產業上下游關係、進入障礙與市場區隔等質的因素。
2. 分析該產品的全球年產量與年成長率、當地產量與年成長率，以及在全球的佔有率等量的因素。
3. 對公司產品的市場定位、價格戰略、市場分布、客戶型態與產品別分布等層面進行了解。

---

5 康信鴻，《國際貿易原理與政策》（台北：三民書局），民國八十八年八月，頁 53-54。

6 謝劍平，《財務管理：新觀念與本土化》（台北：智勝文化公司），民國八十八年四月，頁 383。

4. 評估主要客戶群的穩定性、佔公司營收的比重、主要競爭廠商及各廠優勢等無法掌控的客觀因素，所可能產生的影響。
5. 上述四項變數可能出現哪些變化？置分析重點於競爭者與本公司市場佔有率，及獲利基準所出現的變化。

瞬息萬變的大環境，再加上競爭等種種錯綜複雜的因素，市場隨時可能發生大逆轉。所以企業應隨時保持對上述五大領域的分析，以掌握通路商及消費者對產品的反應、目前及潛在的需求、短期波動以及中長期的趨勢，以免擬定任何低估或高估的錯誤戰略。管理學大師彼得·杜拉克（Peter Drucker）對危機研究，提出「成功的失敗」（The Failure of Success）論點。他認爲許多企業組織產生危機，不是因爲以往的失敗，而是因爲以往的成功而有以致之。主要的原因是來自於，企業墨守成規以及僵化的意識型態，而誤以爲往常成功的行動，還能應付目前的市場變局，殊不知外在市場環境的結構與趨勢已經改變，競爭者的戰略已有重大調整，企業對以往環境的假設不再合適[7]。在這種喪失對市場即時的判斷能力，及缺乏實際應變本能的情況下，將

---

7 Ian I. Mitroff, *Managing Crises Before Happen* (New York: American Management Association, 2001) , p.20.

會扼殺企業生機。這個例證以素有藍色巨人之稱的國際商業機器（IBM）最爲貼切，自一九七一年始，IBM 開始擁有大部分的電腦市場及通路，而且十年間投注高達 550 億美元的研發費用。然而卻將各項零組件委外製造，導致數年後不得不與成千上百家 IBM 電腦相容業者廝殺的苦果。再加上自滿於大型電腦優勢，而忽略個人電腦的發展潛力，甚至規定個人電腦事業部，不得與大型電腦客戶接觸。由於對市場缺乏敏感度，復因新產品推出的速度，遠落後於小而快的競爭對手，終於導致該企業的經營危機。[8]

逢此全球經濟一體化的時代，企業競爭沒有減緩，只有加劇。Michael de Kare-Silver 提出二十一世紀全球化競爭的時代，市場快速變化，企業如果無法掌握並超越外在客觀市場環境變遷的速度，即使這種企業爲大型企業，也很可能被小型企業所擊敗[9]。職是之故，企業經營「假設」應該符合市場實際情況，否則就會使企業陷入經營困境。「假設」包含對環境的假設（政經

---

8 邱義城，《策略聖經》（台北：商業周刊出版公司），一九九七年，頁 222。

9 Michael de Kare-Silver, *Strategy in Crisis* (New York University, New York), 1998, pp.28-29.

及社會結構、市場、競爭者、科技）、核心能力的假設、企業特定使命的假設等三項「子假設」。例如：生育率變化，造成我國國小各年級學生數，有逐年減少的趨勢，以及台灣加入世界經貿組織後，將來自世界各著名大學的競爭壓力。因此從趨勢中就可以了解，國內一百六十四所的大專院校，在經營結構上的壓力與威脅，將越來越大。

二、就「知己」的層面

經營是一種不斷突破現狀、面對環境挑戰，並謀求生存的過程。若不知己，就無法發揮己之長，攻人之短，達克敵制勝的目的。然而一般企業常用 SWOT 模式，來分析企業的機會與威脅、強點與弱點。如果這種分析沒有聯繫到市場激烈競爭的程度，那麼這種眞空中的分析，會與現實脫節，而不易找出眞正實踐企業願景的戰略方案。所以知己層面的分析，不是眞空中的「知己」，而是與市場相聯繫的「知己」分析。核心優勢與弱點也是隨著市場不斷地動態變化，所以不能以靜態觀之。

美國喬治城大學 Robert M. Grant 教授，提出資源及能力等兩大類分析法，可以掌握自己企業的強點（Strength）與弱點（Weakness）所在，同時也可以用此法來了解競爭對手。

1. 在資源方面[10]

(1) 財務資源：現金準備金；短期財務資產；貸款能力；現金流入。

(2) 物資資源：廠房與設備（規模、地點、使用年限、技術、彈性）、原物料資源。

(3) 人力資源：不同部門員工的經驗與技術；員工的適應力；員工的忠誠度；高級主管的技術與經驗。

(4) 技術：專利、版權及商標等專利。

(5) 聲譽：產品品牌；商標；公司名譽。

(6) 人脈：與顧客、供應商、經銷商及政府當局的人際關係。

2. 在能力方面

(1) 整體方面：戰略的控制；多國管理；獲利管理。

(2) 行銷方面：國際品牌管理；建立客戶信任；市場調查與目標區隔；行銷管理。

(3) 人力資源管理方面：建立員工忠誠度與信任；開發管

---

10 Robert M. Grant & James C. Craig 著，小知堂編譯組，《策略管理》（台北：小知堂文化公司），一九九四年，頁 57-60。

理；員工能力是否能不斷提升，以應付外在環境變遷。

(4) 設計方面：設計符合市場的新產品能力。

(5) 研發方面：研究能力；開發新產品的能力。

(6) 營運方面：大量生產的效率；製造彈性；品質製造。

(7) 管理資訊系統方面：適時充分的資訊溝通。

(8) 銷售與配送方面：配送的效率與速度；訂單處理的效率。

企業若要宰制市場，就要先對上述企業的主要資源與能力，有清楚的認識與了解。才能在變動經營環境的機會與威脅下，隨著各種變化而調整經營戰略，達到企業的長治久安。

三、就「知彼」的層面

「知彼」包含兩個層面，一爲消費者；二爲競爭者。通常在分析「知彼」層面，易犯的錯誤，就是過度簡化，而將對象僅限定在競爭者。結果企業將重心全放在如何擊垮競爭者，而忽略企業更重要的使命，是提供財貨或勞務來滿足消費者的需求。最後儘管眼前的競爭者被瓦解，但如果企業無法供給優質的財貨或勞務來滿足消費者，一樣會遭到消費者的唾棄，最後當然另有新興競爭者取而代之。

1. 消費者

如果不知消費者可支配所得分配的趨勢，不知顧客花在公司產品和服務上的金額，佔顧客可支配所得的比例，更不知道這個比例目前到底是增加還是減少，企業就可能無法抓住機會，也可能無法避開威脅，因而出現經營盲點，甚至行銷戰略也可能出錯。

2. 競爭者分析

波特（Michael E. Porter）在《競爭戰略》（*Competitive Strategy*）一書，極為重視競爭者未來目標、能力、現行戰略、競爭者可能發動的戰略轉變、可能行動、行動強度、認眞程度，以及競爭者對於目前目標達成的滿意程度。[11] 透過這一套分析架構，找出本公司最佳的競爭戰略，使競爭者即使反擊，也會傷害其自身的地位。例如：原本以大電腦著稱的 IBM，如果該公司推出迷你電腦來回應外來威脅時，如此反使本身大電腦的成長速度

11 同註 10，頁 7。

衰退。[12] 故此，本書競爭者的分析，著重在兩個方面：

(1) *找出主要競爭者是誰*？然後使用資源及能力來分析競爭者，來了解對於供應同一市場需求的其他競爭企業。

由於不同的垂直整合程度，不同的上、下游議價能力與經營條件，因此每個競爭者有不同的競爭優勢。爲徹底了解競爭者，就必須掌握：競爭者上游供應商對其議價能力；供應商是獨占或少數幾家所壟斷；供應商對競爭者所供應產品差異化程度；下游產業對競爭者的需求程度；目前競爭者使用何種戰略；優缺點爲何；未來市場的趨勢與遊戲規則的變化，究竟對敵我雙方，產生何種影響；競爭者是否會強化「變」中對我的威脅；如何避免「變」中所產生對我的威脅。總合這些變數後，才能眞正清楚競爭者實際的戰力與戰略方向。所謂「多算勝，少算不勝，何況無算

---

[12] 波特〈http://www.bookzone.com.tw/query/advance/bookinfo_booksearch.asp?keyword=波特〉，周旭華〈http://www.bookzone.com.tw/query/advance/bookinfo_booksearch.asp?keyword=周旭華〉譯，《競爭策略》（*Competitive Strategy*）（台北：天下文化），一九九八年一月十五日，頁96。

乎！」，正是這個道理。在知彼的基礎上，企業可以建構更安全、更有勝算的經營戰略。例如：我國企業幫他國企業代工，毛利率不高，企業每股盈餘總是無法突破 1 元附近。就「知彼」的角度，如果還繼續定位於代工的角色，國內製造成本儘管再節省，還是比中國競爭對手的成本高，而且還會受制於國際品牌大廠。如此訂單必將持續流失，經營利潤也只會愈來愈低，所以國內代工業的未來，恐將難脫萎縮與被迫外移的命運。

(2) *掌握競爭對手最擅長的戰略與運作風格*，以研判公司可能遭遇競爭者的何種威脅。基本上，競爭者的挑戰戰略，可以歸納爲下述四種：

①正面攻擊：挑戰者攻擊公司的主力產品或主力市場。

②側面攻擊：挑戰者攻擊公司較爲弱勢產品或弱勢市場。

③圍堵攻擊：挑戰者對公司各層面的產品及市場發動攻擊，迫使公司生存遭受威脅。

④迂迴攻擊：市場挑戰者以間接、出其不意的攻擊方式，來掠奪公司的市場，其方式多是以現有產品進

入新地區；以產品新技術改良，來取代現有產品。

四、建構捍衛市場佔有率的戰略

企業競爭戰略的精義，在於運用有限的企業資源，將機會極大化，使威脅極小化，以創造企業競爭優勢，達爭取企業最大利益的目標。欲達成此目標，在擬定成功的戰略，有四項主要特性不能疏忽：[13] 對競爭環境深刻的了解；對資源客觀的評估；長期而單純的目標；有效率的執行。

透過上述對於市場特性、知彼知己的分析，就能先期掌握競爭者的攻擊威脅，並擬定捍衛市場佔有率的戰略。此戰略有九大面向：

1. 靈活市場情蒐能力

對於各個競爭者所可能採取的戰略，事先模擬因應，並透過企業資訊系統，掌握最新市場訊息。

---

[13] 同註10, Robert M. Grant & James C. Craig, pp.19-20.

2. 強化員工的競爭力

積極面乃是不斷提升員工的專業能力，消極面則要做好知識管理，避免核心技術及智慧財產權被竊。

例如：訓練一群具競爭能力的行銷人員，以奠定堅實的通路關係，達到通路能充分配合公司的目標。

3. 產品創新戰略

透過產品創新，以進入新的市場區隔，創造新的消費者。

4. 品牌延伸戰略

藉著公司既有成功的品牌，並藉此品牌來導出相關系列產品的戰略。

5. 多品牌戰略

同一類產品，推出多種品牌，每一品牌有不同之市場區隔的消費群。

6. 產品側翼戰略

產品有多種不同的尺寸設計，期使滿足不同市場區隔的消費者。

7. 品質戰略

以競爭者的品質爲超越的目標，持續改進產品品質，同時亦可重組公司資源，建構綿密的服務組織網，以強化其客戶服務的品質。

8. 品牌管理系統

執行品牌經理制度，由一位經理負責一種品牌之產銷營運活動。

9. 創意廣告

除注意廣告的量，更要注重其質，期使能得到第一品牌的形象，以建立消費者的偏好。

五、預防戰略危機

戰略是企業能動性最直接的反映，正確與否，攸關企業未來發展甚鉅。正確的戰略，雖不一定使企業必然絕對的成功，因仍有其他變數要考量，但絕不會引導企業走入敗亡的境地。然而相對的，錯誤的營運戰略，絕不可能使企業欣欣向榮、脫穎而出。所以企業在提出自己的競爭戰略時，要對上述三方面進行綜合考量，以及最後的總和判斷，兵書有云：「善用兵者，能度主客情勢，移多寡之數，翻勞逸之機，遷利害之勢，挽順逆之狀，反驕厲之情。」以西南航空（Southwest Airlines）爲例，在面對激烈競爭的美國航空市場，該公司面對市場諸多強敵，原本該公司僅能扮演邊陲性的角色。但由於「能度主客情勢」，故能提出正確的競爭戰略，選擇較短的直航路線、較不擁擠的機場，作爲營運的重點。由於都是短程航線，不但使得機型統一（波音七三七），達維修及採購的規模效益；機上不提供餐點，對於成本控管亦有助益。[14] 所以最後該公司可以「移多寡之數，翻勞逸之機，遷利害之勢，挽順逆之狀」。

企業除不知己、不知彼所可能產生的盲點外，另外，輕敵、被動、內部衝突、缺系統宏觀的思考，亦是制定戰略時，可能的危機。因此企業要預防的戰略危機包括：

1. 輕敵

兵法有云：「料敵從寬」，但在「不願長他人志氣」的心理情結，所以對「彼」的分析結果，幾乎都有輕敵的現象。其結果反而不利於企業的發展，在商場上這樣失

---

[14] Robert F. Hartley 著，于卓民審訂，《行銷個案分析》（台北：智勝文化公司），民國八十九年一月，頁 272-281。

敗的案例，實不可勝數。以最近我國企業大舉西進爲例，所派往大陸經營者，幾乎都是公司的二軍、三軍，主力大都是放在本地企業。殊不知大陸在改革開放後的市場，既廣大又複雜，所以應該適時投入主力部隊，擴大戰場成果。否則相較於競爭者而言，進步緩慢就是落伍，落伍即表示所累積的市場資源相對過少，不利後續發展。另一個類似的輕敵錯誤是，以爲只要在美國、歐洲賣不掉的東西，都可以拿到大陸傾銷（倒貨），而不是以永續發展的精神來經營品牌。

2. 被動防禦

被動易喪失市場戰機，尤其當產業競爭大環境急遽變遷時，企業不應被動的只是去維持企業一般的運作，而是透過戰略規劃流程，來擬定企業整體的戰略目標，主動發掘問題，擬定因應措施與解決方案，好洞悉企業未來發展方向，預先爲組織創造所需的競爭力。

3. 內部衝突

企業經營最怕高層經營者之間，路線衝突或權力衝突，造成企業僵化的經營，而喪失制變的先機，最後使企業難逃被市場淘汰的命運。這是企業戰略之「癌」，需要有胸襟與智慧來溝通，以化解彼此的歧見。

4. 整體考量

過於短視近利，缺乏系統宏觀的經營戰略，也是企業失敗的根源。傳統上衡量一家企業經營的成效，最簡單的指標，就是「財務報表」。從每一季的損益，都可能決定經營階層的去留。所以無形中許多公司經營者，最關心的只是目前的賺賠，所追求的只是眼前的利潤。因此只顧眼前的利潤，就可能出現短視的決策，儘管這種決策可能產生一時的利潤，然而最終將導致公司長期的衰退，甚至終結企業永續發展的契機。因此在規劃戰略的過程中，要將所有要素環環相扣，並明確釐清各項要素，以決定如何將其整合在一起。如此才能較爲適當地決定企業目標、方向與實行方法。[15]

15 周俐伶，《策略規劃教戰守則》（台北：中國生產力中心），一九九九年，頁3。

第二節　人力資源危機管理

「經濟發展在企業，企業發展在人才」，一流人才對於企業版圖的發展，佔有非常關鍵的地位，因此企業最重要的是，要想辦法把一流人才吸引過來。尤其在市場強敵環伺，或景氣衰退的大環境中，希望能振衰起蔽、脫穎而出的企業，更要著重人才。在創投業常有所謂的：「寧可投資擁有一流人才，而僅擁有二流技術的公司，也勝過擁有一流技術，而僅擁有二流人才的公司」。其背後的精神，就是人的主觀能動性，超越客觀的硬體價值。

人力資源是企業資源中，最重要的資源之一，爲使企業順利運作、永續發展，有必要加以管理。本節首先剖析人力資源管理的危機面，進而提出解決之道。故此，在人力資源危機管理這一節，分爲兩大部分，第一大部分是企業十大人力資源管理危機，它包含：企業學習力危機、品德與忠誠度危機、濫竽充數危機、組織結構危機、制度危機、職場安全危機、士氣危機、人才流失危機、員工被綁架危機、法律危機。第二大部分是，針對第一大部分的危機，提出方案來解決。本書所論及的人力資源（Human Resource），指的是「組織內有關員工的所有資源而言，它包括員工性別、人數、年齡、素質、知識、工作技能、動機與態度等。」人力資源管理（Human Resource Management）係指「對組織中人員加以有效管理，以使員工、企業及社會均能蒙受其利。」[16]

一、企業十大人力資源管理危機

企業最容易犯下的錯誤是，將用人政策與經營策略脫勾，只從成本角度思考企業人力，如此只會注意企業人力「量」的問題，並沒有掌握到「質」的一面。下列將企業常犯的十大人力危機分述如下：

1. 企業學習力危機

競爭者的挑戰，外在環境激烈的變遷，如果企業不能與時俱進，組織不能不斷學習，競爭力不能快速提升，勢必難以應付外來挑戰，企業就會落在市場系統的危機當中，而逐漸衰微。既然「變」已成常態，整體企業組織就必須全面學習，才能持續地創新。

---

16 李正綱 & 黃金印，《人力資源管理》（台北：前程出版社），民國九十年六月，頁 17。

Mark Haynes Daniell 強調企業在危機世代中，應著重：[17] 反應的能力，及資源有效部署的能力。企業的組織形式，若不能成爲「學習型的組織」，使企業員工增強職能專長、擔負新的使命與角色，相對於外在環境的威脅，這種缺乏反應的能力，將是企業危機的根源。我國企業若想從傳統產業，轉型爲高科技的企業，必須提升現有工程師，及其他專業人才的能力。尤其在網際網路時代，電子商務及網路行銷，有其不可抹滅的重要性，企業應該學習的層面甚廣。例如：客戶關係管理（CRM）、企業資源規劃（ERP）、供應鏈規劃及執行（SCP/E）、事業夥伴關係管理（PRM）、企業經營績效管理（BPM）、電子商務（e-Business）、企業入口網站（Corporate Portal）及行動運算（Mobile Computing）等，都涵蓋在學習的範圍內。

2. 品德與忠誠度危機

品德與忠誠度，都是企業員工的必備條件、永續發展的

[17] Mark Haynes Daniell, *World of Risk: Next Generation Strategy Volatile Era* (Singapore: John Wiley & Sons Pre Ltd) , p.53.

資產，但也可能是企業崩潰的源頭，中國人所謂「水可載舟亦可覆舟」正是這個道理。企業如果用道德操守不佳的人，來擔任企業要職，就如同不定時的炸彈，隨時都可能爆發而重擊企業。根據 Hill 研究美國六十七家經營失敗銀行，所歸納失敗的原因為：

(1) 對內部關係人的不當貸款。
(2) 由於職員的道德風險，所發生侵占和盜用公款。
(3) 貸款品質管理不良，最後導致呆帳損失。[18]

總結這些失敗的原因，以「品德缺失」最嚴重。尤其在久任某一職位後，除了豐富的職務經驗外，尚可能發現工作中的漏洞。在報章雜誌這類案例最多的是，保全公司的運鈔人員監守自盜，以及銀行違法授信放貸。其結果可能打擊企業、半毀企業、瓦解企業，尤其著名的案例有三：

(1) 瓦解企業：民國八十四年二月二十六日，轟動全球的霸菱銀行（Barings Bank），因虧損 14 億美元而宣告

---

18 劉金華，《金融管理》（台北：捷太出版社），民國八十八年一月，頁 142。

倒閉。其鉅額虧損係由一名年僅二十八歲的營業員里森（Nicholas Lesson），在未經授權的情況下，賭輸了日經指數期貨，卻利用多個戶頭，掩蓋其損失部位。而且爲了扳回龐大損失，里森最後利用更高的期貨槓桿全力下注，最後不但無法回本，甚至將百年基業的霸菱銀行（一七六二年成立）一舉擊垮。[19]

(2) 半毀企業：國際票券公司板橋分公司的營業員楊瑞仁，盜開國票公司商業本票長達半年，累計金額高達 100 多億。該員用這些錢來炒作股票，以致國票公司在扣抵 100 億的損失後，公司股票被打入全額交割股。

(3) 打擊企業：民國九十一年台積電員工涉嫌利用電子郵件，將公司晶圓製程與配方，以及十二吋晶圓廠配置與設計圖等營業機密，傳輸到上海某國際集成電路公司。由於核心技術外洩，就可能產生複製甚至取代原企業的工作能力，而影響企業未來的發展。

---

[19] 林進富，《公司併購教戰守則》（台北：聯經出版公司），一九九九年五月，頁 42。
期貨就像一把利劍，操作得好，可以避險獲利；反之，看得不準，可能傾家蕩產。

3. 濫竽充數危機

企業如果有 1,000 人，卻只發揮 200 人的戰力，其餘 800 人不見了，卻仍要付薪資，這就人力資源的一種危機。

企業掌握了人才，就等於掌握了市場的主動權。沒有能留得住人才的企業，很可能在缺乏競爭力的情況下，逐漸萎縮，最後走向倒閉之途。

但是當企業在高度成長，或亟需用人之際，卻又難招募到員工時，就很可能放鬆對應聘者的篩選，和資格的審查。因而使得一些缺乏經驗、技能較低，管理能力、技術水平明顯不夠的人員，甚至沒有受過正規培訓的職工，也充斥到企業的技術研究、產品研發、市場營銷、財務管理、資訊管理等重要部門的職位。這些由於經驗和能力缺乏的員工，卻擔任企業要職，結果可能隨時為企業帶來危機。[20] 企業錯誤可大可小，對企業也可能出現不同程度的危機。下列兩個危機，可作為前車之鑑：

---

[20] 鄧曉嵐，《企業內部的風險》（北京：經濟管理），二〇〇〇年七月，頁 24。

(1) **車諾比爾核電廠的爆炸危機**：反應爐的冷卻系統設計不良，以及缺乏防止輻射外洩的圍堵結構，固然是重要原因，然而如果沒有人員不當操作，也不會造成前蘇聯烏克蘭地區的重大災難。

(2) **日本雪印乳業株式會社**：因乳品品質不良危機，導致一萬多名消費者集體中毒，造成公司創立七十五年來，最大的經營危機。造成主要的原因是，大阪廠未依衛生規定按時清洗，並將未出貨或退貨之過期乳製品，重新加工生產；部分混裝過程是在戶外進行，不僅溫度無法控制，而且灰塵四散。危機爆發後，第一線員工不僅沒有及時採取行動，也沒有向上級呈報，而導致危機持續升高，最後使整個企業的經營權轉移。

4. 組織結構危機

市場不是靠單打獨鬥，而是企業群策群力的總體戰力。然而企業部門與部門之間，若因藩籬過高、溝通不良，則易造成商場上無法快速反應，而失去先機。員工自掃門前雪的心態，不但讓企業成功的可能性大打折扣，最終也會導致企業市場佔有率的下降。公司若任由部門各行其是，則部門間的專業取向，及其主事者的動機，不免將支配各部門的戰略走向，最後公司的總體戰力降低。所以必須確保各部門，在公司大戰略目標下，集衆智、衆力，發揮相加相乘的效果。為了要達成這個目標，就必須掃除組織結構的障礙。特別是企業預算及升遷機會的制度設計，所屬部門業績佳時，預算及人員都會隨著增加，個人獎金與晉升機會也都增多。因此公司各部門，皆各自以自己所屬部門的利益或立場，為最高利益。影響所及，狀況較輕者，無法為公司全體利益達成所需的協調；狀況較重者，寧可犧牲公司利益，也要追求自己部門的利益。[21]

5. 制度危機

無制度不足以統合戰力，而錯誤的制度，也將會使企業戰力大減。企業應該設計足夠誘因的機制，使員工願意

---

[21] 伍進坤譯，《危險的公司》（台北：志文出版社），民國七十五年，頁 100。
在一般的原則下，管理階層都會主動去追求「正確」的組織結構，實質上，最有利的組織原則是：適合任務的組織形式。使命制約了策略的選擇，策略又制約了企業結構。

全力以赴。考績、職務調動、員工待遇，是企業經營的重要支柱，但也常出現錯誤。

(1) 為了在激烈的市場競爭中，取得優勢地位，企業管理者通常可能訂出各種遠大的計畫，這在企業內部，會對員工造成很大的業績考評壓力。透過業績的方式激勵員工，在一定限度內是一種動力，但如果超過這一限度，則往往轉化為員工難以承受的壓力。為避免被降職、減薪、甚至裁員，就可能出現知情不報或故意矇騙等情形，或為達到產量的指標，便忽略重要的質檢程序，這都是可能導致企業危機的根源。[22]

(2) 企業主把員工視為經濟工具，而出現過分要求員工或苛待員工的現象。要知道無恩不足以使眾，尤其是困難不易突破的工作，若一味苛待員工，必然產生「異化」（Alienation）的現象。表面上員工可能礙於工作的需要，不會當面衝突。但許多暗中的損失，是無法直觀式的因果論述，特別是企業對外接觸最頻繁的單位，如門房、警衛、倉庫管理員、採購原料零組件的

[22] 同註 20，頁 24。

幹部、與銀行往來的會計財務人員及處理海關事務的報關員。由於這些人掌握企業營運動態，若對這些人的管理不當，很可能爲企業帶來無謂的危機。

(3) 企業員工及主管的職務，如果調動過於頻繁，造成在不同性質的工作間轉換，不但會形成經驗不易積累，同時在面臨又將調職的情況下，自然無法專心致志，而導致企業成本增加，妨礙企業團隊精神的建立與發揮。有的企業業績不理想，不問是什麼原因造成的，就更換相關主管，其結果，可能愈換愈糟，反而會加重組織內部動盪不安的危機，以及適應新領導期間的空窗期。因此必須檢討獲利率不如預期的原因，然後再對症下藥，解決問題根源。

6. 職場安全危機

危機管理必須以人爲本，畢竟機器設備損壞可以重新添購，但人員損失卻再也喚不回來。工作環境若可能造成職業傷害，那麼它將威脅到各種精密的機械設備、產品製程、交貨時間，甚至要付出人員意外死亡的龐大補償金。故此，企業若是僅致力追求利潤，對員工人身安全過於忽視的話，輕者將使企業遭致財務上的影響，重者勢必導致企業破產。儘管一次大規模的職業災害，對大企業也許不足以動搖根本，但對於中小企業破壞力，則是致命的一擊。依據我國勞動基準法第五十九條的規定，勞工因遭遇職業災害而致死亡、殘廢、傷害或疾病時，雇主應依下列規定予以補償：

(1) 勞工受傷或罹患職業病時，雇主應補償其必需之醫療費用。
(2) 勞工在醫療中不能工作時，雇主應按其原領工資數額予以補償。但醫療期間屆滿二年，仍未能痊癒，經指定之醫院診斷，審定為喪失原有工作能力，且不合第三款之殘廢給付標準者，雇主得一次給付四十個月之平均工資後，免除此項工資補償責任。
(3) 勞工治療終止後，經指定之醫院診斷，審定其身體已成殘廢者，雇主應按其平均工資及其殘廢程度，一次給予殘廢補償。殘廢補償標準，依勞工保險條例有關之規定。
(4) 勞工遭遇職業傷害或罹患職業病而死亡時，雇主除給與五個月平均工資之喪葬費外，並應一次給與其遺屬四十個月平均工資之死亡補償。[23]

7. 士氣危機

士氣（Morale）指的是對工作滿足的一般感覺，它是由情緒、態度及意見等綜合混合而成。[24] 士氣可以增加企業員工忍受挫折的能力，也可以使各級主管意志集中、力量集中。若企業缺乏了士氣，對企業而言，必然是重大損失。心理學的專家麥可克蘭（D. C. McClelland）研究企業主管的成就動機，與各種企業成功指標的關聯性，結果顯示，公司的成功，有一部分必須歸功於，主管高昂士氣的成就動機。[25] 出現士氣危機的原因很多，有主觀的因素，也有客觀的因素，無論是哪一類危機出現，都容易造成企業墨守成規、缺乏全力以赴的衝勁，取而代之的是，只希望工作不要有太多的變化。低迷的士氣，對

23 其遺屬受領死亡補償之順位如下：(1)配偶及子女；(2)父母；(3)祖父母；(4)孫、子女；(5)兄 弟、姐妹 。

24 A. J. DuBrin 著，錢玉芬譯，《管理心理》（台北：華泰書局），民國八十六年十月，頁 101。

25 陳家聲，《商業心理學》（台北：東大圖書公司），民國九十年二月，頁 142。

於企業的發展，將是重大障礙，同時也很可能忽略外環境變化所帶來的危機。企業管理大都著重有形的客觀數據，很少將企業士氣納入通盤的考量。其實不屈不撓的主觀意志與奮鬥力，常是凝聚企業向心、對抗危機的有力工具。

8. 人才流失危機

人才是企業生存的命脈，一旦另擇良木而棲，將坐大競爭者的優勢，對企業形成嚴重的打擊。合格專業員工的流失，可能是內在制度有問題，也有可能是外在其他企業的挖角，而使大批專業員工楚材晉用。內在制度固然要檢討改進，但千萬不要忽略外在的挖角，在企業競爭激烈的今天，更要格外注意。美國資料庫軟體公司「甲骨文」因擔任該企業系統產品部門執行副總裁布魯姆（Gray Bloom）的離職，被挖角而轉任 Veritas 軟體公司總裁兼執行長，消息宣布後，立即造成原公司股價重挫15%。[26] 人才流失的現象，不只是出現在一般企業、政府

26　余慕薌，「甲骨文悍將跳槽，股價重挫 15%」（台北：《工商時報》），民國八十九年十一月十九日，版五。

機構負責推動國家大型科技計畫的單位，也常出現這種情形。曾經斥資 140 億元來推動國內無線通訊及寬頻網路兩大領域結合的「電信國家型科技計畫」，適值民間業界積極往無限通訊發展，因此參與該計畫的中山科學研究院、資策會、中華電信研究所等，在民間產業求才若渴的情形下，上述這些單位所培育的人才，立即成爲被挖角的對象。這種現象若是發生在企業，後續的市場競爭能力及獲利率，恐將遭受重大打擊。[27]

基本上，從新進人員進入企業始，平均所花費的媒體廣告支出，與主管面試所需耗用的人事時間成本、專業培訓成本、新進人員起初可能產生的作業錯誤成本等，這些都是企業的損失。企業損失的時間點，常出現在企業發生危機，尤其是營運績效由盈轉虧，造成企業人心浮動之際。此時企業營運困難，難保公司內部員工信心不會動搖而另謀高就，到時候相關負責的專業人才出走，

[27] 例如：中山科學研究院部分成員投入華碩陣營；中華電信所轉向鴻海科技；電通所分批投向廣達、聯發與揚智，因此人才嚴重失血。這些轉入業界多為資歷豐富的專才，雖然這些單位可補充新人，但新補人員較多為無經驗的新人。

儘管危機順利解決，但另一個人才危機卻緊跟著來。如果是科技研發公司，危機的殺傷力更大！尤其是以經營人才及研發人才，作為主要核心競爭力的企業，因養成不易，若出現高離職率，應將之視為迫切的組織危機。若是合格員工高離職率現象出現，對於企業就會產生下列四種不利的效果：

(1) 組織氣候氣壓低：組織中人員流動過速，難以建立合作的夥伴關係。新進人員也易受此低氣壓影響，而萌生去意，造成惡性循環。
(2) 競爭力消長：經企業訓練與教育之優秀員工，若轉任至競爭者的陣營中，這批既熟悉原公司運作內情，又經過基礎訓練，正逐漸展現戰力的人員，對企業的短期及永續經營，皆有極不利的效果。
(3) 客戶的信心危機：若與客戶或消費者對應的人員頻頻更換，將影響客戶對企業的信任程度。
(4) 工作善後成本：部分離職的人員，在決定離職，卻尚未正式離開前的這段時間，已無心於原工作業務或維持業務正常運作。甚至有可能心生不滿，而蓄意破壞公司形象、離間與企業客戶間的關係。在人員正式離職後，企業必須處理客戶抱怨、收拾前任業務員所留下來的爛攤子。

9. 員工被綁架危機

人才是企業經營的一項重要資產，人的死亡或喪失工作能力，都可能會危及企業經營目標的達成。愈重要的員工，所帶來的破壞性就愈大。尤其是負有企業重大責任的相關人員，因其所掌握的企業機密等級與所接觸的層面，若突然喪失工作能力，其結果勢將造成企業一定程度的傷害與損失。

10. 法律危機

企業可能因新招募員工，而該員工恰巧從其他公司帶來營業秘密。企業若是不察，或有意的疏忽，自然可能會侵害他人之營業秘密。根據「營業秘密法」第二條所稱的「營業秘密」，係指方法、技術、製程、配方、程式、設計或其他可用於生產、銷售或經營之資訊；同法第十二條，因故意或過失不法侵害他人之營業秘密者，企業應負損害賠償責任。數人共同不法侵害者，連帶負賠償責任。損害賠償請求權，自請求權人知有行爲及賠償義務人時起，二年間不行使，才算消滅。

基本上判斷營業秘密究竟誰屬，是看這項研究開發工作，是否屬於員工的職務範圍，若是，研究開發的營業秘密，原則上歸公司所有。例如：產品研發的部門，因爲研發本來就是研發部門的工作內容，所以產品研發部門的員工，所開發的新產品或製作流程的改善等營業秘密，都歸公司所有。除非事先和公司有不同的規定，否則皆屬公司所有，員工不可以在新任職的公司，使用原來的營業秘密。[28]

二、企業人力危機解決方案

在全球化的技術知識競爭中，專業知識的「半衰期」（Halbwertzeit）愈來愈短，因此，企業要更重視育才（人員培訓工作）、用才、留才，並從內部客戶（員工）的安定就業，維護品質著手，如此才能提高外部客戶（消費者）的肯定。企業危機處理最忌頭痛醫頭、腳痛醫腳的處理方式，以及使用臨時的

28　鐘明通，《網際網路法律入門》（台北：月旦出版公司），一九九九年二月，頁215。

措施，來替代根治應有的作爲。下列提出標本兼治的十二種方法，以供企業做爲處理人力危機之用。

1. 吸引人才

強調公司的遠景，並設計有誘因的薪資結構，對於吸收具市場競爭力的員工，應該較有誘因。遠景的描繪，具長程的吸引力，同時若能搭配分紅配股的薪資結構，不僅對外號召人才有吸引力，對內也能激勵員工潛能、增進績效、改善組織目標（業務目標、財務目標、作業目標、行爲目標）。畢竟員工與公司互利共榮，才是長久之計。企業對於薪資結構可加強處，包括本俸、職務加給、獎金及因特殊職務所產生的津貼（薪酬＝本俸＋津貼＋獎金＋間接給付）。

2. 慎選員工

員工甄選是第一關，也是最重要的一關。如果能透過面試訪談，或其他各種的方式，刪除不堪委以任何責任者。如此將對知識經濟時代的企業來說，則已建立較佳的競爭條件。在甄選時，企業絕對不能忽略的是，品德與忠誠度的標準。忠誠度表示員工認同企業所揭櫫的共同理想，能夠爲企業目標奮鬥的犧牲程度。忠誠度愈強烈，支持企業的程度就愈高，外來的誘惑將相對減少。除忠誠度之外，新經濟時代企業需要的是，勇於創新的專業能力，這裡的專業能力，指的是能開啓消費者潛藏的需要。例如：在尋找行銷業務人員時，就要著重其應具備的特質，如：

(1) 專業性：銷售技能，對顧客產品及產業知識。
(2) 貢獻性：幫助顧客達成提升利潤，及其他重要目標的能力。
(3) 代表性：對顧客利益的承諾；提供客觀建議、諮詢及協助的能力。
(4) 信賴性：誠實、可依賴性、行爲一致性、及一般應遵循的商業道德。
(5) 相容性：業務人員的互動風格與顧客特性。

企業有不同的特色，所以在晉用人才時，也有不同的人才重點要求，以配合企業部門及總體的發展。例如：統一企業在遴選時，首重操守；台塑企業則重在獨立思考、解決問題與整體規劃的能力；國泰人壽則要求存誠務實；美商國際商業機器（IBM）公司則強調必勝的決心；日商的大葉高島屋百貨則要求要有服務的熱誠。[29]

3. 簽訂競業禁止條款[30]

要記得「最堅強的堡壘」，可以從內部攻破，所以員工在進入企業時，就要簽訂競業禁止條款，以約定員工離職後，不得到其他經營類似業務的公司服務。基於契約自由原則，只要雙方當事人同意簽署，就有限制離職員工的法律權力。例如：民國九十一年五月，大霸電子公司及廣達電腦公司等十餘位無線通訊研發人員，集體轉赴上市的鴻海精密公司任職。這主要是由於全球無線通訊市場急遽成長，因而使得國內無線通訊的研發人才供不應求。此時，大霸電子公司就因先前與員工簽訂有競業禁止條款，於是寄發存證信函給離職員工，以競業禁止條款來嚇阻員工洩漏公司的營業秘密。競業禁止條款涉及民法第七十一條、七十三條；保護營業秘密的刑法第三百十七條和營業秘密法。儘管侵害高科技企業所獲

[29] 楊淑娟，「他們在找什麼樣的人」（台北：《天下雜誌》），一九九八年三月，頁 140-147。

[30] 同註 28，頁 215。

得的巨大利益，相較於法律上的約束力，更具有誘惑力。因爲依據刑法第三百十七條，處罰本刑僅一年以下有期徒刑，另外，營業秘密法只規範被侵害的民事賠償責任。儘管如此，法律仍有某種程度的嚇阻作用。

4. 增強員工的專業能力

人才天生者少，訓練出來者多。專業技術的升級，工作效率必提高，顧客服務的品質必強化，結果消費者忠誠度必會大幅增加，自己也會以身爲企業的一員感到光榮，或爲他的企業團隊完成任務而感到驕傲，隨著受到內部與外部的肯定，這種榮譽感還會持續增強，如此可爲公司創造持久的競爭優勢。這就是在職訓練無可替代的功能。

在科技變遷既快又多元的產業競爭環境中，公司沒有進步固然是落伍，但相對於競爭對手來說，進步緩慢也是落伍，所以在職訓練與職前訓練是不可或缺的。沒有受過企業內部職前訓練的員工，是不能擔任執勤的工作，否則這段時間內，出現任何的危機，不但不能及時解決，可能還會成爲危機擴大的助力。有前瞻遠見的企業，內部應該不斷辦理訓練，來提升公司整體競爭力。

訓練可分兩種，第一種主要的對象是新進人員，或是換部門工作人員的職前訓練；第二種主要針對中階專技人員的在職訓練。職前訓練的重點，應置於：公司整體營運的精神、個人分工應注意的部分、目前市場最新的發展、應努力的目標以及各種可能發生的危機狀況。職前訓練可依照公司規模大小與訓練經費，選擇採取企業內部自行訓練，或委外部訓練的方式進行。

增強員工專業能力的方法，有企業內教育與企業外研修兩種，無論企業現在是採用哪一種，企業員工的再教育，以制度化爲較佳，其方式有兩種：[31]

(1) 企業內教育

內部訓練可以採小組訓練、咖啡時間、視訊會議、內部發行刊物、電子績效之系統……等，來達成目標。當然若能由公司第一線接觸顧客的市場負責人員，或資深優良員工，或部門主管來擔任，亦有其實際效果。另外有許多企業自設大學，來提升員工

---

[31] 李又婷，《人力資源策略與管理》（台北：華立圖書股份出版公司），民國八十八年九月，頁331。

專業能力，也是具體可行的方法，例如：一九六一年美國麥當勞成立「漢堡大學」，以培育速食業人才；一九八八年日本大榮集團設立「日本流通科學大學」，以培養流通業專業人才；台灣的聲寶公司成立「聲寶大學」、旺宏企業欲成立「旺宏大學」，以培育專門領域的人才。

(2) 企業外研修

外部訓練則可由外聘講師，或派外訓練等兩種方式完成，但對於外部訓練的課程及成果，都應有所評鑑，以作爲後續是否繼續任用的參考標準。企業外研修通常是在教育訓練中心或度假中心，進行訓練。一方面可調劑身心，一方面復又能充實專業能力。在員工能力升級後，自然能應付外在不斷變遷的環境與挑戰。

提高員工的專業技術，雖然不等同於危機處理能力的增強，但實質上確有助於避免危機的發生。當產業競爭環境遽變時，公司負責人力資源管理的人員，不應只是被動的維持企業人事作業的運作，而是透過戰略規劃流程，來配合企業整體的戰略目標、主動發掘問題，並擬定因應措施與解決方案，以掌握企業未來發展方向，預先爲組織創造所需的競爭力。

5. 建構永續經營的組織文化

企業文化是企業成敗的關鍵，其內涵包括了企業的價值、信仰、習慣、儀式及習俗的綜合體。它能塑造員工，同一行爲的模式。因此不同企業就有不同運作的文化，以台積電爲例，該公司就希望將公司塑造成一個社群，而不要只把公司當作職場。[32] 美國學者傅高義（Vogel）也指出，日本文化中所強調的「團體精神」、「忠誠意識」，是企業成功的關鍵因素。事實上，企業的經營模式，若無法與時俱進，而且又沒有創造一種可長可久的企業文化，那麼在企業達到高峰時，也就是開始走下坡的轉折點。組織文化的異同，正說明其員工工作態度與工作價值觀。此種態度與價值觀，無疑將影響企業績效。[33] 所以企業經營者應該交由專業經理人或人資

---

[32] Jim Schell, *Solutions to the 101 Most Common Small Business Problems* (Brisbane: John Wiley & Sons, Inc), 1996, p.161.
丁萬鳴，「新經濟時代，人才最重要」（台北：《中國時報》），民國八十九年十一月二十九日，版三。

[33] 從事組織文化研究者對組織文化定義所持的觀點雖略有異同，但對於

主管有計畫、有步驟的建構，以支持企業發展所需的價值理念與組織文化。

6. 制度變革

若離職原因的問題根源，是出在企業的制度面，如薪資獎金制度、出勤管理制度、休假制度、升遷制度等。企業則必須針對制度的問題點，修正或重新設計制度，使其較符合企業員工的需求，以及提升企業的競爭力。

7. 實施企業內證照制度

爲防範人才流失的危機，企業可實施證照訓練制度，以提升每位員工能力。其做法可使每位新進人員，都受過一定時數的職前訓練，而且訓練必須有高於原職務兩階

下列數項則似有共識：
(1) 組織員工行為有其共同特性與特徵。
(2) 組織內之行為規範具有共同價值觀。
(3) 工作態度趨於一致。
(4) 組織內之活動有其特有風格。
(5) 對組織榮譽感深厚。
(6) 對組織目標認同感深厚。
丁中、楊博文 & 李育哲，《管理學》（台北：華立圖書股份有限公司），民國八十五年，頁 22-23。

的訓練，如此不但使員工有更前瞻的視野，也能隨時補位，以避免彼得・杜拉克（Peter Drucker）的「彼得原理」效應出現。爾後員工每升一級，都必須通過一定的強制性訓練課程時數，並經測驗通過後，方可晉升。此一有系統性的教育訓練制度，不僅可增強該員工職位的能力，更可協助企業突然發生空缺的危機，如遭受日本「三一一」大地震、二〇一三年菲國「海燕」恐怖強颱所造成的死傷，或同業大量挖角所造成的企業危機。

8. 增強企業體質

企業危機一旦爆發，則人心惶惶，沒有責任及使命感的幹部，可能就立刻離開個人工作崗位。因此公司在最需要同仁集思廣益、共度難關之際，結果有經驗的幹部，可能正急於尋找自己的第二春。故此，從危機處理的角度而論，企業在招募人才時，除注重其專業才華之外，委身於企業的榮譽心與使命感，應該也是作爲考量人選的重點之一。同時，鑑於這種對企業的榮譽心與使命感，並不是一蹴可幾，所以企業內的再教育並給予員工願景，以及新進人員的契約規範上，可以就這方面補強。

9. 降低員工的心理障礙

少數員工可能適應不良，或最近工作業務壓力加大，而出現反常現象。爲避免此情形擴散，若能先期發現，提前處理則較佳。例如：找出壓力知覺較高的員工，針對這些員工的身心症狀，諸如社交困難；焦慮；缺乏面對問題的技巧；欠缺社會支持網絡等。特別是針對高危險群，進行先期的預防輔導，加強壓力紓解、情緒管理及溝通。

10. 重視與員工溝通

溝通是企業上下一心的關鍵，做法可因地制宜、因時制宜。常進行的方式有：分批和員工餐敘；解答員工疑問；接納員工意見；激發員工的價值；灌輸員工企業的核心精神；強調公司願景。

11. 儘早發覺危機警訊

對於任何人力資源危機的徵兆，都要以系統性的思考，找出管理的盲點來加以克服。例如：企業內具市場競爭

力的人才，若要離職，必然有跡可循。譬如：[34]

(1) 服務、措辭混亂。

(2) 孤獨、避免與人交往。

(3) 工作錯誤增多。

(4) 怠工。

(5) 常遲到早退。

(6) 無故缺勤。

(7) 處事變得消極。

(8) 破壞企業和諧的言詞舉動等。

若及早發覺危機警訊，則可用動之以情的道德勸說，或提高誘因，或設身處地爲其解決困難等著手。如果眞的無法挽回，也可提早因應。

12. 重視安全

在文化背景諸多不同的情況下，身處海外的國際企業主要幹部，常有遇害的事件發生，所以對於安全更應多加

---

34 李哲邦，《危機管理》（經濟部國貿局），民國七十九年三月二十日，頁40。

謹慎。其方法有：

(1) 多蒐集政府和相關海外投資安全的資訊。
(2) 樹立良好形象，負面行爲上，例如：避免引起當地人反感，在公共場合放言高論，或顯出一擲千金的財大氣粗氣勢，而引人覬覦、遭來橫禍。
(3) 居住地點：小型廠商的宿舍，由於防禦力薄弱，企業核心決策人員（如老闆及高級幹部），最好選擇有嚴格管理的公寓租屋而住。
(4) 爲免去工廠發薪日引來的覬覦，不妨直接由銀行代轉，以防不測。
(5) 若有特殊顧慮，則應請保全公司協助。

第三節　財務危機管理

生產、行銷、研發技術固然重要，但若不能掌握財務管理，企業仍有可能出現危機。企業因財務危機而陷入經營困境，甚至宣告破產，一直屢見不鮮。在台灣新設的企業中，有七成在五年內結束營業，而且多半歸因於財務調度失靈或資金不足。儘管企業發生財務危機的可能原因不勝枚舉，然而除了財務本身資金運用不當外（如超額借貸、透支、過度信用擴張），大致上可區分爲錯誤的競爭戰略、市場惡性競爭、誤判市場行情、高度財務槓桿運用、外來掠奪性傾銷、產品定位錯誤、產品導致消費者嚴重傷害、主力產品不具市場競爭力、滯銷、市場區隔錯誤、經營失敗、水災、火災、地震……。所以財務危機的發生，財務本身的管理可能是因，也可能是其他危機所造成的果，更可能是總和性的原因所造成的危機。例如：以民國九十一年台灣涼椅公司爆發的財務危機爲例，據創辦人之妻張花冠立委的說法，該公司近兩年來本業便已虧損，再加上與台鳳集團土地糾紛，以及銀行緊縮銀根、媒體不實報導等綜合因素，最後才導致企業的財務危機。[35]

企業財務危機的原因甚多，但基本上，可分爲外在原因及內在原因等兩大類：

---

[35] 陳鳳英，「台灣涼椅公司爆發財務危機」（台北：《工商時報》），民國九十一年五月一日，版五。

一、外在原因

1. 商業循環、經濟蕭條之影響。
2. 國家財經政策的改變，限制經營發展的條件。
3. 市場需求結構變化，企業無法適應。
4. 同業間惡性競爭，企業無法生存。
5. 消費者運動抵制瑕疵產品，改變企業經營環境。
6. 自然災害或意外事故發生，如地震、水災、旱災。
7. 技術革新，企業無能力勝任，遭致淘汰。

二、內在原因

1. 初創時即有缺點或不經濟：創辦費用過鉅，可用資金不多。
2. 股款虛浮，資金不足。
3. 資本結構不當，負債過鉅。
4. 經營內容及範圍判斷錯誤。
5. 資產投資不當，設備陳舊，生產方法落伍。
6. 廠址選擇錯誤，資源調配不佳。

這些財務危機的因子，若未能及時扭轉，將可能造成五種結果：

1. 經濟性失敗（Economic Failure）

這是指公司在長期間不能賺取合理投資報酬，甚而發生虧損。

2. 財務性失敗（Financial Failure）

公司不克償付到期債務本息，公司即處在財務周轉不靈的狀況。

3. 財務周轉困難（Financial Embarrasment）

公司流動資產雖然超過流動負債，但因流動資產中之存貨及應收帳款周轉率過低或因其他因素，而使流動資產周轉緩慢，使公司無充裕資金償付應付債款。

4. 償還能力薄弱之財務困難（Financial Insolvency）

公司資產總額雖然超過負債總額，但流動資產卻不足抵償其流動負債。

5. 無償債能力之財務困難（Total Insolvency）

公司資產總額不足抵償其負債總額。

本節所談的財務危機管理，不包含前述因競爭戰略、人力資源管理、行銷、組織等危機所產生的財務危機。基本上本節分爲三大部分，首先是企業財務危機根源，其次是提出企業財務危機的預防之道，最後是財務危機處理。

一、企業財務危機根源

除用內在和外在原因來分類外，一般較為常見的財務危機根源分類，其犖犖大者有以下七大類[36]：

1. 總體經濟環境變化

總體經濟環境變化，若超乎企業對環境的經濟預測，就有可能使企業埋下危機因子。一般來說，經濟預測是依據統計理論、經濟理論，將總體性經濟指標的關聯性，藉由歷史資料，來建構其方程式及其參數，並以此來了解各項指標的相關程度，及前後期的關聯性。所以預測若發生錯誤，就可能出現兩大類的危機：

---

36 請參閱羅建勛，《公司重整之研究》（台北：東吳大學法律研究所），民國七十七年六月。
朱怡君，《公司重整之研究》（台北：嘉新文化基金會），民國六十一年，頁18-19。

(1) 匯率危機

因外匯匯率變動或政府立法，而限制將資金移轉到國外，或因此而喪失匯兌機會，最後可能導致企業遭受損失或喪失權益。

(2) 經營威脅

國際間的規範公約（對溫室效應所限定的二氧化碳排放量），或國與國協定（配額）的立法限制，或經濟環境惡化所引起的需求萎縮，皆有可能帶來營運上的不同衝擊。此衝擊可能是直接的，也可能是間接的。但無論是哪一種，都有可能制約個體企業的經營與發展，以民國九十一年三月底鰻魚產業，所遭到的衝擊爲例，由於我國鰻魚市場，主要集中在日本，但是因日本總體經濟惡化，造成對我國鰻魚需求不足的客觀情勢，復又面對中國大陸低價鰻魚的競爭，故此，整體產業的財務都陷入困境。[37]

---

[37] 根據 Porter 的定義，產業就是由一群提供本質類似，而替代性很高之產品／服務的廠商所組成。

2. 市場競爭過於激烈

網際網路的發達，世界貿易組織範圍的擴大，因而使得競爭劇烈，邊際利潤更加縮小。同時各企業爲求生存，所以普遍增加研究發展支出，這又加速了經濟體系的變革、縮短產品生命週期、加劇經營競爭。從產業史的紀錄分析中，在進入障礙低、產品差異程度也低，同時復又缺乏規模經濟或經驗曲線的產業，只要市場需求稍有萎縮，企業隨時都可能承受來自於市場的激烈競爭壓力。如果在此產業結構中，未能認清產業變化趨勢背後的威脅，做好相關的危機管理措施，財務危機初期必然有徵兆，最終也極有可能被市場淘汰出局。以我國生產書桌及爐具而聞名的愛王工業公司爲例，該公司成立於民國五十八年（原設在台中縣神岡鄉），在民國八十九年底正式結束營業。失敗的表面原因，雖是資金周轉不靈，而以關廠歇業告終。但深入的病根，則在於地下工廠大肆興起，並以低價促銷切入市場，加上大陸貨也以低價傾銷，造成該公司人員不斷縮編，在無法繼續撐下去的情況下，只有走上關廠的命運。[38] 市場競爭激烈的產業結構，非個別企業主觀意志所能更改。所以在無法更動外在的客觀情況下，只有增強自身企業的能力，使其更符合生存的法則。

3. 誤判市場趨勢

營運資金必然與企業的財務預測息息相關，但由於財務預測背後，隱藏著危機因子，也就是對於未來市場需求、銷售額預測，都可能存在變數的情況下，其中若是有誤，過多的存貨，將造成資金積壓，而使現金餘額出現不足，周轉不靈，最後危及公司的生存。反之，若低估市場需求、銷售額持續創新高的情況下，卻無法取得充足資金來滿足生產、行銷等企業功能的需要，此亦將影響公司的商機，阻礙公司的成長。畢竟同產業的競爭者，都能大幅成長，而自家卻成長有限，對於未來企業的營運，在「進步緩慢就是落伍」的戰力對比下，必然處於相對劣勢。例如：民國八十一年到八十三年間，廠

---

[38] 楊昌林，「愛王歇業：政府勿忽略企業主」（台北：《聯合報》），民國八十九年十二月三日，版二十一。

商尚面臨一地難求的處境，然而僅五六年內，整個產業發展環境卻出現變遷，傳統產業大量出走外移，於是導致工業區內的土地與廠房，產生市場「供過於求」現象。廠房滯銷，連帶造成 939 億元的資金積壓，而使中華工程、榮民工程、台灣土地開發信託、世正開發等公民營企業受到拖累。[39] 由此可證，企業由於對未來趨勢的誤判，會使企業產生財務危機。

4. 經營發展時之失策

企業營運常出現六種失誤，這六種失誤極易造成企業財務負擔，嚴重者將使企業陷入財務黑洞。

(1) 企業盲目擴充後，資金壓力過大，復因預測錯誤，而使產能閒置。
(2) 不當生產或行銷戰略，致原料不足，採購成本過高，存貨過多，售價不宜，賒帳過多等，致經營效率不佳。
(3) 訂價失策，獲利過低。
(4) 產品瑕疵，遭致退貨，致浪費資源。

---

39 陳中興，「滯銷工業區出租，政府補貼利息」（台北：《自由時報》），民國八十九年十一月十四日，版十九。

(5) 管理人員能力不足、背信或不合作。

(6) 市場情報不足，行銷乏力。

5. 營運資金不當運用[40]

營運資金的管理，雖非一家公司成功的最主要因素，然而不當的營運資金管理，卻會使公司多年的經營成果灰飛湮滅，所以財務管理格外重視現金流量，是否足夠營運需求。例如：民國八十七年有許多上市公司，將正常營運的資金，用來維持公司股價。結果不但股價未能守住期望防線，甚至將公司帶入下市的命運。總結這些營運資金不當運用的情形，而出現財務危機的特徵，共有：

(1) 財務結構不當，致長期資產投資過多，流動資金不敷周轉。

(2) 資本結構不當，過度使用舉債營業，致公司債息或特別股息過重，財力不勝負擔。

(3) 財務調度失靈，短期資金供長期資本使用，致流動負

---

[40] 營運資金即是企業日常運作有密切關係的資產，基本上它有兩種定義：一種是毛營運資金，包括現金、有價證券、應收帳款和存貨等流動資產；另一種稱淨營運資金，此為流動資產減去流動負債。

債過鉅，到期無法還本。

(4) 資產過分高估，形成股本虛浮，致使股息降低、股價跌落，營業日益虧損。

(5) 股息不當，影響公司資金調節，動搖財務根基。

(6) 成本控制失效、成本支出增加、費用浮濫，致利潤率偏低。

(7) 預算編製錯誤，影響經營活動能力、資產維護及設備重置。

(8) 和其他上市公司交叉持股。

(9) 設立以子公司形式存在的投資公司。

(10) 信用擴張，質押比率及負債比率偏高（董監事及大股東質押並介入股市）。

(11) 與非常規關係人交易。

(12) 借殼上市。

(13) 過度投資。

(14) 掏空。

在這些諸多不當資金操作的方式中，最常出現的有：

(1) 交叉持股的過度濫用：此作法違反公司法「一股一權」的立法原則，使得投票權（Voting Right）與現金流量請求權（Cash Flow Claim）彼此發生差異，這樣也更加誘使大股東在資訊不對稱的客觀情形下，小股東亦缺乏必要的資訊來判斷企業經營戰略適當與否，大股東（兼管理當局）便有機會剝奪小股東的財富，或掏空公司資金，最後甚至發生財務危機。

(2) 高度財務槓桿：係指企業的本業過度擴張，而導致負債比率太高。上市公司固然可以利用高度的財務槓桿，達短期迅速擴充企業版圖的目的。然而這種運作的方式，也隱藏著周轉不靈的企業危機因子。特別是現金增資，在短期間迅速將股本膨脹數倍，在股本迅速擴充下，不僅使得原股東的股權被稀釋，尤其在經濟蕭條時，高度財務操作的做法，會面臨更高的財務危機壓力。這也就是 Porter 所指出的，一家企業的成敗，常取決於經營戰略運用的妥當與否。如果企業經營決策不當，就可能會種下財務危機的因子。任何使企業無法以現金償還應付債務時，就有可能發生財務周轉不靈，甚至倒閉的事實。反之，正確的營運資金，則能成爲企業成長的後盾。因此營運資金管理的良窳，在某種程度上，已然決定公司能否順利生存與成長的重要指標。

6. 經營者違法

意即管理當局（兼大股東）涉嫌直接挪用公司資金，進行違法炒作股票，甚至中飽私囊。過程中常會違法超貸，填製不實的會計憑證、收支傳票，並以各種墊付款和其他應收帳款名目，來挪移公司資金。例如：國產汽車管理當局不當挪用資金、掏空公司資產案，經我國高等法院二審宣判，對該公司數名負責人，宣判有期徒刑及褫奪公權確定。[41]

7. 跨業多角化經營的失敗

太平洋電線電纜的投資事業過多，除台灣大哥大之外，如太平洋光電、太電電訊及美國銀行，大多不賺錢，以致在大環境不景氣的情況下，資金調度困難。

當一個公司集團在本身所屬之行業，已面臨高度成熟或強大競爭威脅時，根據經濟學的理論，公司可以利用多

41 宋伯東，「國產汽車掏空案，張朝翔判七年確定」（台北：《聯合報》），民國九十一年四月四日，版八。

表 7.1　國內企業經營違法案例

公司（集團）名　稱	爆發財務危機時點	涉案嫌疑人	挪用及掏空公司資金具體事證
新巨群集團	87/11/20	吳祚欽	疑似不當挪用台芳開發的現金增資款 3 億 3 千萬
廣三集團	87/11/24	曾正仁	曾正仁涉嫌掏空順大裕 98 億元，並利用子公司向中企違法借超貸 74 億元，全案已遭台中地檢署提起公訴，當事人並已被收押。
榮周集團	88/1/16	劉文彬	涉嫌挪用公司資金 37 億元護盤，全案已依業務侵占及違反證交法等罪提起公訴。
大穎企業	88/8/27	陳容典	爆發財務危機之前的財務報表曾有高達 35.41 億元的資金流向不明，全案已遭檢調單位調查，並將相關人士限制出境。
聯成食品	87/11/20	羅律煌	董事長兼總經理涉嫌將個人土地賣給該公司，期間涉及非常規交易，已被地檢署起訴。
金緯纖維	88/1/6	鄭雲生	董事長挪用近 20 億元資金護盤
台　　鳳	89/6/30	黃宏宗	台鳳前總裁黃宏宗及財務經理陳明義因挪用公司 30 億資金，被檢調單位依業務侵占及背信等罪名函送地檢署偵辦。
博　　達	93/6	葉素菲	掏空公司 63 億資金
訊　　碟	93/8	呂學仁	掏空公司 26 億資金

角化的方式來維持營運。當企業採多角化經營時，雖可分散風險，但需更多人力、物力、財力，投入到另一個專業領域。這一種跨業的轉投資，有可能因決策的失當，及不熟悉另一種產業而拖垮本業。特別是這一類企業大都需要融資，但長期的投資不易回收，一旦有緊急狀況發生，常會發生遠水救不了近火，而銀行也常會中止所有借款，所以會增加公司的危機。

二、企業財務危機的預防之道

創業家通常具備願景，也能夠推動企業成長，但是通常也缺乏必備的財務技能，來管理現金流量與獲利能力。一般來說，創業家天生都比較樂觀，這個特質也容易讓他們錯估企業的財務整風。所以企業家可以聘請較具忠誠度的財務專家，負責管理企業財務。

預防重於治療，是企業財務危機的預防之道。下列舉出十三種預防的方法，以供參考：

1. 建立企業財務預警系統

企業財務預警系統的建立，需要長期完整的資料，不斷的修正執行、長久實施，方能見到成效。同時，建立企業財務預警系統，最重要的就在確認影響財務營運的核心關鍵。其實眞正決定企業營運核心的關鍵變數不多，企業有必要針對這些變數，擬定簡易的預警系統。例如：量販店以現金周轉爲主，就應該切實建立現金核算制度，掌握現金收付期間的差異，選擇有獲利性的財務運作，賺取財務利潤；以內銷賒售爲主的企業，則應加強企業徵信制度，以免應收帳款無法回收，造成企業財務損失；以外銷國際市場爲主的企業，則應注意外匯匯率變化走向，並採取規避匯率變動所可能產生危機的措施。設定各項財務衡量指標後，爲便利執行，宜以淺顯字句撰述說明之，俾讓員工能夠有所遵循。

2. 設定各項財務衡量指標[42]

透過對多種財務比率的分析，可以掌握企業現有的償債能力，從而對財務危機因子有所了解。對償債能力的分析，包括短期償債能力和長期償債能力分析。前者主要

---

[42] 寧宇之，「企業財務風險的衡量及其規避」（北京：《中國審計》第一九一期），二〇〇〇年四月，頁5。

運用流動比率和速動流動比率等指標，後者主要以資產負債率、股東權益比率、負債股權比率等指標爲要。

(1) 流動比率：是企業流動資產與流動負債的比率。此比率愈高，企業償還流動負債的能力愈強，流動負債得到償還的保障愈大，財務可能出現危機的機會也會愈低。過高的流動比率，可能意味企業滯留在流動資產上的資金過多，無法有效加以利用，經驗顯示 2：1 左右較爲合適。

(2) 速動比率：是企業速動資產與流動負債的比率，其中速動資產指流動資產扣除變現能力較差項目後的資產，撇開變現較差的存貨、預付存款等項目，對企業償債能力的衡量更爲精確。速動比率以 1：1 左右較爲合適。

(3) 資產負債率：是企業負債總額與資產總額的比率，它反映資產總額中，有多少是通過舉債而得。此比率愈大，企業償債能力愈差，此值若超過 1，則表明企業正瀕臨破產邊緣（資不抵債）。

(4) 股東權益比率：是股東權益與資產總額的比率，它反映企業資產中，有多少所有者投入。股東權益比率愈大，資產負債率愈小，企業財務可能爆發危機的機率愈小，償還長期償債的能力愈強。

3. 避免市場趨勢誤判

企業為有效加強財務設計，應該對經營或融資環境，進行商情預測，以提升估算市場機會與獲利能力，正確編製資本預算與產銷計畫，強化成本控制與分析，達工作計畫與預算估計的準確可靠度。企業要掌握趨勢，可以採取四個實際的步驟：

(1) 了解促成危機背後的因素：究竟是來自於顧客、科技、資金、競爭者、政府法規……。例如：壽險業危機來自於中央銀行連續十四次降息，造成給付保戶的保單預定利率，高於實際利率的差額過大。

(2) 找出線索：透過網路、雜誌閱讀、參與國際商展、不同職業群體的活動，以拓展視野，增加市場判斷能力。例如：根據《天下雜誌》民國九十一年十二月的調查，國人每天閱讀時數不到一小時，這個線索就顯示新書市場有縮小的趨勢。

(3) 尋找新的組合：跳出原有窠臼，運用研發創意，來尋找未來企業產品或服務的新典範。

(4) 市場調查：企業不能用自己主觀的「觀點」，來規劃產品與服務流程，要能對市場全局的掌握，如此才能找出潛在市場價值，主動服務消費者。

4. 建構公司監理（Corporate Governance）的機制

因企業董監事監督功能不強，監理機制（內控）不彰。近幾年來，發生掏空公司資金而爆發財務危機的個案中，可以發現企業主在控制董監事席次的比率上，佔有絕對的優勢。建構公司監理的目的，就是在降低管理當局與股東之間，存在代理問題的一種機制，以防止企業主或大股東違法，確保外部股東投資應得的報酬。

5. 建立銀行溝通機制

在平時就應維護企業的票信與債信，向銀行申請貸款時，最好不要將額度全部用完，保留三分額度，以備緊急周轉之用。另外，平時也要與銀行建立溝通聯繫的機制，好讓銀行了解企業發展的情形、營運狀況、未來計畫、市場動態、公司的技術研發、財務資訊透明等。如此則可避免市場發生謠言時，銀行隨即抽緊銀根，造成企業不必要的危機。

當然也要愼選主力銀行，作爲對外財務處理的網絡。尤其是中小企業，在選擇銀行時，最好只檢選兩家主力銀行，而且應該以國內銀行爲主。儘管外商銀行效率高，但抽銀根時，動作過快，對於危急中的企業，無疑是一種傷害。選擇主力銀行交易，在平時有往來的情況下，較有助於危機時刻向銀行的財務調度。

6. 客戶徵信

與新客戶進行某項交易時，應先充分調查信譽，嚴格控制信賴額，以保證交易效果。

利潤是企業重要的資金來源，客戶如果跳票，企業就必須補洞，企業有盈餘，呆帳就會將盈餘耗去；企業若沒有盈餘，呆帳就會成爲拖累企業的危機因子。企業從進行購料、招募員工、生產、產品研發及行銷等各種費用支出，最終無非是企盼能從客戶處收取應收帳款，企業方有利潤可言。否則儘管前面各階段再成功，若客戶倒帳，而無法拿回應收帳款，對企業而言，都是嚴重的財務危機。如果不注意應收帳款，即使企業本身經營得不錯，但很可能受到外環境的波及而受到重創。由於銷貨金額增加，相對也會使企業應收款項、存貨及其他相關成本增加。

如果企業本身未能加速回收應收款項、有效控制存貨及設法延長應付帳款支付，以改善現金變現週期，將導致企業必須籌措更多的周轉資金，來應付銷貨額增加。但是資金籌措因銷售額增多，籌措困難度將更加提高，且籌措費用也將更大（如借入高利貸營運），往往會使企業增加營運困難度。所以在尙未交易之前，要對往來貿易的企業資產流動性，有更深一層的了解，以免受到拖累。

民國八十七年底及八十八年初，我國本土企業大規模爆發財務危機，發生公司財務危機者，計有：順大裕、台芳、聯成、普大、大穎、新燕、達永興、金緯、中精機、大鋼、友力、名佳利、峰安、新泰伸銅、國產汽車、亞瑟科技、廣宇、中強、國揚建設、長億、宏福、皇普、仁翔、尖美、櫻花建設、中企、台灣櫻花、東隆、優美等。爲什麼企業財務危機，竟會如此集中？除了亞洲金融風暴的外環境壓力，以及本身運用高度財務槓桿之外，誤觸地雷股或被其他合作企業的財務危機所拖累，更是造成危機的直接原因。尤其是經濟景氣循環週期，進入波谷的階段，這種資金調度的捉襟見肘現象，最有可能出現。所以對於客戶徵信，以及注意收付款流程，是企業必要之舉。即使不會跳票，但對於中小企業資金周轉流程較長的行業，仍要確認生意的有效性後（如接到信用狀），才開始生產。

預防之道可透過事先徵信，預收訂金，提供足額擔保品外，對於新客戶，在經濟景氣循環進入較差的波谷階段時，也可以先「買單」再出貨的方式，以降低可能的企業危機。在選擇合作對象方面，亦可減少因評估不足，而誤踏「陷阱」。例如：福特汽車合作的對象普利司通公司（Bridgestone Corporation），因該企業生產的輪胎一再出現問題，而拖累福特汽車的優質形象。

下列舉出十種檢查客戶的方法：(1) 經理（或相關負責人）經常不在，其他人也不知去向；(2) 員工調出（入）頻繁；(3) 員工無士氣；(4) 員工平均年齡過高；(5) 要求延長貸款結算週期；(6) 客戶紛紛離去；(7) 事故增多（次品、退貨）；(8) 無貨（客戶停止供貨）；(9) 有倒閉的傳聞；(10) 業內口碑不佳。

7. 避免過度依賴少數客戶

企業若只依賴一個或少數幾個顧客，是很危險的事情。萬一這個顧客沒了，企業的生存就會受到威脅。所以企業應設法拓展顧客基礎，並建立穩固的關係，讓他們沒有理由離開。

8. 正確管理存貨及支出

產品生命週期短，每年都有新產品推出，也有舊產品被淘汰，因此廠商為應付市場需要，必須在台灣及海外市場，隨時準備半成品待命。這些存貨積壓不少資金，此乃企業經營的命脈，不能疏忽。所以企業有必要對每個部門的收支、庫存等財物情況，進行正確的管理。

此外，企業支出必須儘量低於所得的利潤，這是一個簡單的道理，但是許多企業卻忽略了這個原則。例如：許多大戶奢侈的花費，像高級轎車、旅行搭頭等艙、住豪華飯店等。企業內如果有一人如此奢華，沒有多久，很多人就會起而效尤。

9. 有效資金規劃

企業的資源有限，故應該未雨綢繆，控管營運資金，規劃短、中、長期的資金運用，以免影響企業的營運利潤。基本上，企業所要應付支出的層面，既多且廣，所以任何浪費，對於企業發展的契機，都是一種扼殺，只是扼殺程度不同而已。如機械故障所導致產品不良率上升等事件，都屬浪費營運資金，如果這類情形過多，必將影響企業正常的投資營運。雖然這一類的浪費事件，不會直接立即明顯的危及企業的生存，但對於企業發展則有制約的作用。

即使損益表最後一行的數字爲正數，表示公司仍有獲利，但這並不能保證公司的成功或生存。因爲每一年幾千家企業倒閉，在倒閉當天，帳面仍有獲利，這就是未能有效規劃資金，造成沒有足夠現金流通；換句話說，亦即企業不斷成長到破產的弔詭現象。[43]

現金流量之於企業，就像氧氣之於人的重要。要有效管理企業現金流量，有個重要原則：應收帳款與應付帳款的期限維持一致，或者應付帳款的期限，比應收帳款的

---

43 Chuck Kremer, Ron Rizzuto & John Case 合著，徐曉慧譯，《數字管理的 12 堂必修課》（台北：城邦文化），二〇〇一年，頁 75。

期限長。如此才能夠充分運用現金流量，而不是用負債，來支付出售的產品。

10. 邀請顧問公司協助

如果企業本身在財務方面，無法防弊除害、診斷企業的財務危機，就可委託專業顧問公司來協助處理。那麼要如何選擇顧問公司呢？基本上，對於顧問公司應該注意到五點：(1) 公司是否有經濟部的合法登記；(2) 該顧問公司以往有無類似經驗，成果如何，可否驗證；(3) 顧問學經歷的程度；(4) 服務速度與品質；(5) 明確的收費標準及合理的收費。

11. 慎重投資規劃

企業爲求成長，必須在不同階段，審愼評估各種長期性的固定資產投資規劃，如果規劃方向有誤，將導致企業進入危機。例如：依據美國藥品開發的經驗，一項新藥的開發時間，平均需要十一年，總計研發成本，將高達 5 億美元左右。以中華民國生技公司的規模，想要投入新藥的開發，其成功的機率並不高。如果稍有不愼，企業可能就遭滅頂之災。所以對於任何投資規劃，都應該愼重評估失敗的承受度。

12. 成立「危機處理基金」

危機爆發時亟需資金來解決危機，尤其是財務危機更是如此。如何緊急調集資金補齊缺口、紓解財務壓力，實爲當務之急。爲解決危機爆發所需要的資金，企業可以更進一步將每一年的盈餘，提撥 3% 到 5%，成立「危機處理基金」。此基金只有在危機爆發後，經危機處理的「專案小組」核可才能動用。這筆基金選擇與本企業有長期往來的主力銀行，重點不在更多的利潤，而在穩定的孳息，以及屆時能爭取更多的額度，以備不時之需。

13. 強化企業生存能力

不同產業別在強化企業生存能力時，雖有不同，然而基本的通則與精神，不外乎下列五種做法：

(1) 提高附加價值：企業若能建立以附加價值爲核心的經營體系，對於企業實質的成長，以及財務結構的改善，都會有所助益。例如：提升企業產品進入更高階、更優質、更具利潤性的產品，進而使市場定位改變；增強企業組織的總體學習力，使企業從根本上，就有超越對手的競爭力。然而，如何對附加價值有效的計算，提供下列兩種計算的方式，如下[44]：

①附加價值＝稅前利潤＋人事費用＋折舊＋利息支出

②附加價值＝銷售收入－外購成本

外購成本＝直接材料＋應付各項支出

(2) **加強電子商務能力**：電子商務的出現，導致企業優勝劣敗的遊戲規則徹底改寫，其根本原因在於今天這個數位時代，每個企業反應的時間都必須加快。並由此反應的速度，決定企業未來的前途，而電子商務正處於革命風暴的核心。爲什麼有此現象呢？實乃肇因於商業環境巨大的變化，這包括產品生命週期變短、新科技變遷快速、客戶需求以及全球化程度所帶來低成本、高效率的競爭壓力。所以對產業發展與企業經營而言，網際網路與電子商務是無可迴避的選擇。總而言之，唯有加強電子商務能力，才能以最迅速的方

---

[44] 陳輝吉，《財務危機手冊：面對二十五個企業致命錯誤》（台北：麥田出版社），民國八十五年，頁35。

式，滿足客戶的需求、反映市場的需要、阻止競爭者的入侵。

(3) 加強管制財會部門：其具體的方法，有以下四種：

①職責劃分、權責分明：各部門應編訂工作說明書及權責表，以明白每一職位的權限、加強主管責任，並做好複核工作。

②財會分立、相互牽制：管錢不管帳，管帳不管錢，財務與會計各自獨立，以收相互牽制勾稽之效。

③加強盤點現金財務：每天定期盤點庫存現金，及不定期抽點現金、定存單、有價證券、空白支票等，透過此機制，可預防保管人員舞弊，並加強責任心。

④定期輪休假：在權力使人腐化的情況下，在同職位待過久，就容易滋生弊端，透過輪調及休假制度，可使經辦人員心生警惕，並藉由輪調制度，發現工作上以前未注意的盲點。

(4) 加強智慧財產權的維護：智慧財產權是企業進可攻、退可守的有力武器，而攻守之間復又蘊含著有機的聯繫。在攻的戰略方面，企業可藉此主宰市場的佔有率；在守的戰略方面，企業可通過智慧財產權，有效阻隔後繼者進入此市場，甚至以各種專利，做爲企業收入的來源。阻隔後繼者最有名的例子，就是保麗來公司（Polaroid Co.）利用專利訴訟，迫使對手柯達公司（Eastman Kodak），退出拍立得照相機市場，並取得 10 億美元的侵權賠償金。[45]

另外，作爲企業收入佐證的個案，以國際商業機器公司（IBM）較爲顯著。該公司曾爲了轉虧爲盈，而挖掘企業內部龐大的專利礦藏，如今該公司每年所獲得的專利授權金，平均高達 10 億美元。[46] 從前面的例子來說，如果堅守企業市場佔有率的陣地有成，那麼必能累積企業更上一層樓的資源與實力。無論前述攻守任何一種戰略的發揮，皆賴實際戰術的達成。實際戰術可分爲三種層面：[47]

[45] Kevin G. Rivette & David Kline 合著，林柳君譯，《閣樓上的林布蘭：智慧財產》（台北：經典傳訊文化公司），二〇〇〇年六月，頁 63。
[46] 同註 45，頁 171。
[47] 同註 45，頁 145-146。

①確保核心技術優勢：從專利清單中，選出可以在專利方面封殺競爭者的產品，然後將這些產品中，最具市場優勢的核心技術，放在專利保護傘下。

②加強產品區隔特性：爲產品的所有關鍵區隔特性申請專利，以建構一道智財保護牆，使產品在品牌定位和主要銷售優勢上更爲鞏固。

③控制流程關鍵點：爲關鍵的方法及流程申請專利，不論是產品製造過程、物流、甚至經營方式，只要對於產品建立地位、行銷或銷售有絕對重要性，就一定要申請專利。

(5) 全球化運籌模式：在全球化的運籌時代，研發、生產、營運及行銷通路，不必集中於一處，而是以最低成本、最大利潤，爲考慮的最高判準。何處的資金成本最低，就從何處取得資金；何處的生產成本最低，就在何處生產，如此才能掌握資金優勢、生產成本優勢、營運優勢、行銷營運。以愛王工業公司失敗的案例來說，如果該公司能充分運用大陸低生產成本的優勢，將大陸產品回銷來台，以該公司的品牌、通路及消費者忠誠度，欲在市場佔有一席之地，應該不成問題，絕不至於落到關廠的命運。

三、財務危機處理

如果企業眞的發生財務危機，除找出財務惡化的原因，加以解決之外，亦要對財務危機的「果」——即期債務，進行緊急處理。因此時債權人深恐被拖累的心理壓力下，常對周轉不靈的企業，催索甚急。一般的解套方式有：

1. 尋求增資

企業財務失敗若爲周轉不靈或負債過多，則整理之首要，在如何籌募資金以渡難關。其方法可向股東催繳未收股本或額外股本，發行新債券予原債權人；請求金融機構援助，以保護債權；延長賒帳融資，緩和周轉不靈壓力；以出售或抵押資產等方式，來解決企業財務的困難。就理論上而言，企業一時的失敗，不代表永遠的失敗，但實質上，企業若是遭受嚴重的營運挫敗，而導致缺乏能夠東山再起者，所必須的資金，常常就會一蹶不振。故此，經營不善的企業，若能藉由增資，而重新獲得財務的奧援，以及配合企業等相關營運戰略，就有機會扭轉頹勢、由剝而復。不過增資的前提是，企業前景仍具開創性，否則其他財力的介入，只是拖延失敗，而且還連累其他企業及個人。例如：民國九十一年五月初，中天電視台為了解決資金缺口的燃眉之急，國民黨和象山集團召開臨時董事會，除同意增資 6 千萬元之外，也與太電集團的孫道存先生協商買下中天的股份。此一財務危機的化解，就是透過增資的方式，來解決急迫的財務危機。

2. 緊縮規模

企業面臨財務壓力時，常會緊縮任何可能縮減的開支，例如：公司停止供應員工的咖啡甜點（如福特汽車）；花旗集團下令員工不得申報出差洗衣費。以上這些方式，都是降低支出的方法。[48]

總體而言，企業在做市場決策時，對於商品系列進行邊際利潤貢獻分析（Marginal Profit Contribution Analysis），及商品系列別銷售成長力分析時，但往往缺乏正確及時的會計資訊（Accounting Information）來作為決策的參考，而僅憑直覺或第六感判斷，以致錯誤配置

[48] 王曉伯，「企業吹起緊縮風，全球皆同調」，（台北：《工商時報》），民國九十一年十一月二日，版七。

企業的重要資源。如：將利潤低或無利潤產品，當作主力產品強力促銷，結果銷售金額大幅增加（營運可用資金愈來愈少），但利潤卻沒有上升（存貨愈來愈多）。波士頓顧問團模式（Boston Consulting Group Model），曾建議企業以市場佔有率及事業成長率，這兩項指標來做爲產品組合矩陣的核心變數，並藉此來衡量產品線，是否爲企業的喪家犬（Dog）或問題兒童（Problem Child）。[49] 企業對於無前途且不堪虧損累累的喪家犬產品線，可以迅速終結，至於具有危機因子的問題兒童，建議也不要再投入過多的資金。

3. 調整資本結構

資本結構不當，主要可能是股本虛浮（Over Capitalization）所造成，這是因債息或特別股息等固定負擔過重，或通貨膨脹使資產價值高估，而造成實際盈利不足。理論上，企業在處理時，可採削減普通股或降低股票面值，以取消「滲水股本」（Watered Stock）；減少固定債

---

[49] 榮泰生，《行銷管理學》（台北：五南圖書公司），一九九六年，頁33。

務額或降低債息率，以減輕債息負擔；贖回高額股息的特別股，或轉換債權與特別股爲普通股；限制證券附帶的各項優惠條件等方式。然而，實際上解決股本虛浮甚爲困難，只有「拜託」利害關係人讓步，方有起死回生的希望。

4. 尋求政府協助

國內企業曾經傳出財務危機者，如慶豐集團、東帝士集團、長億集團與國豐集團等，都先後向財政部請求紓困。除了國豐集團，前三者都已在財政部介入後，與債權銀行達成瘦身償債協議，以免企業財務危機擴大，而發生骨牌效應。政府對傳統產業的紓困，訂有若干原則，這是企業應該了解，以及「備而不用」的方案。

企業主動向經濟部申請紓困方案，在經濟部同意後，通知各縣市的票據交換所，對於企業財務及退票危機，准予寬延。根據財經等部會，協助企業危機的紓困原則，包括：企業必須有透明的財務狀況與長短期資金流量規劃，並須提出具體的償債來源或企業瘦身計畫。凡有下列情形者，不予受理[50]：

(1) 財務報表有虛僞不實或異常情事者。

(2) 關係人涉及交易異常，或往來款項有無法澄清情形者。

(3) 申請企業或負責人，有受拒絕往來處分、或涉及危害金融市場的刑事責任追訴或偵查者。

(4) 申請企業已無營業收入、工廠已停工或已申請公司重整者。

(5) 其他有具體事實經認定不宜協助者，都將不予受理或處理。

若企業已上市上櫃，在企業遭遇財務危機時，可透過持有本企業之券商，向中華民國證券商公會提出協助申請。然後，再由中華民國證券商公會邀集企業相關的債權銀行，討論降低對企業傷害最輕的方式，避免企業所質押的股票遭到斷頭。其方式約略可分爲二種：

(1) 請債權銀行採分批少量的方式，賣出該企業的股票，

---

50 李順德、鄭宇君，「票據拒往企業，政府不紓困」（台北：《經濟日報》），民國八十九年九月九日。

以免造成總體委賣數量過大的現象，進而影響投資人購買該企業股票的意願。

(2) 建議財政部金融局，讓債權銀行依企業所提之新的營運計畫，不要斷頭賣出該企業的股票。

向經濟部申請紓困，在技術層面上，文件應該準備完整。根據政府最新要求，這些文件應包括有：[51]

(1) 協助傳統企業經營資金申請表。

(2) 公司執照影本。

(3) 最近三年度財務簽證報告或所得稅結算申報資料。

(4) 目前債務明細。

(5) 關係企業往來明細。

(6) 最近三年與關係人交易資料。

(7) 預估現金流量表及流動性缺口分析表。

(8) 未來營運計畫書，含償債計畫及改善經營方案。

(9) 其他如公司負責人三年涉訟資料等。

---

51 中央社，「金援傳統企業政院設單一窗口」（台北：《台灣新生報》），民國八十九年九月九日，版一。

5. 與債權人及銀行協商

企業破產使有擔保債權的銀行，可能只能拿回當初不到一半的債權，而無擔保的銀行，卻什麼都拿不到。至於員工和協力廠商背後數千戶的家庭，都可能成了失業人口。只要能確保員工薪資、廠商權益、銀行利息，協商就有成功的可能。位於南投的環隆電氣上市公司，能夠從民國八十七年的金融風暴重新站起，靠的就是協力廠商 IBM 的幫忙。

6. 法律抗告

企業在經營過程中，發生虧損而遭遇失敗者，經債權人向法院聲請扣押。企業此時爲爭取緩衝時間來解決財務危機，可直接運用民事訴訟法，向上一級法院提出抗告，反對原法院的判決。在這一段時間內，可透過談判溝通，或向外借款等諸種方式，以解燃眉之急。在企業財務失敗時，不但不可採消極不負責任的逃避措施，反而應該積極與利害關係人共同協商處理辦法。

7. 透過企業重整

企業對於財務危機，若無法以經濟上的方式來解決，那麼瀕臨破產的企業，只要本業基本面佳、有訂單、有繼續經營的價值，就可依據公司法中「公司整理」之規定等，請求法院依法進行企業重整，使企業在法院監督下，收取債權、償還債務、協定各項維持或重整方案，以免企業遭到解散或破產。[52] 企業可透過重整的方式，來挽救企業於危亡，最後可使債權人、股東，其他利害關係人以及社會經濟及社會安全均受其益。因爲企業重整可凍結債權，清理債務，以確保債權人及投資大衆之利益，避免因公司破產而遭受重大之損失，並且穩定投資心理，避免衆多員工之失業，以維護社會之安定及經濟之進步。但是因爲申請重整計畫，等於凍結所有債務，企業可暫時不履行償債義務，所以會使債權回收極爲不

52 小規模企業破產解體，其影響固小，但對公開發行股票及公司債之大規模公司而言，則影響必鉅，非但公司之股東、債權人及員工蒙受損失，且可能影響相關企業之一連串破產，造成普遍失業、發生社會問題，甚而引起一般之經濟恐慌，其嚴重於此可見。對一時財務周轉不靈，但仍具經營價值及重整可能之公司，在法律上給予挽救機會，針對失敗之原因，藉財務整理之方法，在法院監督下重整公司，並達到保護債權人、投資大眾及公司員工利益之目的，進而保障社會之安全及資源之經濟利用。

利，故此，債權銀行通常不會同意企業採取重整計畫。

目前重整案較為成功的是，東隆五金與台中精機。從東隆五金公司重整成功的案例也顯示，重整過程需要取得債權銀行的信任，以及強有力的支持者。企業重整或破產過程中，如何確保債權一直是重點的所在。尤其是大企業重整案，動輒涉及金額數十億元，債權銀行可能多達四、五十家，光是債權的確認，就可能另外衍生三十或四十個案子。[53] 職是之故，危機溝通扮演企業重整的重要角色。

8. 申請緊急保全處分

企業在財務危機發生之際，儘管暫時無法籌措足額的資金償債，仍可向法院申請緊急保全處分，以爭取緩衝時間，來解決財務危機。

---

53 東隆五金公司在民國八十七年爆發范芳魁兄弟虧空事件後，法院在八十八年准許東隆五金公司進入重整期。根據該公司的重整經驗，銀行（債權人）及法院態度愈積極、參與程度愈高，重整案的成功率就愈高。另外，企業的產業前景、市場定位、財務狀況、上下游廠商關係，長期所建立的品牌、形象與品質，也都會影響重整案的成功與否。

例如：中友百貨公司於民國八十八年五月爆發財務危機後，一直無法償還銀行團所需的大量本金與利息支出。於是在民國九十一年四月三十日，向台中地方法院申請緊急保全處分，以保障企業的持續營運。

9. 出售不良債權

民國九十一年華票出售予美林 47 億元不良資產，回收大部分金額，華票因此能彌補虧損，甚至出現盈餘。

第四節　資訊危機管理

資訊是競爭優勢或劣勢的主要來源，它連繫著所有企業的功能，並提供管理決策的基礎，所以說它是組織的基石，並不爲過。

網際網路是快速便捷的資訊傳播工具，在結合全球資訊網路技術後，更使得網際網路成爲企業電子商務的重要媒介。以網際網路爲基礎的電子商務，不僅帶來無限商機，也提供企業再造的機會，讓企業以無遠弗屆的方式，提供顧客行銷與服務。

再加上目前電腦普及化之後，企業的文書資訊處理，幾乎 70% 以上，都是由電腦來進行，其重要性更是不可同日而語（參見〔圖 7.1〕）。

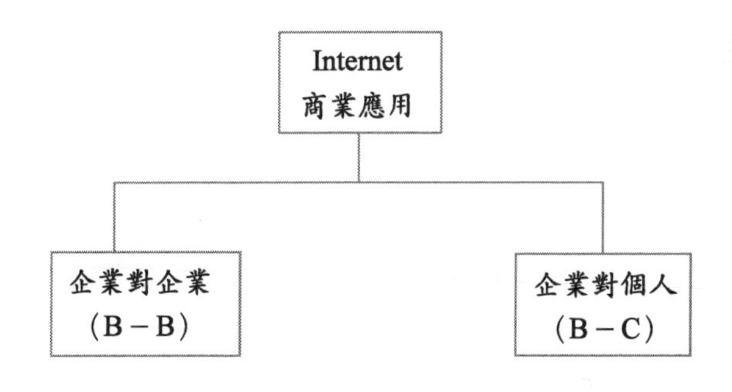

- 資料交換加值服務
- 電子採購
- 電子招標
- 電子型錄
- 快速回應系統
- 自動補貨系統
- 品類管理

……

- 電子商店
- 網路購物
- 線上支付
- 電子型錄
- 網路個人理財資訊
- 客戶服務系統

資料來源：作者整理。

圖 7.1　網際網路應用表

電子商務儘管有上述諸多有利之處，然而電子商務若要成功發展，就必須強化公衆網路，建立對外來入侵的防護措施，以建立安全的交易環境，提升消費者對交易的信心。電子商務安全需求，包含：資料的隱密性、完整性、可驗證性、不可否認性，以及系統可用性。一旦電子商務無法達到這些安全的目標，而使企業電腦資訊系統，遭到入侵或被破壞，就可能斷絕企業功能的發揮。再加上台灣水災、地災和美國「九一一」事件人爲災害的警惕，資訊安全已成爲企業重要的議題。

資訊安全是企業安全之母，在數位時代沒有資訊安全，就等於整個企業是建築在脆弱的基礎上，是經不起考驗的。現在企業面臨資訊安全方面的挑戰，包括病毒攻擊、駭客入侵，以及對岸資訊戰的威脅。

一、病毒攻擊危機

網際網路造就了網路商機，卻也同時帶來資訊安全危機。來自網路的攻擊層出不窮，尤其是不斷更新電腦病毒面貌的資訊危機，諸如 Nimda 病毒、CodeRed 網蟲、木馬程式、阻絕服務攻擊等，經常造成企業組織重大的損失。

二、駭客入侵危機

在網際網路持續擴展的情況下，各企業正努力朝電子商務的方向發展之際，企業內部如何防止駭客入侵、防護機密資料外流或遭人竊取，已變成企業危機管理的重要課題。根據美國聯邦調查局（FBI）與電腦安全局所公布的「二〇〇一年電腦犯罪與安全防護研究」報告指出，在網路犯罪中，有 85% 偵測到安全入侵事件，其中受害最重的財務損失，是專利資訊遭竊。[54]

我國也曾在民國九十一年四月爆發驚人的駭客入侵，事件是國內十餘家銀行網路轉帳系統，遭歹徒入侵，而取得被害人的身分證字號和出生年月日。然後再利用銀行語音查詢認證系統，和網路查詢系統的作業漏失，破解被害人密碼，再變更被害人住址，向銀行申請補發新的金融卡和信用卡，用以盜刷、轉帳或預借上千萬元現金。其中聯邦銀行更有上千份客戶極機密資料，流入嫌犯手中，作爲盜刷信用卡與盜領金融卡犯罪所需。[55] 最近美

---

[54] 陳虹妙，「網路犯罪去年損失數十億美元」（台北：《工商時報》），民國九十一年四月九日，版二。

[55] 吳俊陵，「十餘家銀行網路破功被盜千萬」（台北：《中國時報》），民國九十一年三月二十六，版一。

國政府於民國九十二年六月九日發出警告，指出全球約有一千兩百家金融機構的電腦系統，恐將遭 Bug Bear 病毒入侵的危險，而密碼和其他資料，也有可能因此遭到盜取之虞。[56] 一旦破壞成功，對於企業商譽以及消費者的信心，影響都極爲嚴重。

三、對岸資訊戰的威脅

兩岸敵意尚存，瞄準台灣飛彈的數量正持續增加，電子戰威脅之聲，不絕於耳。我國在發表「兩國論」時期，中共對我國部分政府及公營機構所運用的電子戰，已可見其威力。如果將此能力，對準我國重要具影響力的企業，其破壞力將不容忽視。民國九十一年三月，國內主要工商團體及在大陸投資較大的企業集團，都收到來自國安系統或陸委會等相關單位所提供的「密函」。函中表示中共情報蒐集的重點，從以往的政治，跨向所有商業資訊，尤其有關高科技技術情報。所以在電子郵件的傳輸上，要加設密碼，以防重要資訊或商業機密，透過「駭客」方式被中共竊取。同時在點選部分中共經貿網站時，不要留下任何可

56 陳穎柔，「全球 1,200 家銀行，恐遭電腦病毒入侵」（台北：《工商時報》，民國九十二年六月十一日，版七。

供「駭客」侵入的「蛛絲馬跡」。[57]

企業電子化後，每一個部分都如同企業生存與發展的命脈。以電腦撥接帳號及密碼為例，一旦外洩，企業的經營運作，完全在外界掌握之下，隨時有覆亡的可能。國內曾經發生一個案例，在民國八十九年九月，某國內知名的電子公司，因電腦密碼及撥接帳號為工讀學生所竊，而攔截並轉介公司訂單，使公司兩個月無法取得訂單，而使客戶以為該公司不願再接訂單，最後放棄合作關係。對公司商譽、企業形象及利益的衝擊，莫此為甚。為避免類似的案例出現，有永續經營企圖心的企業，就應該在最短時間找出最新、且最可能對企業營運系統及顧客資料庫造成威脅的系統弱點缺失，來建構企業安全的資訊體系，免於外來的威脅。

網路安全機制為電子商務成功與否的關鍵所在，目前防禦網路攻擊最新的技術是將五種技術整合於系統中。這五種技術是入侵偵測、防火牆、虛擬私有網路、內容過濾與各種病毒防護技術。所以最新的資訊安全解決方案，不是點的防禦、只注意個別

[57] 譚淑珍，「提醒企業：當心中共駭客竊密」（台北：《聯合報》），民國九十一年三月三十一日，版二。

潛在威脅，而忽略面的防禦、造成守住城門一隅，卻反而失掉整體企業安全。

現在這類技術層面的書籍在市面上充斥，但是對於總體面、宏觀面，資訊安全體系的建立，卻付之闕如。爲彌補此項遺憾，本書乃是從總體的十大方面著手進行、建構資訊安全機制，以化解任何可能爆發的資訊危機。這十方面涵蓋：資訊安全政策、建構資訊安全機制、員工資訊安全管理、企業資產分類與控管、企業資產分類與控管、企業資訊設備安全管理、企業通訊與操作管理、企業資訊存取控制、企業資訊系統開發與維護、企業永續經營管理、企業內部稽查及其他。這十項檢查愈仔細、愈翔實，對企業資訊安全的維護度與成功機率就愈高。

表 7.2　企業資訊安全機制檢查表

1. 資訊安全政策：
   (1) 企業管理階層是否了解資訊安全目的，並予支持？
   (2) 企業資訊安全戰略文件，是否由管理階層核准並正式發布，且轉知所有員工？
   (3) 企業是否訂有資訊安全戰略的說明文件及資料（如作業程序、資訊安全控管文件、使用者應遵守的安全規則）？
   (4) 企業資訊安全戰略文件，是否包括資訊安全定義、目標、涵蓋範圍、實施內容、執行組織、權責分工、員工責任、事件通報程序、處理流程等？

(5) 企業資訊安全戰略文件，是否就一般使用人員與專責人員之權責，分項說明？

(6) 企業是否指定專人或專責單位，進行資訊安全戰略的維護及檢討工作？

(7) 企業資訊安全戰略是否定期評估，並作必要調整？

(8) 企業是否定期對單位人員及資訊設備，進行安全評估，以確定其是否遵守機關資訊安全戰略及相關規定？

(9) 企業是否訂有違反資訊安全規定之處理程序？

(10) 企業與外單位簽訂資料存取之契約中，是否包含資料保護、服務水準、智慧財產權及事故發生時，處理方式等條款？

(11) 企業委外契約中，有關安全需求內容，是否包含法律需求（如電腦處理個人資料保護法）、界定雙方有關人員權責、使用何種實體與邏輯安全控管措施、對委外廠商稽核權，得依實際需要，隨時修改安全控管措施及作業程序等？

2. 建構資訊安全機制：

(1) 企業是否指定高級主管人員，或成立跨部門組織，負責推動、協調及監督資訊安全管理事項？

(2) 企業是否指定專人或專責單位，負責規劃、執行與控管資訊安全工作？

(3) 企業是否指定單位，辦理危機評估、安全分級，以及系統安全控管措施？

(4) 企業是否訂定規範員工的資訊安全作業程序與權責（含經管使用設備及作業須知）？

(5) 企業是否訂有各項資訊設備的安全作業程序？

(6) 企業是否訂定有關資訊安全狀況，授權處理層級？

(7) 企業是否對資訊計畫內容，進行資訊安全戰略符合性檢查？

(8) 企業因業務需要，開放給外單位（含其他機關、上下游業者、顧問、維護廠商、委外承包商、臨僱人員）使用之資訊，其存取權限是否嚴加控管？

(9) 企業開放給外單位作資料存取時，是否辦理危機評估？

(10) 企業開放給外單位作資料存取時，是否訂定控管程序？

(11) 企業開放給外單位作資料存取，於契約中，是否訂定雙方權利義務，及違約處分方式？

3. 員工資訊安全管理：

(1) 企業對員工之進用及調派，是否作適當之安全評估？

(2) 企業對於可存取機密性、敏感性資訊，或系統之員工，以及配賦系統存取特別權限之員工，是否有妥適分工，分散權責？

(3) 企業對於可存取機密性、敏感性資訊或系統之員工，以及配賦系統存取特別權限之員工，是否實施人員輪調？

(4) 企業對於可存取機密性、敏感性資訊或系統之員工，以及配賦系統存取特別權限之員工，是否有建立人力備援制度？

(5) 企業人員之調動、離職或退休，是否立即取消其各項識別碼、通行碼？

(6) 企業是否對員工品德、行爲、家庭狀況等加以考核？

(7) 企業員工是否了解，單位之資訊安全相關訊息？

(8) 企業是否依員工職務層級，進行適當的資訊安全講習？

(9) 企業是否隨時公告，資訊安全的相關訊息？

(10) 企業員工下班後，是否將經辦之機密性或敏感性資料，妥善收藏？

(11) 企業是否對員工的私人資訊設備，作必要之安全控管程序？

(12) 企業是否派員，參與外界舉辦之相關訓練、研討會，以提升員工資訊管理能力？

4. 企業資產分類與控管：

(1) 企業重要的資產（含資訊、軟體、實體），是否均指定專人負責？

(2) 企業是否建置資產清冊，且隨時更新？

(3) 企業資訊是否分級（區分機密性、敏感性及一般性）？是否建立資訊安全等級之分類標準？

(4) 企業是否配合資訊分級，建立一套符合需要的資訊保護措施？

(5) 企業系統文件、顯示螢幕、儲存媒體、電子訊息及檔案資料等，是否作安全等級分類？

(6) 企業對於安全等級要求高的各類資訊，是否標示清楚？

5. 企業資訊設備安全管理：

(1) 企業資訊設備之設置，是否作安全上之考量？

(2) 企業機密性工作站，是否專人管理？

(3) 企業需特別保護之設備，是否與一般設備區隔？

(4) 企業是否檢查及評估，火、煙、水、灰塵、震動、化學效應、電力供應、電磁輻射等，加諸於設備之危害？

(5) 企業電腦作業區（含機房），是否落實執行禁止抽煙及飲用食物？

(6) 企業電源之供應及備援電源，是否作安全上考量？

(7) 企業通訊線路及電纜線，是否作安全保護措施？

(8) 企業設備之維護，是否由授權之維護人員執行？

(9) 企業攜帶型的電腦設備，是否訂有嚴謹的保護措施（如設通行碼、檔案加密、專人看管），並落實執行？

(10) 企業設備報廢前，是否先將機密性、敏感性資料及有版權軟體移除？

(11) 企業電腦機房及重要地區，對於進出人員，是否作必要之限制及監督？

(12) 企業電腦機房內，是否嚴禁存放易燃物，及未經核准之電器或其他物品？
(13) 企業電腦機房操作人員，是否隨時注意環境監控系統，掌握機房溫度及溼度狀況？
(14) 企業電腦機房操作人員，是否熟悉自動滅火系統操作方法及滅火機位置？
(15) 企業各項安全設備，是否定期檢查？員工有否施予適當的安全設備使用訓練？
(16) 企業是否制定，資訊安全緊急應變處理程序？有否定期演練及測試？
(17) 企業公文及磁片長時間不使用，下班後是否妥爲存放？機密性、敏感性資訊是否妥爲收存？
(18) 企業棄置之手寫或影印公文廢紙，及已過保存期限之公文，若爲機密性、敏感性者，是否予以銷毀？
(19) 企業個人電腦及終端機不使用時，是否有關機、登出、設定螢幕密碼，或是以其他控制措施進行保護？
(20) 企業對於資訊財產，攜出辦公處所，是否訂有安全之攜出管理規則？

6. 企業通訊與操作管理：
(1) 企業資訊處理設備，是否訂有操作程序及管理責任？
(2) 企業是否建立系統變更之程序？
(3) 企業是否訂定，電腦當機及服務中斷後，相關的緊急處理程序？
(4) 企業是否訂有資訊安全事件通報程序，並確實依規定通報？
(5) 企業資訊安全事件處理的過程，是否均留有完整記錄？
(6) 企業對安全要求高的資訊業務，是否將資訊安全管理，及執行的責任分散？

(7) 企業業務系統之使用、資料建檔、系統操作、網路管理、行政管理、系統發展維護、變更管理、安全管理等工作，是否授權分由不同的人員執行？
(8) 企業系統開發及正式作業，是否在不同的處理器、不同的系統環境處理？
(9) 企業系統開發及正式作業，是否使用不同的登入程序？
(10) 企業是否與業者簽訂，適當的資訊安全協定，賦與相關的安全管理責任，並納入契約條款？
(11) 企業資訊委外服務契約，是否包含對於機密性、敏感性資料之雙方權責及作業程序？
(12) 企業伺服器及個人電腦，是否採行必要的事前預防及保護措施？
(13) 企業是否遵守軟體授權規定，禁止使用未取得授權的軟體？
(14) 企業是否全面使用防毒軟體，並即時更新病毒碼？
(15) 企業是否即時公告有關病毒的最新資訊？
(16) 企業是否定期對電腦系統，及資料儲存媒體，進行病毒掃瞄？
(17) 企業是否對單位員工，辦理資訊安全宣導講習（含防毒、備份及一般機密保護規定）？
(18) 企業對於外來及內容不確定的磁片，在使用前，是否先作電腦病毒掃瞄？
(19) 企業是否對重要的資料，及軟體定期作備份處理？
(20) 企業備份資料是否異地存放？存放處所的環境，是否合於電腦機房安全標準？
(21) 企業重要資料的備份，是否保留三份以上？
(22) 企業是否定期測試備份資料，以確保備份資料之可用性？
(23) 企業是否檢查更正作業妥適與否？確保更正作業未破壞系統原有的安控措施及更正作業，係依正當的授權程序處理。

(24) 企業是否定期檢討，電腦網路安全控管事項之執行？
(25) 企業是否使用網路防火牆（Fire Wall）？
(26) 企業是否定期檢測，網路運作環境之安全漏洞？
(27) 企業有關電腦網路安全之事項，是否隨時公告？
(28) 企業對於敏感性資訊之傳送，是否採取資料加密等保護措施？
(29) 企業媒體儲存的資料不再繼續使用時，是否將儲存的內容消除？
(30) 企業儲存媒體是否依保存規格要求，存放在安全的環境？
(31) 企業內含機密性或敏感性資料的媒體報廢時，是否指定專人處理？
(32) 企業敏感性資料報廢時，是否記錄處理時機、方式、人員？
(33) 企業輸出及輸入機密性、敏感性資料，是否有處理程序及標示？
(34) 企業收受機密性、敏感性資料，是否有正式收受紀錄？
(35) 企業機密性、敏感性資料，在儲存媒體上，是否明確標示資料機密等級？
(36) 企業系統文件發送對象，是否經系統負責人的授權？
(37) 企業系統文件，是否有適當的存取保護措施？
(38) 企業對於資料及軟體之交換使用，是否均有相關文件？
(39) 企業重要電腦資料媒體（含報表）是否有專人，負責運送並記錄運送時間及內容？
(40) 企業儲存機密及敏感性資料的電腦媒體，是否採取特別的安全保護措施（如使用加密技術）？
(41) 企業採行電子交換之資料交換，是否視資料之安全等級，採行帳號密碼管制、電子資料加密或電子簽章認證等保護措施？
(42) 企業是否要求員工，接收電子郵件後，立即自郵件伺服器中刪除？
(43) 企業敏感性、機密性資料的處理過程，是否有嚴密的安全保護機制（如數位簽章、認證及加解密等）？

7. 企業資訊存取控制：

(1) 企業是否訂有資訊存取控制戰略，及相關說明文件？

(2) 企業資訊存取控制戰略，是否符合資料保護等相關法令與契約規定？

(3) 企業資訊存取控制戰略，是否依工作性質與職務，分別訂定？

(4) 企業是否將資訊存取說明文件，列入員工手冊？

(5) 企業對於多人使用之資訊系統，是否建立使用者註冊管理程序及紀錄？

(6) 企業使用者及外單位人員，是否取得正式存取授權？

(7) 企業是否依個別應用系統安全需求，制定安全等級與分類？

(8) 企業是否依網路型態（Internet、Intranet、Extranet），訂定適當的存取權限管理方式？

(9) 企業資訊系統與服務，是否儘量避免使用共同帳號？

(10) 企業使用者存取權限的檢視，是否訂有嚴格管制程序？

(11) 企業是否保留與隨時更新使用者註冊資料？

(12) 企業是否定期檢查，並刪除重複或閒置的使用者帳號？

(13) 企業是否嚴格管制使用者，在初次登入電腦系統後，必須立即更改預設之密碼？

(14) 企業對於忘記密碼之處理，是否有嚴格的身分確認程序？

(15) 企業預設的密碼，是否以規定之安全程序轉交於使用者，使用者取得密碼確認無誤後，回應系統管理者？

(16) 企業是否定期複檢（建議每六個月一次），或在變更權限後，立即稽核？

(17) 企業密碼的長度，是否超過七個字元？

(18) 企業密碼是否規定，需有大小寫字母、數字及符號組成？

(19) 企業密碼輸入錯誤，是否訂有三次以下之限制？

(20) 企業是否避免使用與個人有關資料（如生日、身分證字號、單位簡稱、電話號碼等）當作密碼？
(21) 企業是否依照規定的期限，或使用的次數變更密碼？
(22) 企業是否於不使用時，用上鎖或密碼等管制措施，不讓電腦或終端機遭非法使用？
(23) 企業應用系統是否具有作業結束後，或在一定期間未操作時，即自動登出之保護機制？
(24) 企業是否有界定網域的範圍，與在該網域上可利用的網路連線服務？
(25) 企業是否建立完整的網路服務使用授權程序？
(26) 企業是否規劃建置，使用者連線使用資訊系統的方式（如專線或固定號碼撥接）？
(27) 企業是否規劃運作將特定輸出入埠（Port）之使用者，自動連線到指定的應用系統或安全閘道（Security Gateway）做認證，或其他安全辨識的工作，再進入系統？
(28) 企業是否依環境或業務需要，於網路防火牆作適當之設定？
(29) 企業是否依業務性質或任務分配，來建置邏輯性網域的存取權限機制（如虛擬私有網路 VPN）？
(30) 企業對外的連線，是否有使用密碼技術（Cryptographic Based Technique）、硬體符記（Hardware Token）、挑戰/回應（Challenge/Response）協定或透過檢查專線用户位址的設備等鑑別方法，以找出連線作業的來源？
(31) 企業對外的連線，是否有建置回撥（Dial-Back）作業程序，與控管措施及相關測試？
(32) 企業網路中繼節點設備，是否列入管制與鑑別的範疇，並有適當的鑑別方法？

(33) 企業是否有制定，遠端維護用輸出入埠的存取作業規範，並確實遵行（如用鑰匙鎖住、軟硬體維護支援人員須通過查驗或稽核始能進行）？

(34) 企業是否依據服務性質，區隔出獨立的邏輯網域，每個網域都有既定的防護措施，並有通訊閘道管制過濾網域間資料的存取（如網路防火牆）？

(35) 企業是否管制使用者的連線功能（如網路通訊閘道所設定的規則）？

(36) 企業是否針對電子郵件、單雙向檔案傳輸、互動式存取與存取時段做通盤連線控管考量？

(37) 企業是否設有檢測，連線的來源位址，與目的位址網路的控管措施？

(38) 企業提供網路服務的供應廠商，是否對網路中繼設備的特性與安全政策，提供清楚的說明與設定方式？

(39) 企業是否限制，登入失敗次數的上限（建議三次）並中斷連線？

(40) 企業是否限制，登入失敗次數，超過上限時，需經過一段時間，或重新取得授權後才可再登入？

(41) 企業是否限制登入作業，在一定期間未操作時，即予中斷連線？

(42) 企業對於異常的登入程序，是否留有紀錄（Log File），並有專人定期檢視？

(43) 企業是否於登入作業完成後，顯示前一次登入的日期與時間，或提供登入失敗的詳細資料？

(44) 企業員工是否均有專屬的識別碼？

(45) 企業是否採用適當的加解密，與生物測定技術，提供身分辨別（Identification）鑑別？

(46) 企業密碼是否分由不同單位分配與保管？

(47) 企業是否將輸入的密碼，顯示在螢幕上？
(48) 企業是否將密碼檔與應用系統的資料檔，分開儲存？
(49) 企業密碼檔是否以單向加密演算法（One-way Encryption Algorithm）儲存？
(50) 企業軟體安裝完畢後，是否立即更新廠商所預設之密碼？
(51) 企業是否必須經過身分認定程序，才能使用系統公用程式？
(52) 企業是否將系統公用程式，與應用程式隔離存放？
(53) 企業是否訂定，系統公用程式授權程序？
(54) 企業是否訂定，系統公用程式授權等級？
(55) 企業是否訂定，系統公用程式使用期限？
(56) 企業是否保存，系統公用程式使用紀錄？
(57) 企業是否對風險性高的應用程式，限制其連線作業需求？
(58) 企業是否依據使用者身分，控制應用程式的存取？
(59) 企業是否指定專人，管理應用程式原始碼、資料庫及執行檔？
(60) 企業是否將應用程式原始碼、資料庫及執行檔，分別存放？
(61) 企業是否將開發中，及正式作業之應用程式及資料庫，分開存放及處理？
(62) 企業是否將程式目錄清單、資料及相關電子檔，作備份並異地存放？
(63) 企業是否保有應用系統各種更新版本？
(64) 企業機密及敏感性資料的處理，是否於獨立或專屬的電腦作業環境中執行？
(65) 企業例外事件及資訊安全事件，是否建立紀錄？
(66) 企業事件之記錄內容，是否包括使用者識別碼、登入登出系統之日期時間、電腦的識別資料，或其網址及事件描述等事項？
(67) 企業對於系統存取異常時，是否留有紀錄並作必要處置？

(68) 企業是否查核，系統存取特別權限的帳號使用及配置情形？
(69) 企業是否追蹤特定的系統存取？
(70) 企業敏感性資料的存取情形，是否留有紀錄？

8. 企業資訊系統開發與維護：
(1) 企業應用系統在規劃分析時，是否將安全需求納入考量？
(2) 企業安全控管方式，是否採用系統自動控管及人工控管兩種方式處理？
(3) 企業對高敏感性的資料，在傳輸或儲存過程中，是否使用加密技術？
(4) 企業應用程式執行碼更新作業，是否限定只能由授權的管理人員，才可執行？
(5) 企業有無建立應用程式執行碼的更新紀錄？
(6) 企業系統變更後，是否立即更新系統文件？
(7) 企業版本更新，是否保留舊版軟體及系統文件？
(8) 企業是否避免以眞實資料進行測試？如須用眞實資料，是否於事前將足以辨識個人身分的資料去除？
(9) 企業開發、測試與正式作業，是否分開使用不同主機？
(10) 企業系統變更後，其相關控管措施與程序，是否檢查仍然有效？
(11) 企業系統變更後，是否主動公告異動的範圍、時間、可能的影響？
(12) 企業修改套裝軟體，是否確認有無涉及廠商的版權問題？
(13) 企業系統上線前，是否檢查程式碼，有無後門或木馬程式？
(14) 企業系統安裝後，是否管制程式碼？
(15) 企業委外開發合約中，是否對著作權之歸屬訂有規範內容？
(16) 企業訂約時，是否簽訂履行條款與相關罰則？
(17) 企業是否定期，對使用軟體實施病毒偵測？

9. 企業永續經營管理：

(1) 企業是否已擬訂，關鍵性業務及其危機評估、衝擊影響、優先順序？

(2) 企業是否檢討，業務停頓的企業損失和備援措施？

(3) 企業是否指定適當層級主管，負責永續經營政策之執行與協調？

(4) 企業是否分析造成業務停擺，可能的危機及損失？

(5) 企業是否定期作危機評估，並調整永續經營政策？

(6) 企業永續經營計畫，是否配合業務、組織及人員之變更而更新？

(7) 企業是否建立，資訊安全事件之通報作業程序及應變措施？

(8) 企業是否訂有緊急應變計畫？

(9) 企業危機應變程序，是否涵蓋有往來外單位之應變規則？

(10) 企業危機應變程序，是否設有對外發言的處理機制？是否結合相關單位及地方警消單位？

(11) 企業危機應變程序，是否有異地場所、設備、處理程序及時限？

(12) 企業危機應變計畫，是否定期演練與修正？

(13) 企業危機應變之作業程序，與流程是否制度化？

(14) 企業危機應變計畫，是否納入內部教育訓練？

(15) 企業危機應變計畫復原程序是否測試無誤？

(16) 企業永續經營管理，是否保持人員異動的取代更替？

(17) 企業永續經營管理，是否隨法令更新？

10. 企業內部稽查及其他：

(1) 企業是否定期稽查資訊安全事項辦理情形？

(2) 企業稽查範圍，是否涵括資訊系統、供應商、資訊資產負責人、使用者和管理階層？

(3) 企業是否訂有，資訊安全作業稽查計畫（含稽查內容、範圍、程序、人員），並公布？

(4) 企業稽查人員，是否經過訓練，並作事前工作分配？

(5) 企業稽查時，是否需要額外的資源支援？
(6) 企業稽查時的存取行爲，是否經過監控與記錄？
(7) 企業稽查結果，是否製成文件？
(8) 企業稽查結果，是否包括背景描述、稽查項目、過程、結果、改進建議等內容？
(9) 企業是否清查過系統內，與資訊安全相關的紀錄檔案？
(10) 企業與資訊安全相關的紀錄檔案，是否訂有保存規範？
(11) 企業是否定期審閱，資訊安全相關的紀錄檔案？
(12) 企業是否派專人負責管理，與資訊安全相關的紀錄檔案？
(13) 企業與資訊安全相關的紀錄檔案，是否足以追蹤駭客入侵的證據？
(14) 企業是否使用合法軟體？
(15) 企業是否訂有軟體採購作業程序？
(16) 企業是否擬訂，合法使用軟體規範，及違規罰則，並作宣導？
(17) 企業是否妥善保存，授權證明、原版程式、使用手冊？
(18) 企業對於以使用者人數爲基礎的授權合約，是否確實履行使用人數限制？
(19) 企業是否確定個人電腦中，只載入合法軟體？
(20) 企業是否使用適當稽查軟體工具，檢查所有個人電腦內使用之軟體？
(21) 企業是否訂定軟體使用紀錄和資料的儲存、處理和報廢的規則？
(22) 企業是否訂定軟體使用紀錄和資料的保存期限？
(23) 企業是否建立軟體目錄？
(24) 企業是否即時辦理軟體異動登記？
(25) 企業是否指派專人，負責有關個人資料保護法規之蒐集、公告、實施作爲？
(26) 企業是否依照「電腦處理個人資料保護法」規定辦理？

資料來源：作者整理。

國家圖書館出版品預行編目資料

企業危管理／朱延智著.--五版--.--臺北市：
五南，2014.03
面； 公分.
ISBN 978-957-11-7551-5（平裝）
1.危機管理 2.企業管理
494 103003118

1FD6

企業危機管理

主　　編—朱延智(36.1)
發 行 人—楊榮川
總 經 理—楊士清
主　　編—侯家嵐
責任編輯—侯家嵐
文字校對—陳欣欣
封面設計—侯家嵐　陳卿瑋
出 版 者—五南圖書出版股份有限公司
地　　址：106台北市大安區和平東路二段339號4樓
電　　話：(02)2705-5066　傳　　真：(02)2706-6100
網　　址：http://www.wunan.com.tw
電子郵件：wunan@wunan.com.tw
劃撥帳號：01068953
戶　　名：五南圖書出版股份有限公司

法律顧問　林勝安律師事務所　林勝安律師

出版日期　2003年7月初版一刷
　　　　　2004年10月二版一刷
　　　　　2007年10月三版一刷
　　　　　2012年3月四版一刷
　　　　　2014年3月五版一刷
　　　　　2018年7月五版三刷
定　　價　新臺幣520元